AF371110

PHYSIOLOGIE

DES SENSATIONS.

TOME I.

PHYSIOLOGIE

DES

SENSATIONS,

Par M. J.-M.-Amédée GUILLAUME, D.-M.,

DE MOISSEY (Jura).

> Lorsque nous avons une idée, c'est un devoir
> pour nous de la publier ; bonne, on en
> profite, mauvaise, on la corrige et on en
> profite encore.
>
> (Courrier).

TOME PREMIER.

DOLE,

DE L'IMPRIMERIE DE L.-A. PILLOT.

1843.

A LA MÉMOIRE

DE M. J.-F. THOMASSIN,

DOCTEUR EN MÉDECINE, CHIRURGIEN EN CHEF DES ARMÉES FRANÇAISES,
MEMBRE CORRESPONDANT DE L'ACADÉMIE DES SCIENCES,
DE L'INSTITUT DE FRANCE, OFFICIER DE LA LÉGION-D'HONNEUR, ETC.

———

De notre savant compatriote, qui a été utile à la science et à l'humanité;

Du citoyen qui fut un modèle de toutes les vertus privées et civiles;

Et l'ami dévoué de ma famille.

GUILLAUME.

A MONSIEUR A. B***, ÉTUDIANT A PARIS.

Je vous remercie, mon petit philosophe, de l'envoi que vous m'avez fait des différents ouvrages qui traitent de la Psycologie, telle qu'on l'enseigne dans les académies de notre beau pays de France. Vous avez cru me mettre dans un sérieux embarras, en me priant de vous expliquer, à ma manière, le phénomène de la conscience d'existence, et de vous faire part de mes commentaires sur cet axiôme fondamental du psycologisme : « *Je sens que j'existe;* « *je me sens être de telle ou telle façon.* » Comme vos illustres maîtres n'ont pu parvenir à vous le faire comprendre, vous avez recours, me dites-vous assez ironiquement, aux lumières d'un campagnard, dont le langage , *nécessairement* plus simple et moins alambiqué que celui des célébrités philosophiques de l'époque, est plus à la portée d'une intelligence vulgaire comme la vôtre. Monsieur le malin , rira bien qui rira le dernier! Grand serait votre étonnement, si un vigneron inculte allait vous démontrer que tous ces Platon qui peuplent nos académies , ne font que de ce double galimathias dont parle Boileau , lorsqu'ils traitent la question du Moi! N'allez-vous pas aussi crier au miracle , si ce villageois est assez osé pour risquer une solution , à sa manière , d'un problème où les plus clairvoyants n'ont vu goutte?

L'admiration que vous professez pour vos illustres maîtres , m'apprend assez quel serait votre dépit, si vous les voyiez berner et passer sous les fourches caudines d'un syllogisme victorieux! Eh bien! pestez! enragez à votre aise! je me fais une joie maligne de vous contrarier un peu, vous qui pensiez m'imposer la honte de ne pouvoir vous répondre. Ne vous attendez à aucun ménagement pour vos maîtres de la part d'un campagnard agreste, dont la parole est aussi acerbe que le caractère ; qui, ignorant les formes polies du beau monde, dédaigne ces petites précautions oratoires par lesquelles on ménage la vanité d'autrui. Il parle avec la franchise des héros d'Homère. Dans le cas où son langage pourrait vous donner des attaques de nerfs, armez-vous, par précaution, d'un flacon d'élixir, vous, habitué au débit d'une parole polie et harmonieuse.

La question dont vous me proposez la solution est beaucoup plus vaste que vous ne le supposez peut-être, mon ami. Le phénomène du Moi renferme, selon ma manière de le concevoir, tous ceux de la vie de relations. Comme je n'aime point l'emploi des mots en place des choses, votre demande m'impose la tâche difficile de déterminer les objets, non désignés jusqu'à ce jour, de plusieurs expressions dont on fait grand abus dans la philosophie scolastique. C'est ainsi que je vois vos psycologistes construire de vains raisonnements avec les termes *notion, connaissance, observation, conscience, sensation*, qui tous expriment un seul et même fait. Cependant, à les entendre raisonner admirablement avec ces mots, on pourrait croire qu'ils désignent chacun un phénomène particulier ; mais avant de les employer avec cette valeur, ils auraient dû déterminer en quoi consistent ces prétendus phénomènes qu'ils appellent *notion, connaissance, conscience, observation*, et nous signaler les caractères différentiels qui les distinguent l'un de l'autre, et surtout de la sensation. C'est un oubli qu'il est essentiel qu'ils réparent, si ils le peuvent.

Les termes *sensibilité, sensation, moi, raison, affection, passion, volonté*, etc., sont aussi d'un emploi fréquent dans leur langage ; mais ils ne s'en servent qu'à titre d'expressions dont les objets sont indéterminés pour eux. Comme plusieurs de ces mots désignent pour moi des phénomènes organiques, je suis dans l'obligation de vous les signaler et de vous expliquer par eux certains faits de l'ordre intellectuel.

Les phénomènes de l'*attention*, de la *comparaison*, de la *réflexion*, du *jugement*, de l'*imagination*, s'expliquant d'une manière très satisfaisante par les seuls faits de la sensation et de la mémoire, nous devons rejeter cette foule de facultés dites *intellectuelles*, reconnues par les philosophes comme causes de ces phénomènes; car nous ne devons admettre des êtres de raison que lorsque les faits matériels sont évidemment insuffisants pour baser la théorie de la science. Rien ne démontre autant l'imperfection d'un ordre de connaissances que cette nécessité d'enter, sur l'abstraction générale qui en est le pivot indispensable, une foule d'abstractions secondaires. Lorsqu'on est obligé d'admettre presque autant de forces, de facultés spéciales qu'il y a de phénomènes distincts, ce fait dénote que l'on n'a point encore saisi ces caractères de similitude qui, démontrant la liaison de ces phénomènes, leur mutuelle subordination et leur communauté d'origine, simplifient considérablement leur causalité. Si c'est à ce cachet que l'on reconnaît une science en progrès, on peut affirmer que la psycologie est encore fort imparfaite. On doit s'étonner, en effet, de voir taxer certains hommes d'imbéciles, lorsque les spiritualistes leur accordent tant de facultés. Ainsi, comptez avec moi: *faculté* d'entendre, *faculté* de voir, *faculté* de toucher, *facultés* de percevoir l'action des odeurs et des saveurs, *faculté* de prêter son attention, *faculté* de comparer, *faculté* de réfléchir, *faculté* de juger, *faculté* de raisonner, *faculté* d'avoir des images dans le cerveau (imagination) ; *faculté* de comprendre (intelligence) ; *faculté* de penser, *faculté* de se mouvoir, *faculté* d'agir ou de ne pas agir, etc.

C'est abuser, en vérité, de la permission qu'on nous accorde d'admettre des êtres de raison, pour nous faciliter l'explication des phénomènes sensibles.

Beaucoup de philosophes ont parlé des sensations, mais aucun d'eux, jusqu'à ce jour, ne s'est posé ces questions : « *Pourquoi éprouvons-nous des sensa-* « *tions ? Quel est le rôle de chacune d'elles dans la* « *vie générale ? Quels sont leurs rapports avec les* « *modes d'être du monde extérieur ?* » C'est sous ce point de vue que j'ai considéré nos différents modes de sentir ; c'est un aspect neuf sous lequel il est intéressant de les envisager, puisqu'ils n'ont évidemment pour but définitif que l'organisation animale et la conservation de l'individualité particulière, ainsi que celle de l'espèce. En établissant 1° que les sensations ne sont que de simples stimulations organiques de l'encéphale, analogues à celles qu'éprouvent tous les organes de la part de leurs modificateurs spécifiques ; 2° que le cerveau exerce une influence directe ou médiate sur les fonctions des viscères thoraciques et abdominaux ; 3° que ces viscères réagissent à leur tour sur l'organe central des phénomènes de la vie de relations, je vous aurai déterminé, par des faits bien précis, les rapports qui existent entre le *moral* (ensemble des phénomènes de la vie extérieure, et le *physique* (ensemble des phénomènes de la vie organique). Pour résoudre convenablement cette grande question, je pense qu'on doit s'abstenir de ce langage abstrait, peu propre à donner une idée exacte des objets qu'on veut signaler, et faire, autant que possible, la physiologie de chaque phénomène isolé, de manière à ce que son expression ait un sens bien fixé. Le défaut de détermination suffisante des termes d'une science est le principal obstacle à ses progrès, parce que les objets n'étant pas rigoureusement désignés, on peut donner à leurs expressions des acceptions arbitraires et souvent inintelligibles. Appelons donc franchement la discussion sur les termes qui expriment certains phénomènes de la vie intellectuelle, et dont il importe de fixer irrévocablement la signification.

Tel est, mon ami, l'immense travail que vous m'imposez par votre demande ; c'est trop, sans doute, pour mes forces, car si vous me laissiez *mon libre arbitre*, certainement que je me conformerais au principe classique : « *Sumite materiam vestris* « *quæ viribus æquam*, etc. » Mais comme je ne fais qu'obéir à une petite exigence de votre part, j'ai droit de compter un peu sur votre indulgence, si vous trouvez mon travail un peu incomplet. Cependant dans le cas où il vous arriverait de vouloir jouer le rôle de critique, je vous impose l'obligation d'attaquer mes opinions par l'analyse des faits privés, parce que je me suis servi, autant que possible, de ce mode de démonstration pour les établir. Je ne ferais aucun cas de ces critiques en quelques lignes qui se renferment dans des généralités qui ne prouvent absolument rien ; elles ne pourraient donner qu'une idée imparfaite et très arbitraire d'un œuvre qui, par sa nature, ne comporte guère de jugement sur son ensemble. En effet, chacune des questions qu'il renferme n'ayant pas de liaison essentielle avec celles qui la précèdent ou la suivent, doit être appréciée séparément.

Pour ne pas abuser plus longtemps de votre patience à lire un préambule, j'entre aussitôt en matière, en vous priant, préalablement, d'avoir pour agréable l'expression de mes sentiments affectueux.

A. G.

PHYSIOLOGIE

DES SENSATIONS.

SECTION PREMIÈRE.

CHAPITRE PREMIER.

DU MOI *PSYCOLOGIQUE.*

Appréciation de la théorie des psycologistes sur le phénomène
de la conscience d'existence, ou du MOI.

Examinons d'abord la théorie de vos psycologistes sur le phénomène de la conscience d'existence;
je vous ferai part ensuite de ma propre doctrine sur
cette question.

Après avoir lu avec attention les ouvrages de psycologie que vous m'avez envoyés, je vois que vos
maîtres procèdent, comme les physiciens, pour
expliquer les phénomènes de l'ordre moral, c'est-
à-dire qu'ils commencent par supposer l'existence
d'une force ou être abstrait, auxquels ils rapportent
la production de ces phénomènes. Mais il y a cette
différence entre eux, c'est que les physiciens n'admettent leurs forces qu'à titre d'hypothèse, de formule explicative, tandis que les seconds *prétendent,*

sans démonstration aucune, que leur puissance, qu'ils appellent aussi *substance*, n'est point un être de raison de même nature, mais qu'elle constitue un individu à part, ayant une existence très distincte, et logé on ne sait pas précisément encore dans quel point de la pulpe cérébrale. Ce qu'il y a surtout de surprenant dans *la supposition* des psycologistes, c'est qu'ils prétendent que leur force ne constitue point un mode occulte de matière vivante, qu'elle en est entièrement indépendante, que conséquemment elle forme une autre dynamie que la force vitale des physiologistes. Or, pour admettre une pareille hypothèse, voyons, en premier lieu, 1° ce qu'est, en définitive, ce que nous appelons *force, puissance;* 2° si il existe des forces indépendantes de l'état moléculaire des corps auxquels elles sont propres. Nous examinerons ensuite la théorie du spiritualisme sur le phénomène du Moi.

§ I.

La conscience d'existence consiste dans les divers sentiments que nous éprouvons, et le monde extérieur dans tout ce qui produit ces modes de sentir, c'est-à-dire dans les qualités sensibles de la matière et leurs modifications particulières, ensuite dans leur association variée par laquelle ces qualités forment les corps (1). Nous observons que les êtres

(1) Voyez, à l'article qui traite des *sensations externes*, les rapports qui existent entre la nature des corps et les divers modes de sentir qu'ils déterminent.

(11)

extérieurs se trouvant dans certaines conditions,
produisent d'autres existences, distinctes d'eux-mêmes : ce sont ces existences secondes, dont l'origine
est évidente pour nous, qui constituent les phénomènes de la nature, objets des différentes branches
de la science. Les phénomènes, pour avoir lieu,
supposent, *à priori*, les êtres d'où ils naissent; il
résulte de cette nécessité que nous considérons ces
êtres comme renfermant en eux les éléments d'autres êtres, lesquels se développent d'après certaines
lois, certaines conditions particulières. C'est à l'existence d'où découle une autre existence, qu'on donne
les dénominations de *cause*, de *principe*, et l'existence produite constitue l'*effet*. Ainsi le calorique
est cause, principe des modes d'êtres appelés dilatation, ébullition, transition à l'état de vapeur, imprimés aux liquides; mais l'objet, cause du phénomène, ne produit pas invariablement son résultat;
ce résultat est souvent subordonné à certaines conditions relatives à la constitution de l'objet et inap-
préciables par les sens, ce qui fait que nous rapportons l'*effet*, non pas à l'être sensible en général,
c'est-à-dire à l'ensemble des modes perceptibles qui
le constituent, mais à un mode occulte inhérent à
telle ou telle constitution moléculaire. Ce mode
particulier de l'être, indéfinissable parce qu'il n'est
point perceptible, prend les dénominations de *force*,
de *faculté*, de *puissance*, c'est-à-dire produisant
le mouvement, l'action, d'où résulte le phénomène
ou l'effet; mais la faculté dans les corps étant évi-

demment subordonnée à la nature et à la disposition de leurs molécules, n'est donc elle-même qu'un effet ayant lui-même sa cause spéciale à laquelle l'action *à priori* doit être rapportée. En examinant ensuite la liaison nécessaire qui existe entre tous les phénomènes de la nature, et ensuite une foule de similitudes qui semblent leur assigner souvent une origine commune, nous supposons que leurs causes particulières doivent avoir la même connexion, et cette connexion supposant encore une même origine, nous arrivons ainsi à admettre, pour expliquer les divers faits naturels, une cause première et unique, ayant seule l'action par elle-même, et tenant sous sa dépendance une foule de forces subalternes.

Nos connaissances plus ou moins étendues sur l'enchaînement des causes, sont un bénéfice dû aux progrès des sciences physiques qui nous ont fait voir que des causes, que l'homme ignorant regarde comme premières, ne sont que de second ou de troisième ordre. En effet, pour la personne étrangère à toute science, il n'y a que des causes *instrumentales*, c'est-à-dire qu'elle ne reconnaît pour causes des phénomènes que les objets matériels qui agissent directement, tandis que pour le physicien l'instrument n'est souvent qu'une machine obéissant à une impulsion communiquée. Mais si le savant sait rapporter les phénomènes à des causes beaucoup plus éloignées que l'homme qui n'a point étudié la nature, il ne connaît, comme ce dernier, que des

(13)

causes instrumentales, et c'est l'idée seule de ces causes qui fait naître en lui le sentiment de l'existence supposée des causes *occultes*. Il n'admet une cause cachée que parce qu'il sait que la cause instrumentale n'agit pas par elle-même, mais que l'action appartient soit à une qualité non sensible, inhérente à la nature du corps, soit à un être étranger qui lui imprime le mouvement. Les réalités supposées auxquelles nous rapportons l'action créatrice, et désignées sous les termes génériques de *forces*, de *facultés*, indiquent les limites de la perception ; ces modes d'être occultes, propres aux corps, n'ont d'autre démonstration de leur existence que l'impuissance où nous sommes d'expliquer les phénomènes rapportés à ces corps par leurs modes sensibles. L'admission des forces n'est donc qu'une formule explicative, créée par notre ignorance pour nous rendre plus facilement raison des caractères identiques ou analogues qu'offrent des groupes de phénomènes.

Pour que vous ne me taxiez pas d'être aussi obscur que vos illustres maîtres, je vais, mon cher A. B. C., vous expliquer ce langage générique par quelques faits particuliers, qui sont *nécessairement plus à la portée d'une intelligence vulgaire comme la vôtre*, dépourvue de *l'esprit* généralisateur. Ainsi examinons les forces ou modes d'être occultes, qui sont évidemment inhérents à l'état moléculaire du corps, telles que les forces de *cohésion* et *d'affinité*.

En étudiant les corps, nous reconnaissons bientôt que leurs molécules sont unies entre elles ; en second lieu, que cette union est maintenue avec une énergie qui varie chez tous; troisièmement, que l'action de certaines influences modifie évidemment cet état de cohésion. Il y a donc dans les corps quelque chose d'indéterminé pour nous, c'est-à-dire de non perceptible, qui opère le rapprochement de leurs molécules; et ce rapprochement ne peut être considéré par nous que comme une qualité active, inhérente à la nature de ces molécules, puisque tout ce qui apporte un changement à leur essence modifie pareillement cette aptitude cohésive. Mais l'existence de cette qualité n'est qu'une supposition de notre part; nous ne l'admettons que parce que nous ne pouvons nous rendre raison de la cohésion moléculaire par les modes sensibles, c'est-à-dire la forme, la couleur, l'impénétrabilité, l'étendue, l'odeur, la saveur, etc. Cette insuffisance de la science à cet égard nous fait admettre, sans démonstration aucune, l'existence d'un inconnu donnant lieu au phénomène observé, et que nous désignons d'abord par l'expression générique de *force*, et personnellement en y ajoutant la dénomination de l'effet sensible qu'on lui rapporte : c'est ainsi que nous avons la *force* de *cohésion*. Ce que nous disons de cette dynamie est applicable à toutes les autres puissances, que nous considérons comme causes des phénomènes physiques et chimiques : telles sont les forces centripèdes et centrifuges, élastiques ou expansives, d'attraction et de répulsion électrique et magnétique, etc.

Il en est de même encore à l'égard des forces

considérées comme causes des différents phénomènes de la vie. Pour peu que nous observions les
fonctions caractéristiques de l'animalité, il nous est
facile de reconnaître qu'elles sont très-complexes et
ont entre elles une liaison telle, qu'elles sont toutes
causes et effets les unes des autres ; mais parmi elles
il en est dont la dépendance est plus ou moins évidente, et plusieurs, au contraire, dont le lien avec
les autres faits de la vie nous échappe. C'est pour ce
motif que ces dernières fonctions ont été considérées
par quelques physiologistes comme étant chacune
sous l'empire d'une force spéciale. De là cette foule
de forces, de facultés introduites à tort, à diverses
époques, dans les théories médicales, pour expliquer des phénomènes isolés ; c'est ainsi qu'on nous
a gratifié des forces *digestives, absorbantes, assi-
milatrices, etc.* Mais une observation un peu attentive a bientôt fait reconnaître que, dans toutes les
fonctions organiques, trois phénomènes se rencontrent constamment, c'est-à-dire 1° que les tissus ne
sont ébranlés, mis en mouvement que par l'action
de certains modificateurs ; 2° qu'à la suite de cette
impulsion, la fibre organique se contracte ; 3° qu'un
développement plus ou moins considérable de calorique animal accompagne constamment cette contraction. Cette simple observation a été suffisante
pour faire considérer par quelques physiologistes
ces trois phénomènes comme primitifs ; et comme
tout phénomène distinct a nécessairement une cause
différente, ils ont réduit toutes les facultés, toutes

les aptitudes vitales, à trois, c'est-à-dire *l'impression-nabilité* ou aptitude négative des corps vivants d'être modifiés dans leur état par les corps étrangers; la *contractilité* ou *irritabilité*, et la *caloricité*. Par l'admission de ces dernières facultés, celles des en-tités particulières que l'on supposait présider à cha-que fonction isolée est devenue inutile, puisqu'on a cru trouver l'explication des faits rapportés à ces entités dans des puissances d'un ordre supérieur ayant une action plus générale; mais comme des causes qui produisent des effets si différents ne peu-vent rendre raison du fait général de la vie, ni de la connexion qui existe entre les fonctions qui la cons-tituent, ni de cet ensemble, de cette merveilleuse harmonie que l'on remarque dans leur exercice, les physiologistes de toutes les époques ont cru de-voir admettre une force unique et primitive, tenant sous sa dépendance toutes les entités secondaires auxquelles on attribue les phénomènes primitifs dis-tincts. Au moyen de cette force, le médecin concilie toutes les contradictions physiologiques; elle est pour lui la raison suprême de tout ce qui a rapport à la vie, ou plutôt la dernière expression de son ignorance, lorsque les faits sensibles cessent d'être suffisants pour lui expliquer le dérangement des fonctions. Cette célèbre entité a reçu diverses dénominations suivant les époques: elle a été appelée Enormon, Theion par Hippocrate, Archée par Paracelse et Van-Helmont; *Impetum faciens* par Boerhawe; de nos jours on lui donne simplement la dénomination de *principe vital*, de *force vitale*.

De même que certains physiologistes ont admis une force particulière à laquelle ils rapportaient une fonction plus ou moins complexe de la vie organique, ainsi nous voyons Pythagore, Platon, Aristote et Zénon, qui furent les chefs des quatre grandes sectes qui professèrent en premier lieu la doctrine du psycologisme, créer une force spéciale pour expliquer les phénomènes moraux ou de la vie de rapports ; et vos maîtres, mon cher A. B. C., ne sont que les copistes de ces philosophes payens. Cette force ou principe des fonctions du cerveau, essentiellement distincte, selon ces philosophes, du principe vital qui donne la vie à l'encéphale et à ses annexes, est appelé par eux, *ame, esprit, principe intellectuel*, etc. Le vice essentiel de la doctrine des psycologistes est de raisonner avec une assurance incroyable sur l'origine, la nature et la destinée d'une force, c'est-à-dire d'une formule explicative : ce vice est également commun à plusieurs physiologistes qui ont aussi voulu déterminer la nature du principe vital, tels que Stahl, Van-Helmont et Barthez. Comme ces médecins n'avaient évidemment aucune idée de leur être fictif, pas plus que les philosophes n'en ont de leur entité abstraite, tout ce qu'ils ont dit de cet être est le produit de leur imagination et non une analyse des faits sensibles, qu'ils ont néanmoins voulu expliquer d'après leur théorie spéculative.

Mais comme des phénomènes qui découlent de lois invariables ne peuvent se modifier d'après des conceptions imaginaires, il en est résulté qu'inhabiles à expliquer la plûpart des faits de la vie , ces conceptions sont tombées dans l'oubli , et les faits seuls sont restés les mêmes et demeurent encore aux génies hardis qui voudront s'en emparer pour fonder la physiologie animale sur des bases plus solides.

Les physiciens ont évité sagement de s'engager dans cette fausse route ; aussi ne les voyons-nous plus de nos jours perdre leur temps à discuter sur l'essence des forces , parce qu'ils savent que les recherches sur la nature des substances sont vaines , parce que nos connaissances ont nécessairement pour limites infranchissables le fait de la perception. C'est ainsi que Newton a admis sa force d'attraction au moyen de laquelle il a expliqué les phénomènes de la pesanteur et de la gravitation ; mais loin de chercher à pénétrer la nature d'un abstrait , il n'a pas même affirmé qu'il avait une existence réelle.

Reconnaissons donc, en premier lieu, que ce que nous appelons *forces*, *propriétés*, *puissances*, ne sont que des formules abstraites créées pour nous faciliter l'explication des phénomènes, lorsque les faits sensibles sont insuffisants pour nous en rendre raison ; mais qu'en admettant même que ces êtres de raison peuvent consister dans quelques circonstances dans des réalités, telles que, par exemple, les propriétés des corps, nous n'en avons aucune idée parce qu'elles échappent aux sens.

§ II.

Voyons maintenant si nous connaissons des *forces*, des *propriétés* qui soient indépendantes de la
constitution des corps ; si, par conséquent, on peut
considérer quelques-unes d'entre elles comme n'é-
tant point de simples modes occultes de la matière,
mais comme ayant une existence personnelle, bien
distincte de celle des corps où elles fonctionnent.

La subordination des forces physiques à la constitution moléculaire des corps n'a jamais été contes-
tée par personne, que je sache du moins. Il suffit,
en effet, de quelques compositions et décompositions chimiques pour démontrer par l'évidence que
la cohésion, l'affinité, l'élasticité, les qualités idio-
électriques et magnétiques, etc., disparaissent dans
les corps, ou leur sont communiquées, lorsqu'on
imprime des changements déterminés à leurs molécules constitutives. Nous voyons également la force
vitale dans les végétaux et les animaux être aussi
essentiellement subordonnée aux modifications imprimées à leur fibre organique et aux liquides qui
circulent dans leurs systèmes vasculaires ; dans
l'homme même, qui, au dire de vos psycologistes,
a seul, en propre, une ame ou force spéciale qui
produit les phénomènes de la vie de rapports, on ne
nie pas que les fonctions de tous les viscères, à l'exception de ceux du cerveau, ne sont que le résultat
de la force vitale : on reconnaît même que la vie
organique de l'encéphale est encore sous l'empire

de cette force. Donc, de l'aveu même de vos maîtres, mon petit philosophe, il y a dans le cerveau une force essentiellement dépendante de la molécule vivante ou organique.

Pour le physicien, pour le physiologiste, toutes les forces ou propriétés ne sont donc que des modes latents des corps qui ont une existence essentiellement dépendante de la nature des modes sensibles. Parmi tous les corps vivants et inorganiques, il n'en est pas un seul où l'on ne puisse démontrer par l'expérimentation que les aptitudes auxquelles nous rapportons les phénomènes qui leur sont propres, ne sont qu'une conséquence de la nature et de la disposition de leurs molécules. L'admission d'une force qui a une existence tout-à-fait indépendante de celle du corps où elle réside, qui ne subit aucune modification par suite de celles apportées dans la constitution de ce corps, est donc une exception unique, et une exception de ce genre ne doit être admise qu'autant qu'on peut apporter, en faveur de son existence, une rigoureuse démonstration fournie par l'analyse des faits particuliers : or, il résulte de cette analyse que nous sommes forcés par l'évidence d'arriver à une conclusion tout-à-fait contraire à celle de vos psycologistes. En effet, nous voyons que toutes les modifications un peu importantes imprimées à la vitalité des organes par les agents extérieurs, réagissent invariablement, et d'une manière qu'on peut determiner à l'avance, sur les fonctions de la force des psycologistes ; nous voyons également cette dynamie, que l'on prétend, sans preuve aucune, indépendante de la molécule organique, ne se développer qu'à mesure que le corps prend son accroissement et participer constamment à son état de force ou de faiblesse relative. Pendant la gestation, l'enfant n'opère aucun des actes intellectuels ou de la vie de rapports attribués à l'entité psycologique ; cependant alors il se meut déjà, il digère même, à ce qu'il paraît, un liquide contenu dans la matrice ; il éprouve probablement aussi des sentiments viscéraux, seules causes impulsives, à cette époque, de la contraction des organes locomoteurs. Mais tous les jeunes animaux sont dans la même condition ; et entre un chien et un enfant à l'état de fœtus, est-il possible, mon cher A. B. C., de signaler aucune différence parmi les fonctions que l'on peut considérer comme devant appartenir plus tard à la vie de relations? Qu'y a-t-il de plus dans le corps calleux ou la glande pinéale de l'un que dans celui de l'autre? A-sa naissance, l'enfant exécute manifestement plusieurs fonctions qui n'avaient pas lieu lorsqu'il habitait la matrice ; il respire, il s'agite, et éprouve en outre, de la part des modificateurs externes, deux nouveaux genres de sensations, c'est-à-dire des sensations tactiles et gustatives. Mais dans tous ces actes, il n'y en a aucun qui ne soit également commun au jeune animal ; comme l'enfant, en effet, il éprouve l'action des contacts et de la saveur du lait qu'il suce ; comme l'enfant, il ressent les réactions viscérales constituant les besoins d'absorption et d'exonération. A cette époque de la vie l'enfant n'a encore aucune connaissance du monde extérieur ; il n'éprouve encore aucune sensation *re-productible* distincte (1), et, par conséquent, n'ayant pas de sentiments *mnémoniques* ou *rationnels* (2) ; les phénomènes appelés comparaison, raisonnement et jugement, ne peuvent avoir lieu chez lui. Pendant les premiers mois de l'existence du nouveau né, les fonctions rapportées à l'ame sont aussi imparfaites que ses organes ; ce n'est qu'à mesure que ses sens et son cerveau se développent, que l'on voit ces fonctions acquérir successivement ce degré de supériorité qu'elles doivent présenter dans la suite. Pour affirmer que la force des psycologistes est indépendante de l'organisation , il faudrait pouvoir démontrer , contrairement à l'évidence , que les fonctions intellectuelles qu'on lui rapporte sont aussi nombreuses et aussi puissantes chez un enfant de quelques mois que chez l'adulte ; que ces fonctions n'éprouvent aucune altération dans toutes les maladies du corps ; qu'elles sont constamment iden-

(1) Voyez, à l'article qui traite des sensations, ce que j'entends par sensations *reproductibles* et sensations *directes* ou *tactiles*. Cette distinction dans nos modes de sentir est très-importante, comme vous le verrez : vos maîtres n'y ont point songé ; cependant elle nous explique la liaison étroite qui existe entre les qualités de la matière et nos divers modes de sentir.

(2) Le mot *raison* , indéfini par nos philosophes, ne désigne que l'ensemble des sensations rappelées par la mémoire, et constituant la connaissance que nous avons de l'origine des choses, de leurs modes d'action et de leur terminaison. (*Voyez des Sensations mnémoniques ou rationnelles*).

(23)

tiques, quel que soit le régime auquel on soumet
l'organisme, quel que soit son âge et son épuisement relatif. Or, dites si il ne serait pas impertinent de soutenir pareille thèse? Vous savez fort bien
qu'une nourriture stimulante double et triple l'intensité des phénomènes intellectuels ; qu'au contraire la diète et les substances débilitantes atténuent
leur énergie ; que quelques grains d'arsénic ou d'a-
cétate de morphine mis en contact avec les parois
de l'estomac, ou quelques gouttes de sang comprimant le cerveau, portent la perturbation dans l'exercice de l'entité psycologique ; qu'en un mot, toute
cause qui active ou ralentit la circulation artérielle
et veineuse dans le cerveau modifie nécessairement
les fonctions dites intellectuelles (1). Or, en présence
de pareils faits, comment nier la subordination de
la force considérée comme cause des actes de la vie
de rapports, des conditions organiques des sens et
du cerveau ? Avouez que l'autorité de la parole du
maître doit être bien puissante, pour qu'elle prévale
contre une démonstration aussi rigoureuse.

Concluez donc avec moi que l'hypothèse de vos
maîtres est insoutenable ; qu'elle a contre elle l'autorité de tous les faits perceptibles ; que, comme
toutes les autres dynamies, celle à laquelle nous
rapportons les phénomènes de la vie de relation est
dans une dépendance essentielle des conditions organiques du corps où elle réside. Je ne vous rap-

(1) Vous pouvez consulter à cet égard les expériences de Bichat.

pellerai point toutes les extravagances qui ont été débitées dans le temps sur l'époque de l'existence de l'ame, sur le lieu où elle réside, et sur sa nature. C'est ainsi qu'un certain Jérôme Florentini a prétendu, et c'est, vous pensez bien, sans démonstration aucune, que le principe intellectuel entrait dans le germe d'un homme immédiatement après la conception, ce germe ne fût-il pas plus gros qu'un grain de millet (1)? Comment croire que quelques globules de matière nerveuse qui constituent l'embrion, renferment un bon homme capable de penser, de juger, de raisonner, de vouloir? Si ce Monsieur Florentini vivait encore, les petites maisons ne seraient-elles pas la juste récompense d'une idée aussi saugrenue? Que n'a-t-il suivi le conseil de St. Augustin à cet égard (2)?

L'orsqu'il s'agit d'assigner une résidence à l'être fantastique dont nous parlons, voyez aussi quelle hésitation s'est emparée des psycologistes? Les uns, tels que les omphalo-psyques, l'ont logé dans le ventre, c'est-à-dire dans le cœur, le diaphragme et l'estomac; cette idée leur a été suggérée par les réactions perçues de ces viscères, constituant les *passions*, les *affections*, et qui ont lieu toutes les fois que les foyers de perceptions sont ébranlés par les

(1) Dissertation intitulée des *hommes douteux*, ou du *baptéme des avortons.*

(2) ... Harum autem sententiarum quatuor de animâ; utrùm de propagine veniat, an in singulis quibusque nascentibus mox fiat, an in corpora nascentium jam alicubi existens, vel mittatur divinitiùs, vel suâ sponte labatur, *nullam temerè affirmari oportebit.*

objets du monde extérieur. D'autres philosophes
avaient mélangé leur ame avec le sang et les nerfs ,
parce qu'ils s'étaient aperçu , comme les physiologistes , que là où il n'y a plus de sang en circulation,
ni de nerfs , il n'y a plus de vie. Cependant il paraît
que les psycologistes ont décidé en dernier ressort
que leur principe ne logerait plus dorénavant que
dans le cerveau, et défense expresse à lui d'en sortir.
Vous savez déjà que Descartes n'a accordé au bon
homme pour se promener que la glande pinéale ,
Vieussens le centre ovale , et de la Peyronie le corps
calleux. Demandez ensuite les preuves de ces hypo-
thèses si divergeantes, et vous aurez un échantillon
de la logique du psycologisme. Le mot *immatériel*,
que les spiritualistes nous donnent comme exprimant
l'essence, la nature de leur principe, est un terme vide
de sens. En effet, l'immatérialité n'est qu'un mode
négatif, c'est-à-dire l'absence de toute qualité matérielle. Qu'entend-on ensuite par qualité matérielle?
C'est tout ce qui nous fait éprouver des sensations ou
impressions perçues que nous rapportons aux êtres
sensibles. Si l'on doit appeler immatériel tout ce qui
n'est point perceptible , on doit ranger parmi les
choses immatérielles toutes les forces physiques; cependant nous ne pouvons conclure de ce fait, que ces
modes latents de la matière existent indépendamment
des modes sensibles qui la constituent. Il est même
plusieurs éléments que nous considérons comme des
corps , et qui néanmoins n'ont aucun caractère de
la matérialité : tels sont le magnétisme, le fluide dit

nerveux, l'électricité, le calorique ; ces fluides aussi sont impalpables, incolores, insipides, inodores, sans densité, sans étendue, sans forme perceptible. L'élément inconnu que nous appelons *force vitale* (*fluide nerveux*), qui donne l'impulsion aux organes, qui fait dilater ou contracter leurs fibres, qui attire les fluides dans leur trame, est également quelque chose d'immatériel ; considérez, enfin, que l'immatérialité n'étant qu'une absence de qualités, elle ne peut concourir à la constitution d'une nature, elle ne définit qu'un néant : c'est donc à tort que vos illustres maîtres l'érigent en qualité essentielle, constitutive d'un objet. L'immatérialité, d'après le seul sens que l'on doit attacher à ce mot, est un caractère propre à tous les principes sans exception, et qui, par conséquent, n'en distingue pas un en particulier.

Je pense, mon petit philosophe, que ces simples considérations sont suffisantes pour vous convaincre ; que nous ne connaissons aucune force dont l'existence ne soit essentiellement liée a celle des modes sensibles qui entrent dans la constitution des corps, et que les phénomènes propres au cerveau ne sauraient, pas plus que tous les autres phénomènes physiques, être attribués à un principe indépendant des conditions organiques de ce viscère.

En effet, l'admission d'une force spéciale pour expliquer les fonctions du cerveau est un privilège en faveur de cet organe, et dont sont privés les autres instruments de la vie auxquels on n'accorde

qu'une dynamie commune. Or, pour faire admettre
une exception de ce genre, il a fallu en démontrer la
nécessité et ensuite la réalité de son existence. Avant
d'admettre un principe exceptionnel, qu'on doit
regarder comme superflu jusqu'à preuve contraire,
j'ai cru que vos maîtres détermineraient d'abord les
caractères qui distinguent cette force de la force vitale; en second lieu, qu'elle donne une solution
beaucoup plus satisfaisante des phénomènes de la
vie de rapports.

Au lieu d'arriver à cette double démonstration,
je lis dans leurs œuvres que les caractères essentiels
qu'ils assignent à l'ame sont, de leur propre aveu,
communs à un grand nombre de *forces physiques* (1):
or, si parmi ces dynamies il en est à qui l'on puisse
faire l'application des qualités premières de l'entité
psycologique, c'est assurément la force vitale (nous
admettons pour le moment que ces caractères sont
réels). Donc, si la force qu'ils appellent ame ne se
distingue pas de celle qui préside aux phénomènes
organiques par son essence, il est impossible d'établir de différences entre elles; si, en second lieu,
leur constitution élémentaire est identique, c'est-à-
dire si ils ont les mêmes attributs primitifs, l'*activité*, l'*unité*, l'*identité*, il n'y a pas de motifs pour
que les propriétés secondes de leur force, qu'ils sup-

(1) « En effet, dit M. Damiron, on ne refusera pas de reconnaître
« que dans l'univers il y a bien d'autres forces qui s'y déploient; que
« ces forces sont *actives*, qu'elles sont *simples* et *identiques* » (quali-
lités données à l'ame par les spiritualistes). *Psycologie*, page 8.

posent dériver de ses modes essentiels, soient rapportés à cette dynamie plutôt qu'au principe vital, car des conditions semblables doivent donner lieu à des résultats également semblables : donc, sous ce rapport, l'existence d'une force différente de l'élément vital n'est point démontrée, et que son admission est une superfluité évidente. D'une autre part, je ne vois pas qu'en déshéritant le principe vital du rôle actif qu'il joue dans la production des phénomènes moraux, vos illustres maîtres nous donnent une solution plus satisfaisante du problême si complexe de la vie de rapports.

§ III.

Un vice essentiel à signaler dans la théorie des psycologistes de l'école moderne, qui ont la manie de construire de vains raisonnements sur les qualités occultes qu'ils ne connaîtront jamais, c'est de prétendre pouvoir juger la nature d'un objet par un seul de ses attributs. C'est ainsi que je vois les principes fondamentaux de leur doctrine ainsi formulés :

« La perception est la condition et le point de
» départ de toutes nos connaissances. Il y a trois
« éléments qui concourent au phénomène de la per-
« ception : 1° l'ame ; 2° la conscience ; 3° le Moi.

« De ces trois éléments, deux nous échappent ;
» ils ne peuvent *être étudiés* que par le Moi, perçu
« par la conscience, qui est le seul perceptible.

« Pour étudier le Moi, il faut partir de ce prin-

« cipe évident pour tous : *je me sens*, je me sens
« étre de telle et telle façon.

« Le Moi est l'être *sui consciûs*, qui a le sens in-
« time de son existence personnelle. Le Moi a six
« propriétés ou manières d'être :

« 1° Trois *essentielles*, l'activité, l'unité, l'iden-
« tité personnelle ;

« 2° Trois *secondes*, l'intelligence, la sensibilité,
« et la liberté avec ses conséquences. » (1)

Il résulte de cet énoncé de principes, que ce n'est
que par le Moi, un des éléments de l'ame, que nous
pouvons étudier cette force : or, peut-on admettre
qu'il soit possible de déterminer la nature de ce principe par la connaissance de ce seul attribut? Serions-
nous fondés à dire que nous connaissons la nature
d'un corps, si son existence ne se manifestait à nous
que par sa forme, ou par sa densité, ou par son
odeur? Dans cette hypothèse, nous aurions connaissance de l'attribut s'offrant à notre observation ; mais
il est inexact de dire que nous pouvons juger les
autres modes d'être par celui-là. La couleur d'un fruit
ne me donne aucun sentiment de sa densité, de son
odeur, de sa saveur, et réciproquement. Sans doute,
les qualités de l'attribut font partie de celles propres
au tout ; mais seules, elles seraient une expression
infidèle, ou du moins fort imparfaite de la nature
du tout : donc on ne peut admettre que la force appelée ame puisse être étudiée par un seul de ses at-

(1) Voyez la psycologie de M. Damiron.

tributs ; donc cet attribut appelé Moi constitue seul pour nous un être réel , et qu'en ne le considérant que comme partie d'un autre être que l'on avoue ne pouvoir connaître que par les différents modes du Moi, c'est une hypothèse tout a fait gratuite ; donc, enfin, le Moi, qui, comme vous le verrez ultérieurement, consiste dans la sensation, est, pour les psycologistes comme pour nous, le seul fait élémentaire de tous les phénomènes de l'ordre moral.

Le moyen qu'emploie le psycologisme pour juger la nature de son entité est d'une telle insuffisance, qu'il est impossible de baser un système de démonstration sur une pareille donnée.

Mais en la considérant même comme bonne, examinons la définition que vos modernes platoniciens nous ont donné du Moi ; en second lieu, si les modes d'être de ce phénomène sont tels qu'ils l'affirment.

Le Moi est , disent-ils , un être *sui consciùs*, c'est-à-dire qui a la science, le sens intime de son existence personnelle. Je conçois, mon cher A. B. C., que vous n'ayez jamais pu vous former l'idée d'un individu qui *se* sent ; je vous avoue que, comme vous, je n'aurais jamais pu pénétrer le sens d'une pareille définition , évidemment au-dessus de toute intelligence vulgaire comme la nôtre, si je ne l'avais trouvée commentée dans un des ouvrages que vous m'avez envoyés , et qui paraît jouir d'une grande réputation parmi vos maîtres, je veux dire la philosophie de Thomas Reid , chef de l'école écossaise, que M. Jouffroy , notre compatriote, a traduite et

(31)

expliquée à sa manière. Mais il résulte de l'explication de cette inintelligible définition, qu'au lieu d'un
être il y en a deux dans l'être *sui conscius ;* un ba-
deau qui reçoit les impressions du monde extérieur
et un orateur qui raisonne sur les modifications imprimées à cet être passif. Voici ce passage curieux
qui n'est qu'un amas d'idées inintelligibles et incon-
séquentes, par lesquelles néanmoins on a la prétention
d'avoir ruiné par sa base le système de Locke, qui,
le premier, porta la lumière dans les ténèbres de la
philosophie mystique, dont on tâche inutilement dans
vos écoles de relever les ruines. Comme les paroles
que je vais rapporter sont pleines de contradictions,
et qu'alors il est essentiel de pouvoir opposer le sens
d'une phrase à celui d'une autre phrase, nous nu-
méroterons chaque periode offrant un sens complet.

A. « Si nos sens étaient fermés, nous n'aurions
« aucune notion du monde extérieur ; la condition
« et le point de départ de cette notion est donc la
« sensation. Mais nos sensations sont diverses, cha-
« que sens donne les siennes ; il faut donc décom-
« poser le problème, et voir successivement ce que
« chacune de nos sensations nous révèle du monde
« exterieur.

B. « Reid commence par le sens de l'odorat : ce
« sens nous donne la sensation d'odeur. Que suit-il
« en nous de la présence de cette sensation ? D'a-
« bord que nous en avons *conscience,* c'est-à-dire
« que par *l'observation* nous acquiérons la *notion*
« de cette sensation.

C. « Mais est-ce là tout ? Non, évidemment ; car
« il est impossible que *nous* ayons *connaissance* de
« cette sensation sans la rapporter à un être qui
« l'éprouve et *qui est nous*, et à une cause qui la
« produit et qui n'est pas nous.

D. « Voilà donc, dès le premier pas, trois no-
« tions distinctes : *celle* de la sensation ; *celle* de
« l'être qui l'éprouve, et *celle* de la cause qui la
« produit ; plus, deux jugements, celui que la sensa-
« tion est *sentie* par un être, et celui qu'elle est
« produite par une cause.

E. « Or, ces notions, comment me sont-elles don-
« nées ? Est-ce par l'observation ? Assurément c'est
« *l'observation* qui me donne la *notion* de la *sen-*
« *sation*, mais ce n'est pas elle qui me donne les
« deux autres ; car je n'ai *conscience* ni de *l'être*
« *moi* qui éprouve la sensation, ni de la cause exté-
« rieure qui la produit ; et non-seulement ce n'est
« pas l'observation qui me donne ces deux dernières
« notions, mais elles ne sont point tirées de celle
« que l'observation me donne, c'est-à-dire de la *no-*
« *tion* de la *sensation ;* car *l'idée* de sensation ne
« contient ni celle d'être, ni celle de cause, et il
« n'y a point de procédé qui puisse extraire d'une
« notion ce qu'elle ne contient pas. Voilà donc, dès
« le premier pas, la première maxime de Locke
« démentie par les faits, etc. »

Tel est le langage clair et précis par lequel Reid
a laborieusement construit sa démonstration de l'existence de connaissances indépendantes de la sensa-

tion, et dans lequel nous trouvons encore un développement de la définition du Moi psycologique,
ainsi que l'application de sa théorie à un fait particulier.

Reid et M. Jouffroy n'ont-ils pas fait du double
galimathias dont parle Boileau? C'est-à-dire se sont-
ils compris eux-mêmes lorsqu'ils ont dit qu'ils avaient
conscience d'une *sensation?* Les termes, *j'ai conscience* d'une chose, ne sont-ils pas synonymes de
ceux-ci: *j'éprouve, je sens l'impression* de cette chose,
ou cette chose détermine en moi *telle sensation.* La
conscience d'impression et la sensation ne sont qu'un
seul et même phénomène, et cependant on nous les
présente ici comme exprimant deux faits distincts,
sans avoir préalablement établi leurs caractères différentiels ; ce qui cependant est fort important, car,
malgré toute la sagacité qui distingue vos psycologistes, ils ne pourront jamais arriver à changer des
mots en faits, jamais il ne leur sera donné de démontrer dans le phénomène du Moi autre chose
que le fait de la sensation. Ainsi, qu'ils veulent bien
nous dire ce que c'est qu'une *impression* de sensation, ou comment ils conçoivent qu'une sensation
peut nous impressionner ou produire une autre sensation. Car quand ils énoncent qu'ils ont *conscience
de la sensation d'odeur,* c'est comme s'ils disaient :
j'éprouve la *sensation de la sensation d'odeur.* Ensuite qu'est pour vos psycologistes le terme *observation?* Quel objet? Quel phénomène leur désigne-t-il?
Ils ne se sont pas donné la peine de nous le dire :

jusqu'à ce qu'ils se soient expliqués à cet égard , il n'exprimera encore pour nous et les grammairiens que le fait du sentir. En effet, qu'est-ce observer une chose? C'est se soumettre aux impressions des qualités , des modes qui lui sont propres. Quand j'énonce que je vous observe, c'est comme si je disais que j'éprouve par mes différents sens ce qu'il y a de caractéristique en vous ; c'est-à-dire votre volume, vos formes , la couleur et les diverses modifications de vos vêtements , les mouvements de vos divers organes, les paroles que vous articulez , etc. Ainsi dans l'espèce particulière dont il est ici question , qu'est-ce *observer une odeur?* n'est-ce pas éprouver , *sentir* son impression ?

Cette locution « c'est par l'observation que nous « acquiérons la notion de la sensation d'odeur » (voyez phrase B), revient donc à celle-ci : « *C'est* « *par la sensation d'odeur que nous acquiérons la* « *notion de la sensation d'odeur.* » Voilà un langage assez singulier. Je demanderai enfin ce que c'est qu'une *notion* de *sensation*. Le mot *notion* est synonyme de *connaissance;* nous connaissons les objets qui déterminent nos sensations , et la notion de ces objets consiste dans les sensations mêmes qu'ils nous font éprouver. Quand je dis que je connais telle plante, tel ou tel animal, c'est comme si j'énonçais que j'éprouve actuellement tous ses modes d'action réproductibles et directs , ou que les ayant éprouvés autrefois, la mémoire retrace ces sensations ou le souvenir de les avoir éprouvées. Je pour-

rais vous démontrer ici , par l'analyse des faits particuliers puisés dans les idées dites physiques , et
celles appelées métaphysiques abstraites ou concrètes , que toute connaissance n'est qu'une sensation ; mais je craindrais de vous entraîner trop loin
de notre sujet : d'ailleurs le développement de cette
proposition exigerait préalablement que je vous par-
lasse des idées ou sensations *représentatives*, en
vous démontrant que toute connaissance consiste
dans une idée simple ou composée, et, d'autre part,
que toute idée n'est qu'un mode de sentir , nous
arriverions à conclure que toute connaissance n'est
qu'une sensation (1). Le mot *notion* n'exprime donc
aussi lui-même que le fait de la sensation ; et cette
manière de s'exprimer de vos psycologistes, « c'est par
« l'observation que nous acquiérons la notion de la
« sensation d'odeur , » revient à cette ridicule locution , *c'est par la sensation d'odeur que nous
éprouvons la sensation de la sensation d'odeur.*
Comprenez, si vous le pouvez , ce langage clair et
précis de vos illustres maîtres ! Vous voyez, d'après
cette analyse grammaticale où nous avons cherché
à déterminer les objets des mots *notion, conscience,
observation, sensation, connaissance,* comment ces
messieurs jouent avec ces termes. C'est une petite su-
percherie de leur part de vouloir nous donner toutes
ces expressions comme désignant des objets diffé-

(1) Voyez le chapitre qui a pour objet de déterminer que toutes nos
connaissances ne sont que les sensations que nous avons éprouvées.

rents, tandis qu'ils ne sont l'un et l'autre que la signification d'un seul et même fait, celui de la sensation.
Jugez par là de la valeur d'un raisonnement basé
uniquement sur de vains mots, dont la plûpart ne
sont l'expression d'aucune réalité.

Dans la phrase C., on nous dit positivement que
c'est le principe sentant l'être qui éprouve la sensation, qui constitue notre individualité, qui forme
le *nous*. « Il est impossible que nous ayons connais-
« sance de cette sensation, *sans la rapporter à un*
« *être qui l'éprouve* et *qui est nous.* » Rappelez-
vous bien ce fait, mon cher A. B. C., car tout-à-
l'heure vos maîtres vont se démentir.

Vous savez maintenant à quoi vous en tenir sur
ces trois prétendues notions dont il est question dans
la phrase D. Encore une fois, qu'est-ce qu'une notion de sensation ou une sensation de sensation ? Ensuite quand on éprouve une sensation, il est inexact
de dire que l'on connaît son être ; il faut dire que
l'on n'a connaissance que d'une partie seulement de
celle qui reçoit l'impression du modificateur. Quand
nous disons que nous avons notion de notre être,
nous généralisons par ces expressions l'ensemble des
divers modes de sentir rapportés aux différentes
parties de notre corps, susceptibles de transmettre
leurs impressions aux centres de perception. Vous
verrez ultérieurement que la sensation est soumise
à la loi fondamentale du stimulus organique, ainsi
formulée dès la plus haute antiquité:

« Ex duobus doloribus violentior obscurat atte-

« rum, » c'est-à-dire que lorsque plusieurs sentiments tendent à se faire éprouver simultanément,
le plus violent efface tous les autres : de là l'unité
de sensation déterminée dans le moment actuel.
Cette loi qui préside aux excitations perçues paraît
avoir un rapport étroit avec celle qui régit le fluxus
humoral dans les tissus, « ubi stimulus, ibi fluxus, »
et à laquelle nous ajouterons cet autre aphorisme
comme conséquence naturelle : « *ubi violentior sti-*
« *mulus, ibi uberrimus fluxus.* »

Quand nous éprouvons l'impression d'une odeur,
si elle est plus forte que toutes celles qui agissent sur
nos autres sens, alors le Moi, la conscience d'existence, réside entièrement dans la pituitaire, c'est-
à-dire la muqueuse du nez, et alors nous n'avons
connaissance que de cette partie de notre être. Est-il
possible d'avoir notion d'un organe qui n'est point
le siège d'une sensation ? Or, comme il n'arrive jamais que les impressions qui agissent sur nos différents sens aient la même intensité, qu'il y en a
nécessairement une qui est plus forte que les autres,
il en résulte que nous n'éprouvons jamais dans l'instant actuel qu'une sensation, qu'un Moi, que nous
rapportons à tel ou tel organe déterminé, mais jamais à l'universalité de notre corps.

Dans la phrase E., MM. Reid et Jouffroy sont en
contradiction patente avec ce qu'ils ont articulé dans
le paragraphe C., où ils nous ont dit que c'est l'être
qui éprouve la sensation qui constitue le *nous,* la
personne, « sans la rapporter (la sensation) à un

« être qui l'éprouve et *qui est nous.* » Ici l'être qui éprouve la sensation , et qu'ils désignent au singulier par le terme Moi, n'est plus pour eux la personne , comme ils l'ont affirmé plus haut, puisque c'est un inconnu qui parle pour lui et qu'ils appelent *je.* « *Je* « n'ai conscience ni de l'être Moi, etc. » Or, plusieurs *je* forment le pluriel *nous ;* donc la contradiction est manifeste. Enfin, lequel des deux du Moi ou du *je,* puisque ce sont deux êtres distincts , constituent décidément la personne? Autre contradiction: ce Moi ou être qui éprouve la sensation qui formait naguère l'individualité le *nous,* n'est plus, dans cette phrase, qu'un étranger qu'on ne connaît plus : « *je* « *n'ai conscience ni de l'être moi* qui éprouve la « sensation. » Cependant, dans le paragraphe D., MM. Reid et Jouffroy nous ont affirmé très-positivement qu'ils avaient connaissance de l'être qui éprouve la sensation ; là ils nous assurent en termes précis que, dans le fait de la sensation , ils ont trois notions distinctes : « 1° celle de la sensation ; 2° « *celle de l'être qui l'éprouve ;* 3° celle de la cause « qui la produit; » et maintenant, à si peu de distance de leur première affirmation, ils n'ont plus conscience *de l'être moi.* Peut-on avoir la mémoire aussi courte? Les deux personnes que les psycologistes supposent résider en nous, le *je* et le *moi,* ne forment cependant qu'une seule individualité qui s'appele Pierre ou Paul : serions-nous aussi un mystère incompréhensible? le mystère de la binité humaine? Les deux personnages qui la forment et qui résident dans le même cerveau, ne vivent pas en bonne intelligence, à ce qu'il paraît, malgré la proximité du voisinage; car le nommé *je* plus orateur et plus malin que le personnage *moi*, a l'impertinence de dire qu'il ne le connaît même pas, « *je* n'ai conscience ni de l'être *moi*, » malgré les rapports intimes qu'ils ont entre eux dans leurs fonctions respectives. Mais comme un impertinent débite nécessairement des sottises, cet être *je* ose nous affirmer, après nous avoir dit qu'il ne connaît pas l'être *moi*, que c'est ce niais qui éprouve les sensations, et que c'est lui *je* qui en a la notion, que seul il peut en raisonner. Un auditeur tant soit peu logique demande aussitôt à ce subtil *je:* Comment se fait-il, mon petit bon homme, que si c'est l'être *moi* qui éprouve les sensations, et que vous ne connaissiez pas cet être, comment se fait-il, dis-je, que vous ayez la notion de ses manières d'être et des modifications qui lui sont imprimées par le monde extérieur? Voilà un fait vraiment incompréhensible!

Vos illustres maîtres, mon petit philosophe, sont encore en contradiction avec eux-mêmes, lorsqu'ils avancent qu'ils n'ont pas *conscience de la cause extérieure* qui produit en eux une sensation (qui a affecté le *moi* de leur *je*); rappelez-vous qu'ils nous ont dit, paragraphe C: « Il est impossible que nous « ayons connaissance de cette sensation, *sans la rapporter à une cause* qui l'a produite, et qui *n'est « pas nous.* » Rapporter une sensation à sa cause, n'est-ce pas connaître cette cause? La notion que nous avons des objets extérieurs est-elle autre chose que ce rapport que nous faisons de nos modes de sentir à ces objets ? Je serais fort curieux de savoir aussi ce qu'ils entendent par l'*idée d'une sensation d'odeur;* je pose, comme fait certain, que ces Messieurs ne se sont pas compris, lorsqu'ils ont avancé qu'ils avaient l'*idée* d'une sensation tactile (1). Lisez tous les poètes dont la féconde et brillante imagination a décrit, avec le plus grand détail, tout ce que le domaine des *idées* ou sensations *figuratives* a pu leur fournir, et voyez leur misérable stérilité quand ils veulent exprimer des sentiments non réproductibles, c'est-à-dire des odeurs, des saveurs, des contacts ? Dire que l'on a l'idée d'une sensation d'odeur, c'est énoncer qu'on se figure cette sensation ; car le mot idée ne veut dire autre chose que figure, configuration, représentation (2), et ne s'applique qu'aux sensations que j'appelle, pour ce motif, *figuratives* ou *représentatives,* comme je vous le ferai voir ultérieurement. Or, je demanderai quelle figure, quelle forme a une sensation d'odeur? Il serait déjà assez ridicule d'affirmer qu'on a l'*idée* d'une *idée,* c'est-à-dire qu'on éprouve la sensation figurative d'une sensation figurative ; mais il l'est encore davantage d'avancer qu'on a l'idée d'un sentiment tactile ou viscéral, parce que ces modes de sentir n'ont évidemment aucun rapport avec les modes figuratifs du monde extérieur.

(1) Voyez l'article des sensations externes.

(2) Idée venant du grec εἰδέα, lequel dérive lui-même d'εἶδος, forme, figure, configuration.

Je n'entrerai pas dans une analyse plus détaillée de ce qui a été dit du phénomène du Moi par les psycologistes ; ce seul passage d'un auteur cité pour sa clarté par ses confrères en philosophie , est plus que suffisant, mon cher A. B, C. , pour nous convaincre que le langage de vos maîtres sur ce sujet est inintelligible et rempli de contradictions manifestes.

Il faut encore des démonstrations plus en harmonie avec les faits perceptibles et plus clairs que des galimathias de ce genre , pour oser affirmer, comme le fait M. Jouffroy , qu'elles sont suffisantes pour renverser la doctrine de l'illustre Locke.

Il est facile de reconnaître dans ce *je* et ce *moi*, que nos modernes Platon logent dans notre cervelle, une nouvelle traduction de l'ancien dogme des Théistes, qui admettaient en nous deux principes : l'un de nature divine , auquel ils rapportaient les phénomènes intellectuels ou de la vie de rapports , l'autre présidant aux faits de l'organisation. De là cette alliance bizarre de leur ame *intellectuelle* avec leur ame *sensitive* ou *végétative*. Comme je pense que tout est divin dans le monde, puisque tout a été créé en Dieu et par Dieu , et que par consequent rien ne lui est étranger et n'existe en dehors de lui ; qu'il est absurde de dire que Dieu s'émiette et qu'il n'est pas homogène partout ; comme , d'une autre part , rien ne prouve que dans les objets de la création Dieu ait fait l'un d'une nature supérieure à celle de l'autre , puisque nous ayant caché l'essence des choses en limitant le nombre et la délicatesse de nos perceptions, les différences que nous établissons à cet égard ne dépendent que de nos modes de sentir; comme enfin les faits fournis par l'observation des sens, qui est le seul moyen que Dieu nous ait donné pour nous instruire, nous démontrent d'une manière palpable qu'il est impossible, quelque bonne volonté qu'on y apporte, d'admettre dans notre cervelle l'existence d'un principe, d'une force ou mode occulte, étranger à son organisation :

Concluons d'une manière générale que la théorie des psycologistes sur le principe des phénomènes intellectuels est inadmissible 1° parce qu'elle ne prouve point que leur force diffère, par un caractère quelconque, de la force vitale en particulier et en général de toutes les autres dynamies physiques; qu'en conséquence ne donnant pas une explication meilleure des faits de l'ordre moral, l'admission de cette force est superflue ; 2° parce que cette théorie est inintelligible, attendu que ses auteurs se sont servis pour l'exprimer de plusieurs termes synonymes pour nous, et qu'ils semblent nous donner cependant comme étant chacun la dénomination d'un fait distinct, sans cependant s'être donné préalablement la peine de les définir et de nous signaler leurs caractères différentiels ; 3° parce que l'on ne peut admettre dans les corps des modes essentiels dont l'existence n'ait une liaison nécessaire avec celle des modes sensibles ; qu'une pareille hypothèse est entièrement gratuite et en opposition évidente avec tout ce que l'observation nous apprend des êtres et des phéno-

mènes qui constituent la nature ; que n'ayant comme
nous pour s'instruire que leurs sens, et ils le reconnaissent eux-mêmes, vos psycologistes ne peuvent
connaître, pas plus que nous, des forces indépendantes de la matière ; 4° qu'il *peut* exister des substances qui n'ont rien de commun avec les corps sensibles (nous ne devons point nier les possibilités,
lorsqu'elles n'ont point de preuves contre elles que
la limite assignée à nos sens) ; mais que si il en
est, les psycologistes ne les connaissent pas plus que
nous, et que la raison leur enseigne de garder le
silence à leur égard, plutôt que de leur faire jouer
un rôle fantastique ; 5° parce qu'il est absurde d'é-
riger une formule abstraite en être réel. Reconnaissons donc enfin que l'être *sui conscius*, l'être qui se
sent, est inintelligible, et que l'explication qu'en a
donné Reid nous donne à croire qu'il ne s'est pas
compris lui-même, ou du moins qu'il n'a pas justifié
l'adage : « ce que l'on conçoit bien s'énonce claire-
« ment, etc. »

CHAPITRE DEUXIÈME.

DU MOI *PHYSIOLOGIQUE.*

§ I.

Déterminer qu'il n'est que le phénomène de la sensation.

Il me reste maintenant à remplir la partie la plus difficile de ma tâche, mon cher A. B. C., c'est-à-dire que j'ai à vous dire comment je conçois le phénomène du Moi; j'espère que je serai assez heureux pour me faire comprendre de vous, car je ne vous parlerai que de faits perceptibles, et n'irai point, comme vos maîtres, vous bâtir des raisonnements sur de vaines abstractions.

Comme la sensation est l'élément nécessaire de tous les phénomènes de l'ordre intellectuel, je dois d'abord vous dire ce que nous devons entendre par ce mot. En cela nous éviterons la faute essentielle des psycologistes, qui se servent des mots sans définir les objets dont ils sont la manifestation. En effet, ils emploient à tout propos le terme *sentir ;* et interrogez leurs écrits pour savoir ce qu'ils entendent par cette expression, vous verrez qu'aucun d'eux n'a fait le moindre effort pour déterminer son objet. La question du phénomène du sentir est entièrement du domaine de la physiologie, puisque ce phénomène est un fait qui appartient essentiellement à la vie organique du cerveau : aussi pour arriver à déterminer ce que nous devons entendre par les mots *sensibilité* et *sensation*, serai-je obligé d'entrer dans des considérations tout-à-fait étrangères à la philosophie scolastique ; mais je vous dirai que la science des phénomènes moraux n'est qu'une branche de la physiologie.

Parmi les phénomènes organiques, il en est plusieurs que les physiologistes considèrent comme primitifs ou essentiels, parce qu'ils se rencontrent nécessairement dans tous les faits de la vie animale. Or, ces faits, ainsi que nous l'avons déjà dit, étant inhabiles à expliquer, seuls, les phénomènes vitaux, et comme leur liaison n'est pas facile à saisir, les physiologistes ont trouvé plus commode d'admettre, comme base de leurs théories, une *force*, un principe unique, qu'ils considèrent comme la cause première de tout ce qui a rapport à la vie ; mais cette force, comme toutes celles admises par les physiciens, n'est considérée par eux que comme une abstraction, ou, tout au plus, comme un mode occulte des corps vivants. Dès la plus haute antiquité les philosophes ont cherché à déterminer la nature de ce principe : c'est ainsi que nous voyons Démocrite, Épicure, Diogène de Laërce, Lucrèce, les stoïciens, les atômistes, affirmer que le feu est le principe de la vie ; Hyppocrate,

Galien, saint Augustin se prononcent également en faveur de la nature ignée de ce principe moteur. En des temps plus modernes, Van-Helmont, Bacon, Willis, Fernel, Gascendi, ont adopté la même opinion ; de nos jours on parle du fluide nerveux, qui, par sa nature, semble tenir de l'électricité et du magnétisme. Quoiqu'il en soit à cet égard, le principe de la vie sera pour nous qu'un être abstrait, ou, si l'on veut, un mode occulte, un élément particulier inhérent à tout germe fécondé, dépendant de la nature de la substance qui constitue ce germe, et n'attendant, pour exercer son influence active, que de se trouver dans certaines conditions qui doivent lui imprimer l'impulsion, impulsion qui fera désormais une force active de ce mode, de cet élément. Avant la fécondation, le rudiment de l'œuf des animaux renfermé dans les ovaires, n'a qu'une vie semblable à celle des tissus, des organes de la mère ; les circonstances qui doivent le développer et en faire un être particulier ne se présentant pas, il est destiné à vivre et à périr dans les mêmes conditions. L'action spécifique du sperme des animaux, du pollen des végétaux, change donc le mode de vitalité de la substance destinée à former un germe ; c'est cette action qui lui communique la modification qui va être chez lui la cause active de l'organisation, phénomène complexe par lequel il se développera et présentera bientôt tous les caractères de l'existence individuelle, désormais distincte de celle de l'être dont il faisait auparavant partie intégrante. Comme l'élément vital, que nous appellerons aussi force vitale, dépend de la nature de la substance qui constitue le germe, si on change cette nature par une chaleur trop élevée ou un froid trop intense, par l'imbibition de certains gaz, de certains liquides, ainsi qu'on l'a expérimenté sur les graines et sur les œufs des poissons, des oiseaux, des reptiles, des insectes, on y détruit cette faculté. C'est ainsi qu'en modifiant la nature de tous les corps par la chaleur, par les combinaisons chimiques, on change également leurs propriétés, telles que leur élasticité, leur densité, leur ductilité, etc. Chez tous les êtres organisés la force vitale a donc des rapports étroits avec la nature de leurs tissus, avec les conditions moléculaires des germes qui ont servi à leur formation ; aussi voyons-nous qu'à mesure que ces germes deviennent plus consistants, qu'ils revêtent des formes et une organisation plus variée, qu'ils s'éloignent de plus en plus de leur nature première; voyons-nous, dis-je, que cette faculté présente insensiblement de nouvelles manières d'être conformes au genre de fonctions que les organes récemment formés sont appelés à remplir.

§ II.

Comme toutes les propriétés actives des corps, la force vitale ne fonctionne dans les organes qu'autant qu'elle reçoit l'impulsion de certains agents. Ces modificateurs sont 1° les différents fluides qui cir-

culent dans l'économie ; 2° les objets qui constituent
le monde extérieur.

On doit considérer le contact des liquides contenus dans les organes, non-seulement comme donnant l'impulsion à l'élément vital, mais encore comme
le développant dans les tissus, ainsi que l'on voit le
frottement, la percussion et les combinaisons chimiques opérer le dégagement du calorique latent, de
l'électricité, du magnétisme dans les corps brutes.
Pour ne parler que du sang artériel qui paraît porter
spécialement l'animation dans les diverses parties de
notre organisme, on voit les phénomènes primitifs de la vie présenter un degré de développement
dans un rapport toujours proportionnel à l'intensité
de son mouvement circulatoire et à sa quantité, en
sorte que ces phénomènes sont activés ou ralentis,
selon les changements survenus dans le cours, la
quantité et la composition de ce fluide.

Dans l'opération de l'anévrisme d'un membre,
lorsqu'on fait la ligature de son artère principale,
on observe que le membre ne tarde pas à se refroidir ; que ses mouvements organiques diminuent dans
la même proportion ; que sa sensibilité s'émousse,
quoique les nerfs du système cérébro-spinal ne soient
point intéressés ; qu'enfin l'excitabilité des tissus est
extrêmement obscure, comme le prouve l'inaction
des topiques irritants appliqués alors, et qui, dans
l'état naturel, développeraient dans le derme une
inflammation plus ou moins intense. Dans ce cas, le
membre n'échappe au sphacèle qu'autant qu'il re-

çoit des collatérales une quantité de sang suffisante
pour y entretenir une vie d'abord obscure, et qui ne
retrouve sa première activité qu'à mesure que la dilatation de ces collatérales, devenant de plus en plus
considérable, la partie souffrante est abreuvée par
un sang plus abondant. Par ses expériences, Bichat
nous a démontré qu'en ouvrant la carotide d'un animal, on voit les mouvements du cerveau et toutes
les fonctions de cet organe perdre de leur énergie
à mesure que le sang s'écoule, et cesser entièrement
après une perte un peu abondante. Dans l'état naturel toutes les stimulations, en général, n'activent les
fonctions des organes que parce qu'elles y déterminent un afflux plus considérable de sang rouge ;
la faiblesse et la lenteur des fonctions intellectuelles
et organiques chez les vieillards coïncide avec la faiblesse et la lenteur de leur circulation : on voit, par
opposition, l'activité des fonctions de l'enfant se rapporter à celle du mouvement circulatoire chez lui.
Il est inutile, je pense, d'insister davantage sur des
faits de ce genre, pour être convaincu du rôle important que joue le sang artériel dans la vie, et de la
nécessité absolue de son action. Nous devons donc
considérer cette action et celle des autres liquides,
non-seulement comme excitant, mais encore comme
développant l'élément vital dans les tissus. Cette vérité rigoureusement démontrée par les travaux de la
physiologie moderne, avait été pressentie dès la plus
haute antiquité, et avait servi de pivot à la physiologie de ces époques plus ou moins reculées ; aussi

l'action du cœur était-elle regardée à juste titre comme la première condition de la vie. C'est pour ce motif qu'on avait accordé à cet organe une *vertu pulsifique*, un *feu concentré* qui s'irradiait dans tout le corps au moyen des artères, pour y porter l'animation : c'est là que les anciens avaient placé leur το φερων ou *impetum faciens* (1).

La force vitale est modifiée dans son état, non-seulement par les fluides pénétrant les tissus, mais encore par les agents en rapport avec la surface des organes. C'est ainsi que l'air, la lumière, la température extérieure, les modes figuratifs des corps, les aliments, en un mot tous les objets du dehors, portent leur influence sur les diverses parties vivantes avec lesquelles ils se trouvent en rapport.

Par exemple, les phénomènes organiques sont modifiés dans la peau par la chaleur et le froid relatifs de l'atmosphère, par les qualités irritantes, narcotiques ou émollientes des corps appliqués sur ce tissu. L'estomac et tout le tube digestif sont influencés par les aliments et les produits excrémentitiels qu'ils contiennent ; il en est de même de la fonction spéciale des bronches sous l'influence de l'air et des mucosités qu'elles secrètent. N'oublions pas que l'action de ces modificateurs serait nulle, si le sang rouge et les autres fluides en circulation ne pénétraient la trame intime de ces organes. L'exci-

(1) Prosper Alpin s'exprime ainsi à cet égard : « Actionis verò vita- « lis primum instrumentum est spiritus vitalis qui, cùm *à corde* ad « omnes corporis particulas confluat, ut cum illis communicetur. »

tation de la force vitale dans une partie quelconque
du corps a donc pour résultat immédiat d'y activer
les mouvements organiques et d'y déterminer un
afflux plus considérable de liquides ; on dirait qu'à
cet égard elle opère une véritable attraction des fluides. C'est ce fait si sensible qui a frappé les observateurs de toutes les époques, et qui a été exprimé
par l'aphorisme « *ubi stimulus, ibi fluxus.* » Les
expériences de Splanzani lui ont donné un tel degré
de démonstration, qu'on doit le considérer désormais
comme constituant une loi essentielle de la stimulation organique.

Les produits excrémentitiels et récrémentitiels
contenus dans les organes destinés à les loger, exercent aussi une action vitale sur les surfaces avec lesquelles ils se trouvent en contact : telle est l'influence
de l'urine sur les parois de la vessie, celle de la bile
sur la surface interne des canaux hépatiques, des
différentes sécrétions muqueuses sur les follicules,
les cryptes qui les contiennent ; de la sérosité qui
baigne, qui lubréfie les membranes qui la sécrètent ;
des matières fécales en contact avec la muqueuse des
intestins. A ces causes qui impriment des changements continuels à l'exercice de la force vitale, nous
ajouterons encore le frottement, la compression que
chaque organe éprouve de la part de ceux qui sont
en rapport avec lui. Ainsi, les plèvres thorachique et
pulmonaire sont excitées par les frottements qu'elles
exercent continuellement les unes sur les autres à la
suite des mouvements inspirateurs et expirateurs ;

l'estomac et les intestins agités par la marche frottent contre les parois abdominales; la locomotion devient un moyen excitateur, non-seulement parce qu'elle active la circulation générale, mais encore parce qu'elle opère le frottement des muscles les uns sur les autres. On peut ajouter à ces causes d'excitation celles des objets extérieurs qui agissent sur les sens, et dont nous parlerons ultérieurement.

Vous voyez, mon cher A. B. C., que les modificateurs de la force vitale sont de deux espèces: les uns *internes*, agissant continuellement sur la trame intime des tissus, les autres *externes*, exerçant leur influence sur la surface des organes.

§ III.

Tous les corps vivants et inorganiques n'ont en partage que deux sortes d'aptitudes ou propriétés: les unes *passives*, en vertu desquelles ils reçoivent certains changements dans leurs manières d'être; les autres *actives*, par lesquelles ils impriment eux-mêmes des modifications aux objets ambiants. Les êtres vivants ayant en propre ces deux espèces de propriétés, le premier fait que l'on observe en eux, c'est que leurs fonctions éprouvent des modifications continuelles de la part des agents étrangers à leur organisme. Or, comme la fonction ou le phénomène qu'opère l'organe vivant est rapporté à la force qui l'anime, il s'en suit que les changements survenus dans l'effet ne sont dûs qu'à ceux qu'à subis leur cause elle-même. L'aptitude négative qu'a l'élément vital d'être modifié sans cesse dans son action, n'a pas encore reçu de dénomination propre de la part des physiologistes. L'incitabilité de Cullen et de Brown, les sensibilités organique et animale de Bichat, n'exprimant que la faculté passive de recevoir l'impulsion, d'être excitées dans son action par les divers modificateurs, ne désigne qu'une partie du fait dont nous parlons. En effet, les mouvements de la vie étant susceptibles d'éprouver un ralentissement de la part de plusieurs agents, aussi bien que d'être activés par d'autres, ces expressions *incitabilité, excitabilité,* n'énoncent qu'une de ces deux modifications capitales imprimées à l'exercice de la force vitale. Le terme *modifiabilité* ou celui d'*impressionnabilité,* proposé par M. Rullier, me paraît donc devoir être adopté comme ayant une acception plus étendue et étant plus propre à désigner l'universalité des modifications qu'éprouve le phénomène dont nous parlons.

Les agents extérieurs modifient de deux manières le mouvement vital : ils le ralentissent ou l'activent; et c'est d'après ces deux modes d'influence qu'on peut tous les diviser en deux ordres principaux : en *débilitants,* ou *stupéfiants,* ou *narcotiques,* et en *stimulants* ou *irritants.*

L'aptitude passive de la force vitale à recevoir l'impulsion de la part de certains agents, constitue pour nous l'incitabilité, l'excitabilité, la *stimutabilité,* et le fait organique qui résulte de l'impulsion qui lui est communiquée par les modificateurs, sera, d'après notre manière de concevoir, le phénomène de l'*exci-tation* et de l'*irritation*, suivant le degré d'énergie avec lequel s'exécute le mouvement vital. Les modificateurs qui ralentissent le mouvement vital opèrent cet effet de deux manières : il en est qui sont privés des propriétés propres aux stimulants et aux stupéfiants ; leur propriété à eux est de n'avoir aucune activité ; ils ralentissent négativement le mouvement vital, c'est-à-dire seulement parce qu'ils ne lui donnent pas l'impulsion : tels sont les émollients simples ; ils produisent le ralentissement des actions organiques par *défaut d'excitation*. D'autres modificateurs, au contraire, paralysent les mouvements de la vie, en agissant activement sur leur cause : ce sont ceux appelés *narcotiques*, stupéfiants. De même que nous avons appelé excitabilité l'aptitude de l'élément vital à recevoir l'impulsion de la part de certains agents, ainsi je proposerai d'appeler l'aptitude également négative par lequel cette impulsion est ralentie, *narcoticité* (1). Le ralentissement des fonctions qui résulte de l'action stupéfiante, sera appelé, par la même raison, *narcotisation* ou *stupéfaction*, phénomène opposé à celui de l'excitation.

Après avoir reçu l'impulsion de la part des modificateurs, la force vitale exerce à son tour une influence spéciale sur eux, influence par laquelle elle leur imprime des changements déterminés, qui varient suivant les organes où cette force fonctionne, et

(1) Dérivé du grec γαρκη, engourdissement.

la nature des corps qu'elle est appelée à modifier. C'est ainsi que l'air introduit dans les bronches, les aliments dans l'estomac, y excitent le mouvement vital ; mais à la suite de cette stimulation, ces modificateurs sont eux-mêmes décomposés par les organes dont ils ont d'abord changé la manière d'être actuelle. C'est d'après la même loi, qu'après avoir stimulé les reins par des principes spécifiques qu'il véhicule, le sang qui arrive dans ces glandes est décomposé pour former de l'urine; c'est encore en vertu de cette propriété active que l'encéphale, après avoir reçu les impressions du monde extérieur par l'intermédiaire des sens, détermine consécutivement les mouvements dits volontaires, par lesquels l'animal règle ses rapports avec les objets du dehors, et leur imprime des changements qui concourent. d'une manière plus ou moins directe à la satisfaction de ses besoins organiques et intellectuels. Cette aptitude par laquelle la force vitale exerce une action aussi sensible sur les agents dont il a éprouvé lui-même l'influence, sera appelée par nous *réactilité*. L'action de la vitalité sur les modificateurs qui l'ont impressionnée, constitue cette célèbre *réaction organique* qui a tant fixé l'attention des grands médecins de toutes les époques, et malheureusement si méconnue dans les maladies aiguës par la plûpart des médecins de nos jours.

La réaction vitale se manifeste à nous par deux phénomènes élémentaires, la *contraction* des tissus, et la *calorification* ou développement du calorique animal. Plus tard, en traitant des phénomènes de la vie moléculaire, je vous parlerai d'une manière spéciale des différentes espèces de mouvements ou contractions organiques, et de la chaleur animale ; ensuite, je vous exposerai, mon petit philosophe, les rapports que ces phénomènes ont entre eux et avec l'impressionnabilité. Pour le moment, je vais seulement vous parler de la modifiabilité vitale, qui seule intéresse notre question.

§ IV.

De l'impressionnabilité vitale.

Les organes vivants reçoivent, avons-nous dit, deux sortes d'impressions, les unes *internes*, les autres *externes*. Nous pourrions donc considérer chacun d'eux comme doué de deux espèces d'impressionnabilité, qu'on appellerait également interne et externe. Il est un grand nombre de modificateurs qui, comme on le sait, ne produisent leur effet qu'autant qu'ils sont mêlés au sang par l'absorption, tandis qu'ils sont sans action si on les applique simplement sur l'organe. C'est ainsi que les virus vaccin, rabique et syphilitique, que tous les contacts malsains, ne développent des pustules, une inflammation, que sous la condition expresse qu'une partie de ces éléments morbifiques est absorbée ; les médicaments introduits dans l'économie par les voies digestives ne produisent leur action spécifique que lorsqu'ils sont dans le torrent de la circulation. Ces agents in-

fluencent la vie dans la trame intime des tissus ,
dans leurs mouvements moléculaires, et cela en vertu
de leurs qualités que j'appellerai *physiologiques ,*
tandis que ceux qui modifient les phénomènes organiques par leur simple contact sur les surfaces extérieures , agissent par leurs qualités *physiques ,*
c'est-à-dire par leur température , leur densité , leur
odeur, leur saveur. Ces qualités ont une influence
ou excitative ou narcotique.

Par impressionnabilité interne et externe, je n'entends toujours parler que de la même aptitude passive , c'est-à-dire celle qu'a l'élément vital d'être
modifié dans sa condition actuelle. Ces qualifications
d'*interne* et d'*externe* ne désignent donc que le siége
où a lieu l'impression , selon qu'elle agit à la surface
des organes ou dans l'intérieur de leur trame.

La modifiabilité interne varie dans tous les organes, c'est-à-dire que dans chacun d'eux l'élément
vital n'est pas influencé par les mêmes impressions.
En effet, les résultats obtenus par l'observation clinique et par la physiologie expérimentale , nous
prouvent évidemment que les divers médicaments
introduits dans l'économie animale par la voie des
absorptions , portent leur influence sur tel ou tel
organe, et sont sans action sur les autres. L'urée ,
par exemple, le nitrate de potasse et plusieurs végétaux excitent spécialement les reins; le mercure, les
lymphatiques, les séreuses et les glandes salivaires ;
l'opium a une action spécifique sur le cerveau , la
digitale sur les mouvements du cœur, l'*arnica mon-*

tana sur la fibre nerveuse en général, le *stricnos nux vomica* sur la moëlle épinière, l'iode sur le corps tyroïde, les cantarides sur la vessie et les organes de la génération. Parmi les aliments dont nous faisons usage, il en est aussi qui exercent une influence plus prononcée que d'autres sur la nutrition de telle ou telle partie de l'organisme.

Les organes sécréteurs, le foie, le pancréas, les reins, les glandes salivaires et lacrymales, les follicules muqueux des différentes portions du tube digestif, donnent des produits dissemblables par leur composition et leurs propriétés. Ce fait tend à prouver que les principes soumis à l'élaboration de ces organes ne sont point de même nature, c'est-à-dire que ces organes ont puisé chacun des éléments particuliers dans le sang en circulation ; ou bien, en supposant, contre les résultats obtenus jusqu'à ce jour par la chimie animale, que ces éléments sont identiques, on doit en conclure que la nature du principe vital varie dans chaque sécréteur et détermine ainsi l'essence des sécrétions. Qui ignore que la fureur imprime instanément à la salive des qualités malfaisantes, capables de faire développer la rage ?

C'est d'après cette observation que Dupuytren conseillait de cautériser toutes les morsures d'animaux, lors même qu'ils ne sont point atteints d'hydrophobie. Toutes les impressions extérieures qui portent le désordre dans les fonctions de l'encéphale, déterminent consécutivement des modifications anormales à tous les liquides dont la composition est soumise à l'action de cet organe : tels sont le sang artériel, la bile, le chyme, la salive.

Dans les circonstances ordinaires, c'est la composition des liquides de l'économie, déterminée *à priori* par la nature même des éléments de nutrition, par l'air, les boissons, les aliments, qui modifie le mouvement vital dans les organes. Les expériences chimiques de Fourcroy et Parmentier nous ont appris que le sang des scorbutiques ne contient plus de fibrine ; et l'on sait que cette affection a toujours sa cause dans un régime trop peu réparateur, dans une nourriture exclusivement végétale, dans un air insalubre, etc. Ici c'est évidemment la constitution des principes introduits dans l'économie qui détermine celle du sang ; d'une autre part, Deyeux et Parmentier ont reconnu que dans la fièvre dite putride, le sang ne forme presque point de couenne et ne renferme plus d'ammoniaque. On conçoit dèslors que ce liquide, privé de ses principes naturels, ou les contenant en plus faible proportion, doit modifier morbidement le jeu de la vie partout où il porte son influence ; mais, ici, la cause des changements survenus dans la composition du sang n'est pas la même que dans le scorbut : ce n'est plus exclusivement dans une nature déterminée des ingesta que l'on doit rechercher la décomposition de ce liquide, mais dans une atteinte directe portée à la vitalité des organes par des causes accidentelles qui varient à l'infini.

En résumé, nous venons de voir 1° que chaque organe a un mode particulier d'impressionnabilité interne ; 2° que la composition des liquides en circulation est une cause à laquelle on doit rapporter un grand nombre de changements survenus dans les fonctions des organes ; 3° que cette composition des fluides a sa cause première tantôt dans l'action vitale elle-même, tantôt dans la nature des principes importés dans l'économie.

§ V.

Si dans chaque organe, dans chaque tissu, la vitalité n'est pas modifiée par les mêmes agents internes, cette différence dans ses modes d'impressionnabilité est bien plus frappante encore si on considère l'influence que les modificateurs externes exercent sur elle. Ces modificateurs sont, comme nous l'avons déjà dit, les divers liquides de l'économie qui se trouvent en contact avec les surfaces des organes renfermés dans le tronc, tels que la sérosité qui baigne, qui lubréfie le péritoine, la plèvre et la pie-mère ; la bile qui se répand dans les canaux hépatiques et le duodenum ; les excrétions des muqueuses intestinales, la salive renfermée dans le canal de Sténon et celui de Warthon, le sperme remplissant les vésicules séminales, l'urine en contact avec les urétères et la vessie. Il est constant que si au liquide qui couvre les séreuses, on substituait de la bile ou de l'urine, et réciproquement ; si l'in-

térieur des canaux biliaires et la vessie ne contenait
que le liquide récrémentitiel des séreuses, il est
constant, dis-je, que toutes ces parties seraient morbidement impressionnées ou ne recevant qu'une excitation insuffisante de la part de ces liquides, et
cesseraient de fonctionner.

Les organes ont donc chacun aussi un mode particulier d'impressionnabilité externe, c'est-à-dire que
dans chacun d'eux l'élément vital n'est pas stimulé
par tous les modificateurs ; en second lieu, que
parmi ceux qui ont une action marquée sur lui, il
n'en est que quelques-uns qui produisent des impulsions naturelles.

Les autres agents qui portent leur influence sur
la surface externe des organes appartiennent au
monde extérieur : ce sont les matériaux de la nutrition, l'air, les aliments, ensuite les objets avec lesquels nous établissons des rapports quelconques. Les
organes qui reçoivent leur action directe comprennent l'appareil des sens, l'œil, l'ouïe, la bouche,
le nez, la peau, ensuite le larynx et les bronches,
puis l'œsophage et l'estomac. Toutes ces parties sont
sous la dépendance d'un organe central présidant à
leurs fonctions respectives, je veux dire le système
nerveux cérébro-spinal, dont les différents modes
d'impressionnabilité ont un rapport étroit avec les
qualités tactiles et figuratives du monde extérieur.

Tous les résultats obtenus par la physiologie expérimentale prouvent que si l'on coupe les nerfs qui
établissent la communication des sens avec l'encé-

phale, les différentes espèces de perceptions cessent d'avoir lieu. Par une suite d'expériences faites dernièrement sur des chiens, M. Panizza vient de reconnaître que la langue perd ses mouvements lorsque l'on coupe l'hypo-glosse ; ensuite la sensibilité tactile quand on opère la section du nerf lingual ; enfin qu'en faisant celle du glosso-pharyngien, c'est le goût qui disparaît. Quoique concluant différemment dans cette question, quant aux nerfs qui président aux mouvements et à la sensibilité générale et gustative, les expériences de M. Magendie et sir Ch. Bell confirment également notre proposition. En séparant le nerf optique du cerveau, on voit aussi l'œil ne plus être impressionné par la lumière ; ce dernier organe cesserait d'effectuer ses mouvements généraux d'élévation, d'abaissement et de rotation, si le moteur oculaire commun, si le moteur oculaire externe, si le pathétique, cessaient de se rendre dans ses muscles ; de même son impressionnabilité tactile disparaîtrait en coupant les différents rameaux des branches opthalmique et maxillaire supérieure du trifacial, qui se distribuent dans la conjonctive et les autres annexes de l'organe.

Depuis une époque fort reculée, les médecins avaient préjugé qu'il y a dans les nerfs qui émanent de l'encéphale et de la moëlle épinière, des filets conducteurs, des impressions extérieures (présidant au sentiment), et d'autres conduisant l'impulsion réactive de ces centres nerveux aux muscles, opérant les mouvements de la vie de rapports (produisant la contraction organique).

Dans ces derniers temps, les travaux de Béclard, de Ch. Bell et de M. Magendie, nous ont fait reconnaître qu'en effet les racines postérieures des nerfs rachidiens président à la *sensibilité*, tandis que les racines antérieures tiennent les mouvements du tronc et des membres sous leur dépendance. Dupuytren et Legallois ont aussi fait voir, contrairement à l'opinion de Bichat, que la section ou la simple compression des nerfs pneumo-gastriques font cesser l'hématose. Les essais plus récents encore de MM. Magendie, Breschet et Wilson-Philipp, qui ont eu soin de distinguer les effets que produit la section de la huitième paire sur les mouvements de la respiration, de ceux qu'elle détermine sur l'oxigination du sang, sont plus concluants encore. Il résulte de cette expérience que le mouvement respiratoire des poumons, ainsi que l'hématose, sont sous l'empire immédiat de l'encéphale. D'après les expériences de M. Magendie, il paraîtrait que la digestion n'est pas influencée aussi directement par l'action du cerveau ; le système nerveux ganglionnaire semble exercer un empire plus absolu sur cette fonction qui appartient davantage à la vie de nutrition qu'à la vie de rapports. Cependant les vomissements spontanés déterminés par de simples odeurs, par l'aspect d'une substance pour laquelle on éprouve de la répugnance, par la compression du cerveau, par certaines passions, ne laissent aucun doute sur la dépendance plus ou moins immédiate des mouvements du ventricule digestif de l'encéphale.

Reconnaissez donc avec moi, mon ami, que les organes qui reçoivent directement l'action des objets extérieurs, ne fonctionnent qu'autant qu'ils communiquent avec le système nerveux cérébro-spinal; en second lieu, que la fonction particulière rapportée à chacun de ces organes n'étant qu'un effet direct de l'action du système nerveux sur lui, cette fonction n'est, en dernière analyse, que celle de ce système.

§ VI.

D'après ce que je viens de vous dire, vous voyez que les organes de la vie de rapports doivent être considérés comme les instruments des fonctions particulières, que le grand appareil nerveux est appelé à remplir. Or, toutes ces fonctions se résument dans la fonction générale par laquelle l'animal effectue ses rapports avec le monde extérieur. Pour opérer des relations convenables, il faut d'abord connaître la nature des objets ambiants, c'est-à-dire l'ensemble de leurs attributs, de leurs propriétés ou modes d'action ; et comme connaître c'est éprouver des impressions perçues, il faut donc que le cerveau, pour accomplir sa fonction générale, reçoive toutes les impressions des divers accidents des objets du dehors. Ces impressions sont aussi nombreuses que les différents modes d'être des corps, que leurs rapports particuliers et généraux, que les phéno-mènes qui résultent de l'action réciproque qu'ils exercent les uns sur les autres, en vertu de leurs qualités respectives.

Ainsi que vous le verrez au chapitre des sensations externes, les conditions perceptibles du monde extérieur agissent de deux manières différentes : les unes impressionnent immédiatement les sens, ce sont les qualités physiques, que j'appellerai, pour ce motif, *directes ;* les autres qualités exercent leur influence à distance par un fluide intermédiaire, l'air ou la lumière, ce sont les qualités *figuratives* et *sonores* des corps. Comme les manières d'être des objets extérieurs sont différentes, il faut donc aussi, pour pouvoir les distinguer, que l'impression de chacune d'elles varie et ne ressemble point aux autres. L'impressionnabilité externe du cerveau doit donc avoir autant de modes d'être qu'il existe de modes perceptibles dans le monde extérieur. Nous devons croire, comme semble le confirmer les résultats obtenus par la physiologie expérimentale, que ces modes particuliers d'impressionnabilité sont propres chacun à une portion différente du cerveau; que par conséquent les impressions externes ne portent pas toutes leur action sur un point unique de l'encéphale, et que nous avons plusieurs centres de perceptions. MM. Magendie, Rolando et Flourens ont reconnu que l'ablation des hémisphères cérébraux produit la cécité chez les mammifères, tandis qu'elle ne leur empêche point de percevoir les odeurs, les sons et les impressions rapides. Un grand nombre d'expériences confirment également que les corps striés, les couches optiques dans leur partie inférieure, les cordons antérieurs de la moëlle épinière, le pont de Varole, paraissent tenir spécialement les contractions de la vie de rapports sous leur empire. C'est sur l'observation de ces faits que repose l'idée fondamentale de la doctrine de Gall, qui considère l'encéphale, non point comme un organe unique, mais un composé de plusieurs organes distincts, effectuant chacun une fonction particulière de la vie de relations. Cette opinion avait déjà été antérieurement celle de plusieurs hommes célèbres, de Willis, de Lancisi et de Boerhaawe.

L'élément vital est modifié dans le cerveau par les impressions du monde extérieur. Ces impressions sont celles des odeurs, des saveurs, des contacts, des attributs représentatifs, des qualités sonores. Chaque partie du cerveau destinée à recevoir l'action de tel ou tel genre d'impressions, est donc doué d'un mode particulier de modifiabilité externe ; c'est l'ensemble des modes d'impressionnabilité externe propre au cerveau, que les philosophes et les physiologistes désignent sous la simple dénomination générique de *sensibilité*, ou bien de *sensibilité animale* (1), aptitude en vertu de laquelle ont lieu les sensations ou les stimulations des parties du cerveau appelées *sensorium*, *centre de perceptions*.

§ VII.

Cullen, Brown, Bichat, et tous les autres physiologistes qui ont parlé de l'*incitabilité*, de l'*excita-*

(1) Bichat.

bilité, de la *sensibilité*, en ont eu une fausse idée , lorsqu'ils font jouer un rôle actif à cette aptitude négative du principe vital, lorsqu'ils la considèrent comme un élément qui se répartit en *dose*, en *quantité* dans chaque organe. C'est d'après cette manière de concevoir l'impressionnabilité, que l'auteur des recherches sur la vie et la mort attribue la différence qui existe entre les excitations latentes et celles qui sont perçues à la *répartition* inégale de la sensibilité dans les diverses parties de l'animal (1); en sorte que toutes devraient être impressionnées par les mêmes modificateurs, si elles avaient chacune la même *dose de sensibilité*. Il résulte, en effet, de cette manière de voir, que les intestins, le foie, la peau, etc., seraient excités par l'action de la lumière, des odeurs, des saveurs, si ils étaient aussi sensibles que l'œil, la pituitaire et la muqueuse de la bouche; et *vice versâ*, les sens éprouveraient les influences qui agissent sur les instruments de la vie organique si leur incitabilité diminuant descendait au degré de celle propre à ces instruments.

Remarquons, d'abord, que non-seulement il n'est pas prouvé, mais que rien ne peut nous porter à croire qu'il y a des sens dont l'impressionnabilité est plus délicate que celle des autres ; qu'ainsi l'œil est plus excitable par l'action de la lumière que la membrane olfactive par les odeurs, la peau par les contacts; car toutes ces parties donnant également

---

(1) Bichat a emprunté cette idée à Buffon. (*Voyez Histoire naturelle de l'homme, article qui traite des sens.*)

conscience de leurs impressions, chacune en raison de l'énergie de l'action qu'elle éprouve, et les influences qui modifient les unes n'ayant, dans aucun cas, d'action sur les autres, on ne peut affirmer que ces influences sont plus ou moins excitatives, et que conséquemment les organes qui reçoivent leur impulsion doivent avoir un degré différent d'impressionnabilité. D'après cette même considération, on ne serait pas plus fondé à dire que les conduits salivaires sont plus ou moins stimulables que les canaux hépathiques, parce qu'ils sont soumis à l'action de la salive et non de la bile. Si la différence qui existe entre les modifications organiques perçues et celles qui sont latentes consistait seulement dans les degrés, et non dans les manières d'être spéciales de l'impressionnabilité dans chaque organe, il devrait en résulter que les parties les plus excitables éprouveraient les impressions qui stimulent ceux doués d'une incitabilité moindre. Par exemple, en supposant que l'œil est pourvu de la plus *grande dose de sensibilité*, pour me servir des expressions de Bichat, cet organe doit donc être impressionné, non-seulement par la lumière, mais encore par les saveurs, les odeurs, qui sont sensées agir plus puissamment, puisqu'elles sont destinées à exciter des organes moins sensibles. Or, l'expérience nous prouve suffisamment que les odeurs et les saveurs sont sans action sur le sens de la vue, et réciproquement; on n'a jamais observé que la lumière excite les sens du goût et de l'odorat.

(69)

Cette répartition inégale de la sensibilité dans chaque partie vivante, et dans laquelle notre célèbre physiologiste fait consister la différence qui existe entre les modes d'impressionnabilité propres à chaque organe, à chaque tissu, n'est donc point admissible, pas plus que l'application qu'il fait de cette idée capitale, pour lui, à la théorie de l'inflammation. Il suppose que la cause de l'arrivée des globules du sang rouge dans les vaisseaux blancs (qui ne les admettent pas dans l'état naturel, parce qu'alors leur sensibilité étant inférieure à celle des vaisseaux rouges, elle n'est pas impressionnée par ces globules), se trouve dans l'exaltation de leur excitabilité. « Alors, « dit-il, leur sensibilité se monte au même niveau « que celle des vaisseaux rouges, le rapport s'éta- « blit, et le passage des fluides jusque-là repoussés, « se fait avec facilité. »

Rien ne prouve d'abord que l'excitabilité des vaisseaux lymphatiques soit moindre que celle des capillaires sanguins ; en second lieu, que le sang rouge soit moins stimulant que la lymphe (c'est ce que l'on donne à entendre en supposant que ce liquide ne pénètre pas dans les lympathiques, dans l'état naturel, parce que ces vaisseaux ne sont pas excités suffisamment par eux). La composition connue de ces deux fluides tendrait à nous faire croire tout le contraire, car les éléments du sang rouge doivent nous paraître plus stimulants que ceux de la lymphe ; ensuite, si nous jugeons analogiquement ce fait, d'après les modes d'impressionnabilité propres aux différents sens, et sur lesquels seuls nous pouvons raisonner d'une manière positive, il est impossible d'admettre que les degrés de sensibilité d'un organe changent la nature de ses rapports avec ses modificateurs naturels. Nous ne voyons pas, en effet, qu'en surexcitant la peau on parvienne à lui faire éprouver d'autres impressions que celles des contacts, qu'on arrive à la rendre sensible aux odeurs, aux saveurs, à l'action de la lumière. Ce que nous disons de la peau est applicable à tous les autres sens et aux organes soumis par leur position à l'influence des agents intérieurs. L'irritation du tissu des reins ne fait pas que ces glandes soient impressionnées par l'action de l'iode, qui a une influence spéciale sur le corps tyroïde, et réciproquement ; une excitabilité plus susceptible dans ce dernier organe ne donne pas à l'urée une action spécifique sur ses mouvements organiques. Un organe peut être impressionné plus ou moins facilement par ses excitateurs naturels, et souvent le médecin est obligé d'augmenter leur énergie pour le faire fonctionner convenablement ; mais personne ne peut changer la nature des rapports qui existent entre les qualités des modificateurs, et les différents modes d'impressionnabilité vitale.

Ces faits prouvent, à ne pouvoir élever aucun doute à cet égard, que les diverses manières d'être de l'impressionnabilité propre aux organes ne sont point une conséquence de leur susceptibilité relative à l'action des impressions stimulantes, mais qu'elles

(71)

dérivent de l'organisation particulière de chaque
tissu, et surtout, ce qui est évident pour nous, du
but de la fonction spéciale que les parties vivantes
sont appelées à remplir.

Ainsi, c'est dans l'encéphale que se passent les
phénomènes intellectuels, par lesquels l'animal parvient à établir avec le monde extérieur des rapports
nécessaires à sa conservation et à celle de son espèce.
Or, pour établir ces relations, il faut connaître la
nature des objets qui nous environnent, c'est-à-dire
sentir ou avoir senti les diverses impressions qui
leur sont propres. Pour apprécier les diverses conditions du monde extérieur, il est donc indispensable que les centres de perceptions chargés de cette
attribution soient impressionnés par elles, qu'ainsi
ils soient excités par les contacts, par les odeurs,
les saveurs, par les rapports des êtres entre eux,
etc. ; au contraire, les phénomènes de la vie organique n'ont qu'un rapport éloigné avec la fonction
spéciale des sensorium. En effet, l'influence directe
de cette fonction sur les phénomènes de la nutrition
n'est pas nécessaire pour qu'ils aient lieu ; de même
aussi, les mouvements organiques d'assimilation et
de désassimilation ne donnent jamais conscience de
leur existence. Ainsi, par exemple, pour ce qui
concerne les aliments dont l'animal fait usage, quand
une fois ils sont ingérés dans l'estomac, la fonction
des centres de perceptions est accomplie, et les impressions que vont produire désormais ces éléments
de nutrition doivent modifier seulement les fonc-

tions chargées de leur imprimer une élaboration convenable. Avant d'opérer la pression, la mastication et la déglutition, mouvements par lesquels ces aliments ont été introduits dans l'économie, l'animal a reconnu auparavant leur nature au moyen des sensations directes et figuratives que lui font éprouver les qualités inhérentes à ces aliments, et c'est en conséquence de ces modes de sentir qu'il s'est déterminé à en effectuer l'ingestion dans son estomac, ou à les rejeter. Mais une fois introduits dans le ventricule digestif, et ensuite dans le torrent de la circulation, la fonction des centres de perception est accomplie ; alors commence celle des instruments de la vie organique. Les mouvements nutritifs sont sollicités par les qualités physiologiques des aliments, qualités qui n'ont aucune action sur l'impressionnabilité des sensorium. Quand une fois le bol alimentaire est dans l'estomac, il n'entre plus dans les attributions des fonctions de l'encéphale de provoquer les mouvements capables de le rejeter de l'organisme, dans le cas où il exercerait sur la vie une fâcheuse influence. C'est ainsi qu'un animal périt empoisonné par une substance vénéneuse, lorsque, par les impressions sapides et odorantes de cette substante, il n'a pas su reconnaître son action délétère.

Je vous ferai remarquer encore, mon ami, que la fonction des centres de perceptions est périodique, qu'elle offre une alternative de repos et d'exercice, et que sous ce rapport elle diffère essentiellement des phénomènes de la vie de nutrition, qui ne comportent pas d'interruption dans leur production. La vie générale cesse du moment où certains d'entre eux sont suspendus seulement pendant quelques secondes ; en sorte que si les impressions déterminant ces mouvements physiologiques portaient leur action sur les foyers sensitifs, et que la réaction de ces foyers fût nécessaire à l'effet que ces mouvements doivent produire pour le maintien de l'existence générale, ce résultat ne serait point obtenu pendant le sommeil et dans toutes les circonstances où le phénomène de la conscience d'existence est suspendu. Les fonctions de la vie organique, auxquelles concourerait l'action des centres de perceptions, devraient donc présenter aussi l'intermittence qu'offre cette action : or, on ne peut supposer que les mouvements du cœur, des organes respiratoires, que ceux qui président aux sécrétions et aux excrétions, soient interrompus pendant plusieurs heures, et même plusieurs jours, sans que la mort générale s'ensuive nécessairement.

Reconnaissons donc que si les impressions transmises à l'encéphale par les sens donnent conscience de leur existence, tandis que celles qui agissent sur les instruments de la vie organique sont latentes, ce fait ne dépend nullement de ce que les sens sont doués d'une impressionnabilité plus délicate que celle des autres organes, mais de ce qu'ils conduisent naturellement leurs impressions respectives aux centres de perceptions, et de ce que l'excitation de ces parties du cerveau par les qualités tactiles et figuratives du monde extérieur, est une nécessité immédiate de la vie de rapports.

Mais pourquoi certaines stimulations, qui, dans l'état normal des organes sont occultes, donnent-elles conscience de leur existence, si l'impressionnabilité vitale devient plus susceptible dans les parties qui sont le siége de ces stimulations? C'est ainsi que dans les irritations, les inflammations des intestins, du foie, des reins et de tous les viscères renfermés dans les cavités torachique et abdominale, on voit ces organes, qui, dans l'état naturel, ne donnent pas conscience de leurs conditions physiologiques, impressionner alors les sensorium, et donner lieu aux sentiments douloureux appelés coliques intestinales, hépatiques, néphrétiques, etc. Mais nous ne pouvons conclure de ce fait que le plus grand degré d'excitabilité dont jouissent alors ces organes, les assimile sous ce rapport aux instruments de la vie externe. Considérons, en effet, que le sentiment qu'ils font éprouver est indéterminé, et qu'il diffère essentiellement des modifications imprimées aux centres de perceptions par l'intermédiaire des sens, modifications ou sensations qui constituent toujours des notions quelconques du monde extérieur. Dans la circonstance dont nous parlons, la stimulation du cerveau n'est que le résultat accidentel de la compression ou de la distension des filets nerveux entrant dans la composition des viscères; compression ou distension produites soit par la contraction spasmodique convulsive des tissus, comme cela a lieu dans la couche musculeuse des intestins affectés d'iléum, soit par une congestion anormale de fluides dans un organe, ainsi qu'on l'observe dans l'hypostase sanguine, caractéristique de l'inflamma-tion. Lorsque les produits excrémentitiels ne peuvent s'écouler par leurs voies naturelles à mesure qu'ils se forment, ils finissent par faire subir aux réservoirs qui les contiennent une distension morbide qui tiraille également les filets nerveux qui s'y distribuent. Comme les systèmes nerveux cérébro-spinal et ganglionnaire ne forment qu'un tout dont les parties se lient entre elles par des ramifications innombrables, les stimulations de l'une de ces parties peuvent communiquer leur action à celles qui sont continues, si le mouvement excitateur a plus d'intensité que dans l'état ordinaire.

Lorsque, par exemple, un modificateur produit une excitation normale, l'effet de son action est limité aux filets nerveux tenant sous leur dépendance l'organe qui leur transmet l'impulsion ; mais si cette impulsion est plus violente que d'habitude, l'ébranlement qu'elle produit dans le système nerveux n'est plus contenu dans l'espace qui lui est assigné dans les conditions ordinaires, il se propage encore dans les parties voisines. L'effet de cette commotion dans le système nerveux s'étend en raison de la violence de l'impression, et de cette manière on peut provoquer anormalement la réaction de certains centres nerveux, qui d'habitude ne reçoivent point d'impulsions de la part des organes qui leur en transmettent alors. Voilà comment il arrive que l'irritation violente des intestins, causée par une substance âcre, caustique, fait éprouver à l'animal non-seulement un sentiment douloureux, mais provoque encore dans l'encéphale la réaction des parties qui tiennent les mouvements volontaires sous leur dépendance; de là les contractions convulsives des muscles, du tronc et des membres dans l'empoisonnement. C'est ainsi qu'on peut concevoir que certains organes dont les stimulations naturelles sont latentes, peuvent donner conscience de leur existence, si elles ont une intensité plus prononcée que d'habitude; mais il ne faudrait point conclure de ce fait que les modifications organiques, non perçues dans l'état naturel, agissent avec moins d'énergie sur leurs foyers respectifs de réaction, que celles qui impressionnent naturellement les sensorium.

Il est impossible d'analyser les impressions de la vie organique comme celles de la vie de rapports, parce qu'elles sont sans action sur les foyers de perceptions, dont les excitations constituent seules les différents Moi, ou l'existence perçue. Ne pouvant sentir, s'il est permis de s'exprimer ainsi, ce que nous ne sentons pas, il nous est interdit d'avoir le sentiment d'impressions qui n'agissent point sur nos centres de perceptions. Lorsque nous voulons raisonner sur les modifications organiques non perçues, nous sommes dans la condition d'un aveugle de naissance, qui parlerait de l'action de la lumière sur la rétine ; quelque effort qu'il fasse, jamais il n'arriverait à se formuler, par analogie avec ses autres sensations, sur lesquelles seules il pourrait raisonner, une idée exacte et même approximative de l'impression des couleurs, parce qu'il n'y a aucun rapport entre les saveurs, les odeurs, les sons, les contacts et les sensations figuratives. Si les centres de perceptions étaient modifiés par les conditions vitales de la vie latente, alors nous connaîtrerions une partie des phénomènes de l'organisation ; alors la nature des aliments dont nous faisons usage, et celle des médicaments, se révèlerait à nous par de nouvelles propriétés. Les bornes assignées à nos connaissances sous ce rapport, ne peuvent être reculées, parce que nous sommes dans l'impuissance d'acquérir de nouveaux sens et de multiplier leurs modes d'impressionnabilité. Dans la condition où nous aurions conscience des stimulations occultes de la vie organique, nous éprouverions encore autant de nouveaux modes de sentir que nous avons de viscères; les poumons, le foie, la rate, l'estomac, etc., nous feraient ressentir un certain nombre d'impressions particulières qui nous sont inconnues.

§ VIII.

Nous venons de déterminer dans le paragraphe précédent ce que l'on doit entendre par le mot *sensibilité* ; nous avons vu que ce terme désigne l'ensemble des modes d'impressionnabilité externe

propres aux parties du cerveau , appelées centres de
perceptions , et que l'excitation de ces organes par
les diverses impressions constitue le phénomène de
la sensation. Toutes les fois que plusieurs impressions agissent simultanément sur les sens, celle qui
a le plus d'intensité produit seule une sensation ,
l'effet des autres impressions est neutralisé : c'est
ainsi que nous voyons un corps sollicité par plusieurs
impulsions opposées, n'obéir qu'à la plus puissante.
Ce fait de l'unité de sensation *distincte* éprouvée
dans le moment actuel , a été exprimé dès la plus
haute antiquité par l'aphorisme : « *Ex duobus do-*
« *loribus violentior obscurat alterum.* » Il paraît
être une conséquence de la loi du stimulus organique : « là où agit le plus fort stimulus, là est pro-
« duite la plus forte excitation ; le surcroît d'inten-
« sité d'une stimulation a lieu aux dépens des autres
« excitations. » Cette loi de l'unité de sentiment
éprouvé dans le moment actuel, ne présente pas
d'exceptions , soit que ce sentiment ait sa cause dans
les conditions organiques des viscères donnant lieu
aux différents besoins d'absorption et d'exonération,
ou bien dans les impressions du monde extérieur.
Ainsi un sentiment viscéral violent, tel que celui de
la faim , de la soif, celui constituant le besoin d'u-
riner ou l'exonération des fécès , se fait-il éprouver?
les autres centres de perceptions deviennent plus
ou moins insensibles à l'action des impressions qui
tendent à les modifier. C'est alors qu'une musique
agréable , qu'un spectacle curieux et amusant , qui,

dans toute autre circonstance , *fixerait vivement
notre attention* , pour me servir de la locution psycologique , ne nous impressionne que faiblement;
alors les impressions de cette musique, de ce spectacle , sont à peine perçues ; les sensations qu'elles
déterminent ne tardent pas à être effacées par le sentiment viscéral , lorsque la modification organique
qui produit ce sentiment réagit de nouveau sur les
centres de perceptions; dans ce cas l'impuissance des
influences extérieures à exciter leur sensorium respectif , est proportionnelle à l'excédent d'intensité
avec laquelle le viscère , siége du besoin, impressionne le cerveau. L'adage si connu, « *ventre affa-*
« *mé n'a point d'oreille,* » n'exprime que ce fait
physiologique. Réciproquement des sensations externes déterminées actuellement par des objets physiques
ou rappelées par la mémoire , et donnant lieu à une
affection violente (1), paralysent l'influence des réactions viscérales qui nous donnent conscience des
besoins d'absorption et d'exonération. Ainsi une explication profonde donnée à l'étude d'un objet quelconque (sentiment d'existence intense déterminé
exclusivement par des objets désignés), empêche les
besoins de la vie organique de se faire éprouver. Chacun a pu observer par lui-même que les préoccupa-
tions , c'est-à-dire lorsque la conscience d'existence
consiste exclusivement dans un ensemble d'idées par-

---

(1) Nous verrons au chapitre des passions ou sentiments précordiaux, que ces modes de sentir ont leur cause déterminante dans les
sensations externes.

ticulières, empêchent la faim, la soif, et même la douleur résultant de certaines conditions pathologiques des organes, de se faire éprouver ; c'est encore ce fait particulier que l'on désigne par ce proverbe « banal, *quand on est amoureux, on vit d'amour et* « *d'eau fraîche;* » par là on exprime que l'individu qui est violemment impressionné par l'image de la personne qu'il aime avec passion, n'éprouve plus les différents besoins de la vie organique. On observe le même fait dans les affections tristes, ayant leur cause dans des idées constamment reproduites par la mémoire. Lorsqu'un ensemble d'idées donne lieu à une affection profonde, elles neutralisent l'effet de toutes les autres impressions sur les foyers de perceptions. L'espèce de folie appelée monomanie, n'est autre chose qu'une stimulation tellement violente d'un sensorium par quelque objet particulier, que les sensations qu'il a produites sont incessamment rappelées par la mémoire ; en sorte que toutes les autres impressions qui viennent, soit des viscères, soit des objets du monde extérieur, sont sans action sur leurs centres respectifs de perceptions. Aussi voit-on les malheureux atteints de cette espèce *d'aliénation mentale* oublier jusqu'au boire et au manger, plusieurs même se salissent. Les objets qui produisent chez l'animal le sentiment de la frayeur, le rendent insensible à toutes les autres impressions; il en est ainsi de toutes les affections profondes. Lorsque nous nous trouvons dans la position de ne rencontrer aucun objet, parmi ceux qui nous envi-

ronnent, capable de *fixer notre attention* (de produire un sentiment d'existence un peu vif), et que
la mémoire ne rappelle aucune idée, aucun souvenir capable de réveiller des passions, ce défaut de
stimulation des centres de perceptions produit l'hébétude morale, le sentiment d'*ennui*, ou besoin
d'éprouver des stimulations perçues ; car considérons que, de même que tous les autres viscères, le
cerveau, pendant la veille, éprouve le besoin d'é-
prouver des stimulations naturelles. C'est ainsi que
l'estomac et les poumons ressentent également la
nécessité du contact excitateur des aliments et de
l'air vital. Quelquefois le défaut de stimulation suffisante provient d'une action trop souvent répétée
des mêmes impressions ; l'excitation réitérée des
foyers de perceptions par les mêmes impressions,
finit par les rendre plus ou moins insensibles à leur
action : de là une affection sympathique ou antipathique moins vive pour les objets qui agissent continuellement sur nos sens; il arrive même que l'affection que nous éprouvons pour certains objets,
change de nature lorsque les sensations externes
qu'ils déterminent sont par trop fréquentes. C'est
ainsi que nous finissons par éprouver du dégoût, de
l'antipathie, ou au moins de l'indifférence pour certaines choses, dont les premières impressions avaient
produit un sentiment très-vif de sympathie ; nous
voyons également les voies digestives s'habituer insensiblement aux différents modes d'action des médi_
caments, et, au bout d'un certain temps, ne plus

éprouver de leur part que de faibles modifications. Un aliment que l'on appète beaucoup, produit une aversion insurmontable pour lui, si on en mange outre mesure.

Mais si l'excitation perçue est unique dans le moment actuel, elle est rapportée plus ou moins rapidement à différents organes, suivant que l'intensité comparative des impressions qu'ils reçoivent varie dans chacun d'eux. Je pourrais vous multiplier à l'infini, mon petit ami, des faits particuliers que vous pouvez observer sur vous-même, et confirmant la vérité de cette loi fondamentale de la sensation, savoir : « qu'il n'y a jamais perception *distincte* que « d'une seule impression dans le moment actuel ; « en second lieu, que les autres impressions ne « peuvent se faire éprouver qu'autant qu'elles of- « frent une des conditions qui leur assure la supé- « riorité d'action, conditions dont nous parlerons « en traitant du phénomène de l'attention. »

C'est par le phénomène du sentir propre aux animaux, que ces êtres acquièrent la connaissance de leur individualité, c'est-à-dire des parties qui entrent dans leur constitution. Cette notion consiste dans l'ensemble des modes de sentir qu'ils éprouvent, abstraction faite de l'espèce ; sensations qui sont rapportées à telle ou telle partie de l'organisme, et dont chacune en particulier constitue le phénomène du Moi, du sentiment, de la conscience d'existence. Ainsi, par exemple, certains états organiques de l'estomac et de ses annexes, agissant sur les centres

de perceptions, donnent lieu au sentiment de la faim
ou de la soif, ou bien c'est une odeur, une saveur,
un contact, un attribut représentatif donnant lieu à
des sentiments distincts. Dans l'instant où est éprouvé
chaque mode de sentir, il est constant que la conscience d'existence ou le Moi n'est autre chose que
ce sentiment de faim ou de soif, d'odeur, de saveur,
etc. Dans toutes ces circonstances, le Moi consiste
toujours dans une sensation distincte, et il y a autant
de moi différents chez l'animal, qu'il est susceptible
d'éprouver de sentiments particuliers.

Le terme Moi n'est donc qu'une dénomination
générique applicable à tous les modes distincts de
sentir; il est synonyme du mot sensation, et ne désigne que le même phénomène. En effet, il n'y a plus
de Moi toutes les fois que l'excitation des sensorium
est empêchée par une condition physiologique quelconque; c'est ce qui arrive dans le sommeil profond
et les différentes affections caractérisées par la stu-
peur, ainsi qu'on l'observe dans l'apoplexie, l'épilepsie et la catalepsie, etc. Coupez successivement
les nerfs qui communiquent avec l'encéphale, et tour
à tour on verra disparaître les différentes espèces
de Moi.

L'impressionnabilité externe des organes est soumise à l'état actuel de leur vie organique, en sorte
que, selon que l'une ou l'autre condition physiologique existe, la force vitale est plus ou moins susceptible à recevoir l'impression des modificateurs.
Par exemple, l'énervation produite par un exercice

violent ou trop prolongé, une soustraction trop considérable de calorique animal, l'irritation, la congestion sanguine ou l'anémie relative, sont autant
de causes qui modifient la sensibilité des organes.
C'est ainsi que nous voyons les muqueuses de l'estomac, des intestins, des bronches, de la vessie, être
stimulées plus ou moins facilement par leurs modificateurs externes, selon que ces tissus se trouvent
dans l'une ou l'autre des conditions dont nous venons
de parler ; de même les impressions des objets du
dehors ont une action moins puissante sur les centres
de perceptions, lorsque ces parties du cerveau ont
été fatiguées par des excitations trop fortes ou trop
longtemps continuées, ou qu'elles se trouvent dans
un état pathologique qui empêche le phénomène de
la perception. Là est la cause de la suspension et
même l'anéantissement complet des phénomènes de
la vie de rapports, et conséquemment du Moi. Tant
qu'il n'y a pas atteinte essentielle portée à la vie organique des foyers de perceptions, les excitations externes de ces organes, excitations qui constituent
les différents Moi, sont possibles en graduant l'intensité des stimulus. Si, dans le sommeil, les impressions ordinaires du monde extérieur n'ont plus
leur empire habituel sur le cerveau, cet état ne dure
que jusqu'à ce que l'élément vital, épuisé pendant
la veille, ne soit assez réparé par le repos (1) pour

(1) La plus simple observation nous démontre que la force qui
anime les organes s'épuise par leur fatigue, et retrouve, au contraire, son énergie dans le repos. L'action évidente du système ner-

que l'impressionnabilité de l'organe soit ramenée à ses conditions normales.

Mais si le tissu nerveux des centres de perceptions éprouve une congestion morbide de liquides, si une commotion a porté la perturbation dans ses parties constitutives, si les sens et les différents viscères chargés de transmettre les diverses impulsions stimulatrices se trouvent eux-mêmes dans des conditions pathologiques, alors le phénomène de la sensation ou du Moi devient plus ou moins difficile et même impossible.

Vos maîtres, mon cher ami, nous parlent de *circonstances qui dominent* l'activité de leur Moi, au point que cet attribut de l'ame ne reprend ses *fonctions suspendues* que lorsque ces circonstances le lui *permettent* (1). Mais quelles sont ces circonstances, qui, selon eux, a un empire si marqué sur l'activité de l'ame, qui se manifeste à nous par celle du Moi? Pourquoi ont-ils oublié de nous signaler chacune d'elles en particulier? Il leur importait cependant beaucoup de démontrer que ces *circonstances* sont autre chose que les diverses conditions organiques du cerveau.

veux dans les diverses fonctions a fait supposer aux physiologistes qu'il secrète un fluide qui va porter l'animation dans les tissus. Voici comment Baglivi s'exprime sur le rôle de ce fluide nerveux : « ... Fluidum nerveum perpetuâ duræ-matris compulsione per nervos expressum ad partes, à partibus ad cerebrum per refluentia vasa non redit, uti facit sanguis per venas ad cor, sed in iis remanet, disperditur et hospitatur; quâ morâ, non solùm *vigorem*, *tonum*, *elaterem*, sed *occultam* quandùm ad systolem et diastolem *inclinationem*, promptissimamque ad se movendum *facilitatem*. (De fibrâ motrice).

(1) Voyez M. Damiron, psycologie, *pages* 12 *et* 13.

Voilà comment, avec des expressions génériques applicables à un nombre d'objets si considérable, qu'elles n'offrent plus de sens précis, on élude les difficultés d'une question ; par cela même qu'elles s'appliquent à tout, elles sont sans signification par le fait.

Nos modes d'existence sentie sont aussi nombreux, ainsi que nous l'avons déjà dit, que les impressions diverses que nous sommes susceptibles d'éprouver. En effet, dans le sentiment de la faim, le Moi n'est pas le même que dans ceux de la soif ou d'uriner ; le sentiment du froid diffère essentiellement de celui du chaud ; les sensations déterminées par les diverses odeurs et saveurs constituent des Moi qui ne se ressemblent pas. Il en est de même de chaque sensation représentative isolément considérée, de celle produite par chaque espèce de couleur, de forme, de volume, de position relative, etc.

Le phénomène de la conscience d'existence a nécessairement lieu chez tous les animaux doués d'un cerveau, parce que ces êtres ont également en partage des centres de perceptions et des sens plus ou moins nombreux, qui ont aussi des degrés différents de développement. La supériorité manifeste des fonctions de la vie de rapports que présentent certains d'entre eux, n'est qu'une conséquence des moyens plus compliqués et plus puissants qu'ils sont obligés de mettre en œuvre pour vivre. Chez les animaux des basses classes, les modes de sentir sont bien moins nombreux que chez ceux qui occupent un rang plus élevé dans l'échelle zoologique : quelques-uns n'éprouvent que les impressions tactiles et peut-être encore quelques saveurs, tandis que les autres perçoivent, en outre, les odeurs, les sons et toutes les impressions représentatives. De cette différence dans le nombre des sensations éprouvées par chaque espèce, résulte celle qu'on observe dans l'étendue de leurs connaissances, et consécutivement dans le nombre et l'importance de leurs actes ou mouvements, par lesquels ils établissent leurs rapports avec le monde extérieur.

C'est par le phénomène du sentir que l'animal s'individualise, qu'il parvient à connaître, à distinguer ce qui fait partie de lui-même, de ce qui lui est étranger. Pour lui, son individualité consiste dans toutes les parties, qui, susceptibles de transmettre des impressions à un centre de perceptions, donnent lieu à une sensation quelconque. Car il faut remarquer que nous rapportons toujours l'impression perçue à l'organe qui l'a transmise au sensorium, en sorte que la conscience d'existence nous semble avoir son siége dans cet organe même. Nous appelons donc MOI, toutes les parties de notre être dans lesquelles se développe ou est susceptible de se développer le sentiment d'existence, c'est-à-dire auxquelles nous rapportons une modification organique perçue. Ainsi, je mets ma main en contact avec un corps relativement chaud, l'action du calorique impressionne un foyer de perceptions, de là sensation de chaleur; mais au lieu d'attribuer ce phénomène

à la modification imprimée à un organe faisant partie de mon cerveau où se passe nécessairement l'acte
de la perception , il semble avoir lieu dans la partie
qui a touché le corps chaud : en sorte que j'appelle
Moi cette main , ou toute autre partie à laquelle je
rapporte une modification organique perçue. Les
sentiments particuliers constituant les besoins de
boire, de manger, d'uriner , etc. , nous paraissent
résider aussi dans le pharynx , l'estomac, la vessie ;
en sorte que la conscience d'existence étant rapportée successivement à tous ces organes, je les appelle
encore Moi. Nous existons donc tour à tour dans
chacune des parties dans lesquelles la conscience
d'existence a été produite ; c'est de cette manière que
l'animal rapporte ses membres , les différentes parties de sa tête , de son tronc , ses organes digestifs et
respiratoirés au Moi, terme générique désignant tout
mode de sentir quel qu'il soit , et indiquant le fait
de l'unité de sensation éprouvée dans le moment
actuel.

Vous vous rappelez , mon ami , que vos maîtres
nous ont dit que des trois éléments qui concourent
au phénomène de la perception , 1° l'ame, 2° la
conscience , 3° le Moi, *deux leur échappent* et ne
peuvent être *étudiés* que par le troisième , qui seul
est perceptible. Je vous ai déjà fait remarquer que
cette manière de juger un élément par un autre élément, un attribut par un autre attribut, ne peut
être admise ; ensuite n'est-il pas évident que si, de
l'aveu même des psycologistes , l'ame et la cons-

cience leur échappent, ils n'ont aucun moyen de savoir si ces éléments existent ou n'existent pas? donc l'admission de ces éléments est une hypothèse tout-à-fait gratuite de leur part. Cette supposition est encore superflue, parce que si ces éléments sont inconnus, on doit nécessairement les condamner à un rôle passif, et qu'ils ne doivent être, par cela même, d'aucune utilité à la science des phénomènes de l'ordre moral. N'est-ce pas, en effet, une inconséquence palpable de faire jouer un rôle actif à *l'être conscience*, après avoir affirmé que cet élément de la perception est inconnu? Comment sait-on alors qu'il perçoit le Moi? Voilà encore un mystère psycologique à ajouter à tant d'autres! Si le Moi est le seul élément de la perception qui soit saisissable, qui *puisse être étudié*, il résulte de ce fait que le phénomène de la perception ne consiste en réalité pour nous que dans le Moi : donc le Moi n'est que la perception, et que ces termes, Moi, perception, sensation, sont synonymes, n'exprimant qu'un seul et même phénomène.

Comme la sensation constitue, uniquement pour l'individu qui l'éprouve, la notion de son existence privée; comme, d'une autre part, tout mode de sentir a sa manifestation particulière toutes les fois que cet individu éprouve une modification organique perçue, elle est exprimée par les mots *je* ou *moi*, quel que soit l'organe auquel est rapportée l'impression stimulatrice.

Les termes *je* ou *moi* ne désignent donc point,

comme les psycologistes voudraient nous le faire entendre, deux êtres abstraits; ils ne sont l'un et l'autre qu'une dénomination générique exprimant indistinctement tous les modes de sentir, que nous
rapportons à notre individualité. Quand nous parlons de notre être, nous nous servons des expressions concrètes, *je* ou *moi*, de même que les autres
personnes nous désignent sous les dénominations
également concrètes de Philippe ou Jacques. Mais
remarquons, comme le fait observer Broussais (1),
que cette manière de se désigner à la première personne n'est qu'un résultat de l'éducation, que le
jeune enfant qui commence à parler ne dit pas *je*
veux, *je* fais telle chose, mais Félix, Auguste *veut,*
fait telle chose, c'est-à-dire l'être que vous appelez
Félix.

Comme il n'y a en nous qu'un individu appelé A
ou B, nous ne devons donc pas dire : « *nous* sen-
« tons que *nous* sentons l'odeur, la saveur, de

______

(1) ... « Le fait est que l'enfant est porté à se désigner par la troi-
« sième personne des verbes, ce dont les philosophes ne paraissent
« pas s'être doutés. L'enfant dit : *Jean, Pierre* (le nom qu'on lui a
« donné), *veut cela*, avant de dire, *je veux*. Cette remarque a été
« encore faite depuis peu d'années à Nuremberg chez *Gaspard* Hanser,
« qui n'apprit à parler qu'à l'âge de dix-sept ans. Il est certain qu'on
« a toujours beaucoup de peine à faire comprendre à l'enfant que *Je*
« a la même signification que son nom propre, et sur ce point l'en-
« fant de Nuremberg se montra fort récalcitrant, quoiqu'il fût fort
« intelligent, comme la suite de son éducation le prouva. Il disait
« toujours *Gaspard a faim, Gaspard veut sortir, Gaspard veut dor-*
« *mir*, etc., malgré les représentations que ses maîtres lui faisaient,
« etc. » (*Broussais, Leçons de phrénologie,* pages 681 et 682).

« tel fruit , mais seulement nous sentons telle
» odeur, telle saveur, etc. , ou l'individu A ou B
« éprouve telle impression. » Ainsi , à l'axiôme fondamental du psycologisme : « je sens que je sens,
» ou je me sens être de telle manière , » substituez
celui-ci : « je sens ou l'être que vous appelez B ou C
« sent, éprouve telle impression ou telle modifica-
« tion organique. »

Il y a autant de Moi différents qu'il existe de modes distincts de sentir. Quand on éprouve le sentiment de la faim , ce mode d'être diffère essentiellement des sensations d'odeur, de saveur, de forme,
de couleur; donc le Moi *varie* à chaque instant,
donc comparé dans les divers organes où il se développe, il n'est jamais *identique*, comme l'affirment
les psycologistes. L'identité du Moi ne peut avoir
lieu que lorsque des impressions semblables réitèrent
leur action sur les mêmes centres de perceptions,
et que ces organes se trouvent également dans des
conditions identiques de vitalité : par exemple, la
forme, la couleur, l'odeur d'un objet qui ont déjà
agi sur mes sens m'impressionnent tour à tour, et
alors cette forme, cette couleur, cette odeur donnent
lieu chacune à une sensation, à un *moi identique*,
à celui qu'ils ont déterminé précédemment. Ici c'est
à la mémoire qu'on doit rapporter l'identité perçue;
car toutes les fois qu'une sensation est produite, elle
réveille la mémoire des sensations analogues éprouvées antérieurement, sensations qui se succèdent
plus ou moins rapidement, et entrent ainsi en com-

paraison avec le mode de sentir actuel déterminé soit par une couleur, soit par tout autre attribut matériel. Mais tant que la mémoire ne retrace point la sensation identique à celle que fait éprouver actuellement l'objet impressionnant, il y a différence entre le Moi reproduit par la mémoire, et celui déterminé par le monde physique ; alors il n'y a point encore perception *identique*, il n'y a pas encore rapport du sentiment éprouvé à une même cause. Lorsqu'au contraire la mémoire retrace un mode de sentir semblable à celui que nous fait éprouver un attribut matériel, dès lors la comparaison cesse d'être possible ; alors il y a conscience, perception d'un mode d'être identique à celui éprouvé dans le passé. Voilà comment a lieu le sentiment des identités personnelles dans le présent comparé au passé ! voilà comment nous avons conscience de la prolongation d'une existence semblable ! Comme nos sensations se succèdent très-rapidement ; comme, d'une autre part, nous vivons habituellement au milieu des mêmes objets, des mêmes modificateurs, nous éprouvons maintes fois, dans un court laps de temps, le même Moi, la même conscience d'existence ; en sorte que le rapprochement opéré au moyen de la mémoire entre les Moi du passé identiques à ceux du présent, fait que ces Moi constituent toujours le sentiment de la même individualité.

Mais si j'éprouve successivement une sensation par le toucher, puis par l'odorat, puis par la vue, etc., il n'y a aucune analogie entre ces diverses perceptions, et, à plus forte raison, identité ; si même je n'éprouvais par le même sens que des impressions différentes, il n'y aurait pas encore identité dans les divers Moi ou sensations que ces impressions détermineraient. Ainsi, entre les sensations de forme carrée et celle de couleur rouge, il n'y a rien de semblable, quoique ces deux modes de sentir soient rapportés au même sens ; de plus, si, dans un instant donné, nous éprouvions un ensemble de sensations qui n'eussent aucune analogie avec celles rappelées par la mémoire, il n'y aurait pour nous aucune identité perçue rattachant le présent au passé, et le sentiment de la même existence personnelle à ces deux époques n'aurait pas lieu.

Comme il est impossible d'établir que toutes les sensations figuratives et les sensations sapides, olfactives, sonores, etc., ne sont qu'une seule et même perception, ainsi on ne peut admettre avec les psycologistes que le Moi est toujours *identique*. Le Moi n'est pas *un* non plus, si on entend par cette expression qu'il est constamment le même phénomène, le *même être*. Le terme *unité* du Moi ne doit désigner pour nous que la production d'un mode unique de sentir dans l'instant actuel.

Lorsque les psycologistes nous parlent de l'activité du Moi, ils entendent sans doute par là qu'il a l'action *proprio motu*, autrement cette activité ne différerait point de celle de toutes les autres forces qui ne fonctionnent qu'à la suite d'un impulsion communiquée. En déterminant que le Moi n'est que le

même phénomène que la sensation, nous avons prouvé, par cela même, qu'il est sous l'entière dépendance 1° des impressions du monde extérieur, 2° des
affections qu'elles font naître, 3° des différentes
conditions organiques des viscères, et surtout du cerveau. Au reste, comme cette question se confond
avec celle de la liberté, nous en parlerons en traitant
de la prétendue faculté appelée *volonté*.

SECTION DEUXIÈME.

DIVISION GÉNÉRALE DE NOS MODES DE SENTIR.

Les sensations offrent beaucoup de variétés chez les animaux des hautes classes dont vous faites partie, mon ami; mais on peut toutes les rattacher à quatre genres principaux, ayant chacun des caractères particuliers qui ne permettent pas de les confondre. Les modes de sentir du premier genre, sont ceux déterminés par certains états physiologiques des viscères qui ont un rapport direct avec les phénomènes d'absorption et d'exonération. Ces sentiments sont des manifestations constantes des besoins de la vie organique ou de nutrition ; c'est pour ce motif que nous les appellerons *sentiments de la nutrition* ou de la *vie moléculaire, végétative*. Le second groupe de sensations comprend toutes celles qui ont leur cause déterminante dans les actions du monde extérieur sur les cinq sens de la vie de rapports ; nous leur donnerons la dénomination de *sensations externes* ou de la *vie de relations :* ce sont celles qui constituent les diverses connaissances que nous avons des nombreux objets qui nous environnent, ainsi que de leur mode d'action sur nous, et de l'influence qu'ils exercent les uns sur les autres. Ces sensations sont donc l'élément essentiel qui détermine la nature de nos rapports avec les différents êtres au milieu desquels nous vivons. Dans le troisième groupe de sentiments, nous rangerons tous ceux rapportés aux viscères de la région précordiale ou épigastrique, et qui reconnaissent pour cause une modification organique imprimée à ces parties par les sensations externes, élément nécessaire de leur existence. Nous désignerons ces modes de sentir sous la dénomination de *précordiaux* ou *d'épigastriques ;* ils constituent, comme nous le verrons, les affections et les passions, et forment, avec les instincts, les penchants, cet ensemble de forces impulsives qui sont la cause déterminante des mouvements dits volontaires ou de la vie de relations. Nous rangerons enfin dans une quatrième catégorie les instincts et les sentiments des phrénologistes.

CHAPITRE PREMIER.

DES SENTIMENTS DE LA NUTRITION.

Les modes de sentir, qui sont des manifestations des besoins de la vie organique, et qui sont une conséquence des phénomènes d'absorption et d'exonération, sont les premiers qu'éprouve l'animal qui vient de naître : ce sont aussi les derniers qui survivent à l'extinction de tous les autres. Dans un âge avancé, les impressions du monde extérieur ont déjà cessé, en effet, d'exercer leur empire sur la plûpart des sens, que les besoins viscéraux se font encore ressentir vivement.

Les conditions physiologiques qui donnent lieu à ces sensations, sont naturelles ou accidentelles. Il n'est point question ici de ces dernières qui constituent un état morbide : tels sont, en général, les sentiments douloureux causés par l'inflammation, par l'engorgement et la contraction convulsive d'une partie, par les demangeaisons de la peau et les différentes anomalies de la sensibilité. Les sensations déterminées par certaines conditions physiologiques des viscères, qui sont le siége des principales absorptions et excrétions, ont pour but de révéler à l'animal les besoins prochains de son existence organique

7

et de solliciter chez lui les mouvements ou actes capables de les satisfaire. Ces besoins se rapportent aux *ingesta* et aux *excreta*. Les sentiments qui constituent les besoins relatifs aux ingesta, sont ceux qui forcent l'animal à effectuer les mouvements qui ont pour but d'opérer 1° l'inspiration d'un air vital ; 2° l'introduction des aliments solides et liquides dans les voies digestives ; 3° le maintien de son corps dans une température normale, condition essentielle de la vie organique. Les modes de sentir qui révèlent à l'animal les besoins d'exonération, sont ceux qui provoquent en lui les mouvements concourant à la défécation, à l'émission des urines, à l'expuition de la salive, à l'expectoration des muquosités bronchiques et stomacales et des corps étrangers qui s'engagent dans les voies aériennes ; à l'éjaculation de la liqueur spermatique accumulée dans les vésicules séminales, et à l'écoulement des larmes. Nous placerons encore au nombre de ces sentiments celui qui a sa cause dans un développement trop considérable de calorique dans l'organisme, et qui porte l'animal à opérer les actes capables de favoriser son dégagement au dehors.

Les diverses conditions organiques donnant lieu à tous ces modes de sentir, se lient d'une manière intime à l'activité et au ralentissement relatif des absorptions et des excrétions. Les sentiments qui sont une manifestation des besoins qu'éprouve l'animal d'absorber de nouveaux matériaux de nutrition, sont produits par une cause opposée à celle qui donne

lieu aux sensations qui constituent les besoins d'exonération. En effet, les sentiments de la faim, de la
soif, de la suffocation causée par la respiration d'un
air non vital ou trop peu abondant, enfin celui du
froid déterminé par l'absence d'une température assez
élévée pour les mouvements organiques, sont déterminés par le défaut d'action des modificateurs naturels des organes, auxquels nous rapportons ces modes
d'existence perçue. Au contraire, les sensations qui
révèlent à l'animal le besoin de rejeter de l'organisme
les produits excrémentitiels accumulés dans leurs
réservoirs respectifs, ont leur cause déterminante
dans la présence des matières qui distendent, qui
compriment les parties qui les contiennent : ce sont
celles qui forment les besoins d'excrétion dont nous
avons parlé. Ces perceptions se font éprouver depuis
la naissance de l'animal jusqu'à sa mort, et provoquent dans les organes qui en sont le siége des mouvements qui s'exécutent avec autant de précision dès
le principe de la vie, qu'au bout de plusieurs années
d'exercice. Sous ce rapport, ces modes de sentir
diffèrent beaucoup de ceux qui ont leur cause efficiente dans l'action des objets du monde extérieur,
lesquels donnent lieu à des mouvements qui, dans
les commencements de l'existence, n'ont aucun but
fixe, et sont fort éloignés alors de pouvoir remplir
convenablement les fonctions auxquelles ils sont
destinés. Ainsi les mouvements respiratoires, ceux
qui opèrent la déglutition, la défécation et l'émission des urines s'effectuent avec autant de précision

chez le nouveau né que chez l'adulte, tandis que l'on remarque une grande différence dans les mouvements qui ont pour objet de régler les rapports de ces individus avec le monde extérieur : chez l'un, ils ont lieu sans but bien déterminé, et n'ont rien de la précision que l'on observe dans les mouvements du second. L'adulte exécute, au moyen de la contraction *volontaire*, un ordre de fonctions encore étrangères au jeune animal. La différence que ces êtres présentent sous ce rapport, provient de celle qui existe entre leurs manières de sentir, autant qu'à l'impuissance relative des instruments de la contraction volontaire chez l'enfant. En effet, ce dernier n'éprouve encore que les sentiments viscéraux et les sentiments *directs* externes ; il n'a pas encore d'idées, c'est-à dire de sensations déterminées par les modes représentatifs des objets ; or, ces sensations réveillent chez l'adulte un grand nombre d'affections que n'a point encore éprouvées le nouveau né (1).

Les sensations viscérales sont les plus immédiatement nécessaires à la vie générale, et sans elles cette vie est impossible. En effet. l'animal peut vivre organiquement, quoiqu'il n'éprouve pas la plûpart des sensations de la vie de rapports ; ainsi, quoique sourd, aveugle, insensible aux odeurs, aux contacts, son existence végétative peut avoir lieu pendant un temps plus ou moins prolongé, tandis que toute vie

(1) Nous avons déjà dit que les passions, les affections ont leur cause déterminante dans les sensations externes. (*Voyez le chapitre qui traite des Passions*).

cesse d'être possible dès que les bronches ne sont plus impressionnées par l'action d'un air véhiculant, des principes délétères, ou d'une composition non vitale, ou que son estomac devient insensible à l'impression spécifique du tartre stibié. À mesure que l'animal vieillit, ses sens perdent de leur impressionnabilité à l'action des objets extérieurs, et ce sont ceux dont les manières de sentir ont un rapport plus direct avec les conditions organiques des viscères, dont la fonction survit à l'extinction plus ou moins complète de celle des autres sens : tels sont les organes auxquels nous rapportons les sensations sapides et olfactives. Tout être doué de centres de perceptions éprouve d'abord les impressions qui lui révèlent les besoins prochains de son existence végétative; souvent même il ne ressent que celles là, ainsi que celles de la vie de rapports qui appartiennent nécessairement à tout animal, je veux dire les impressions qui agissent par le contact direct sur les organes.

CHAPITRE DEUXIÈME.

§ I.

Des sensations externes ou de la vie de rapports.

Vous savez déjà, mon ami, que j'appelle sensations *externes* celles déterminées par l'action des corps extérieurs sur les sens, organes qui transmettent leurs impressions aux centres de perceptions. Je vous ferai remarquer, en premier lieu, que, parmi les attributs de la matière, les uns agissent sur l'être vivant par un contact direct, et les autres, à distance, par l'intermédiaire de la lumière et de l'air. Les qualités du premier genre sont 1° la température relative, 2° la densité, 3° les odeurs, 4° les saveurs, 5° les diverses qualités physiologiques des substances qui modifient le mouvement vital, soit en l'excitant, soit, au contraire, en le ralentissant. Parmi les qualités des corps qui nous impressionnent à distance, nous rangerons 1° leur étendue (1),

(1) Je ne dirai pas, avec un physicien de l'époque, que l'*étendue* n'est point une propriété, un mode d'être essentiel de la matière, qu'elle n'est en fait qu'une *définition*. Tout ce qui peut être défini a pour nous une existence réelle, puisque toute définition est l'expression d'un ensemble de sensations déterminées en nous par des caractères sensibles, propres à l'objet défini. Il est évident que nous éta-

2° leurs couleurs, 3° leurs formes, 4° leur position,
5° leur distance des autres objets, 6° leur état d'i-
nertie ou de mouvement, 7° leurs qualités sonores.

blissons une différence marquée entre une surface d'un pouce carré et
celle qui a trois ou quatre pieds ; seulement l'étendue abstraite, de
même que tous les objets fictifs auxquels nous rapportons les idées universelles, n'existent pas.

L'étendue est nécessairement associée à la couleur, à la forme, à
l'impénétrabilité, maniéres d'être sans lesquelles nous ne serions
point impressionnés par cette qualité ; et réciproquement la couleur
et l'impénétrabilité n'existeraient pas sans l'étendue. C'est, en effet,
par les deux sens, la vue et le toucher, que nous pouvons nous assurer de l'existence de l'étendue. En considérant les objets matériels par
la vue, il n'y a pour nous qu'une *couleur étendue* ou une *étendue colorée*. Si vous ôtez la couleur aux corps, ils ne nous figurent plus aucune étendue, parce qu'alors ils ne produisent plus aucune sensation
de limites dans lesquelles est renfermée l'étendue de tout objet, et que
les limites qui comprennent cette étendue ne se manifestent à nous
que par celles de la couleur. Dépouillez de même abstractivement le
corps de son étendue, vous ne concevez plus la couleur possible, parce
que toute couleur perceptible est nécessairement étendue. Telle qu'elle
se présente à nous dans les corps, l'étendue est aussi limitée en tous
sens, et ces limites, considérées collectivement, constituent la *forme*,
et la forme n'étant perceptible par la vue qu'autant que l'étendue est
colorée, la *forme*, l'*étendue* et la *couleur* ont donc pour le sens de la
vue une coexistence nécessaire.

Le second moyen dont nous sommes pourvus pour nous assurer de
l'existence de l'étendue, est le sens du toucher. Quand plusieurs
contacts sensibles s'établissent, nous rapportons l'impression de l'objet à une surface plus ou moins considérable de la peau ; et comme
chaque point de l'organe impressionné correspond à des molécules ré-
sistantes, nous appelons *étendue* la quantité d'espace qu'occupent ces
atômes, ces éléments de corps. Mais il n'y aurait point d'étendue pour
le toucher, sans la résistance qu'offre à la pression de la main la cohésion et l'adhésion qui maintiennent les rapports des éléments constitutifs du corps, et les empêche de se séparer pour faire place à la main.

Si il n'y avait pas dans les corps de cohésion suffisante pour nous
faire éprouver la sensation de résistance, il n'y aurait donc point de

Nous placerons encore dans ce genre de sensations celles qui ont leur cause dans l'impression des phénomènes résultant de l'influence que les corps

sensation d'étendue rapportée au toucher. C'est ainsi que nous ne reconnaissons point d'étendue au moyen du toucher, dans l'air calme, dans les gaz, la lumière, l'électricité, parce que ces corps n'offrent pas de résistance. Appréciée par le sens du toucher, l'étendue est donc inséparable de la cohésion et de l'adhésion sensible.

Par le toucher, nous nous assurerons également de l'existence de la forme. Ce mode, reconnu au moyen de ce sens, consiste pour nous dans les limites de l'*étendue résistante :* ainsi donc, pour le toucher, la *résistance*, l'*étendue* et la *forme* ont aussi une existence inséparable.

D'après la définition que les physiciens nous donnent de l'*impénétrabilité* considérée par eux comme qualité essentielle des corps, elle semble se rapporter non pas à ces corps, mais à l'espace qu'ils occupent. En effet, dire que l'impénétrabilité consiste dans la faculté négative où sont deux corps d'occuper simultanément le même espace, c'est exprimer une proposition identique à celle-ci : « Pourquoi la « même quantité d'espace n'admet-elle pas deux corps, lorsqu'un seul « suffit à son occupation ? »

Je ne rappellerai point ici les discussions célèbres soulevées sur la nature de l'espace. En effet, qu'il n'ait rien de réel, qu'il n'existe pas sans les corps, qu'il ne soit qu'un être imaginaire, qu'une simple abstraction, que l'ordre des choses coexistantes, ainsi que Lebnitz l'a avancé ; ou bien qu'il soit un être absolu, distingué des corps qui y sont placés, mais incorporel, impalpable, ni actif, ni passif, comme l'ont professé Epicure, Démocrite, Leucippe, Gassendi ; ou enfin que cet espace ne diffère des corps qui le remplissent que par la *pénétrabilité*, ainsi que Locke l'a dit (opinion sur laquelle Newton a bâti son système du vide absolu), il importe peu de s'arrêter à des questions de ce genre, insolubles par leur nature.

Je ferai seulement remarquer, en passant, que ne pouvant concevoir un être immatériel, impalpable, dépourvu de toute qualité quelconque, active et passive, condition qui ne peut définir que le néant, il est impossible que cet être soit l'objet de nos raisonnements. Tous ceux qui n'ont accordé à l'espace, pour le définir, que la négation de tout mode, de toute propriété réelle, ont avoué, par cela même, qu'ils ont parlé d'un objet dont ils n'avaient aucune con-

exercent réciproquement les uns sur les autres , en vertu de leurs qualités actives et passives.

Ces deux genres d'accidents propres aux corps , offrent entre eux de notables différences , si on les considère sous le triple rapport 1° des modifications physiologiques que déterminent dans l'organisme leurs impressions spéciales ; 2° de la nature des sensations auxquelles donnent lieu ces impressions ; 3° du rôle que ces modes de sentir jouent dans la mémoire.

Les qualités de la matière qui n'agissent sur nous que par le contact immédiat , donnent nécessairement lieu à des changements dans la vitalité des organes , toutes les fois qu'elles portent leur influence sur eux. Ainsi le calorique produit toujours sur les parties vivantes les effets d'un stimulant, et le froid ceux d'un narcotique (1). Un corps solide agissant avec une impulsion égale, produit une pression bien plus marquée sur les tissus qu'un liquide ou qu'un

naissance. J'ajouterai encore que je ne conçois pas quelle idée Locke et Newton ont pu se former de la *pénétrabilité* de l'espace, d'après la définition que les physiciens nous donnent de *l'impénétrabilité* ; car en formulant une définition qui serait l'inverse de celle de cette dernière propriété, elle serait conçue en ces termes : « La pénétrabilité « consiste dans la fusion de deux espaces définis qui se confondent « de manière à n'en former qu'un seul qui soit égal, non pas à la « somme des deux espaces constituants, mais seulement à l'un d'eux. » Un et un valent *un*, et non pas deux. Telle est, en effet, l'étrange proposition que doit renfermer la définition de la pénétrabilité, si cette propriété est l'inverse de l'impénétrabilité.

(1. Le froid n'est point un stimulant, un tonique, comme le pensent généralement les physiologistes ; c'est ce que nous démontrerons en parlant du ton organique ou contraction insensible.

gaz dont la densité est moindre. Les odeurs portant leur influence sur la membrane pituitaire, modifient nécessairement l'état vital actuel du cerveau, toutes les fois qu'elles donnent lieu à un sentiment agréable ou pénible. Les saveurs astringentes produiront, en tout temps, la contraction des cryptes, des papilles qui tapissent l'appareil du goût ; celles dites muqueuses, mucilagineuses, sucrées, qui résultent de la nature émolliente dés substances auxquelles elles sont propres, détermineront au contraire le relâchement de ces parties. Il en est de même de toutes les propriétés physiologiques des médicaments, qui n'agissent sur l'organisme qu'autant qu'elles se trouvent en rapport direct avec les instruments vivants sur lesquels ils exercent leur action spécifique : telle est, par exemple, l'influence des émétiques sur l'estomac, des purgatifs sur le tube intestinal, des diurétiques sur les reins, etc. Il est donc vrai que toutes les qualités physiques, qui n'ont d'action sur l'animal que par le contact direct du corps auquel elles sont propres, *modifient nécessairement*, et presque toujours d'une *manière identique*, les conditions vitales actuelles de l'organisme. Or, ces qualités considérées sous le rapport de leur mode d'action physiologique, peuvent donc être appelées *directes*, ou mieux encore *tactiles* (1), et les sensations aux-

(1). C'est-à-dire qui nous impressionnent par le contact des corps auxquels elles appartiennent, ou des particules volatiles qui émanent de ces corps : tels sont les odeurs, le calorique, qui se dégagent de certaines substances, et font éprouver leur action à distance. Dans ce

quelles elles donnent lieu , *sensations directes , sensations tactiles.*

Au contraire , les accidents de la matière qui nous impressionnent à distance, ne modifient pas nécessairement les mouvements organiques , et lorsqu'ils leur impriment des changements , ces changements n'ont rien de constant ; ils varient suivant une infinité de circonstances , qui n'ont souvent que des rapports fort éloignés avec l'objet dont ces accidents constituent l'essence. Ainsi, par exemple, il est certain que la couleur verte ou jaune , ou rouge, ou noire d'un corps ; que sa forme , qu'elle soit ronde, triangulaire ou carrée ; que son volume comparatif, que sa position particulière, que sa distance des autres objets qui l'environnent , que les changements qu'il reçoit de ces objets, ou qu'il leur imprime lui-même, il est certain , dis-je , que toutes ces conditions particulières des objets n'ont aucune influence déterminée par leur nature sur les mouvements vitaux de l'individu qui perçoit leur impression. Un objet ne modifie pas chez moi les contractions du cœur, parce qu'il est jaune plutôt que gris , parce qu'il a une forme triangulaire plutôt que ronde , parce que son point d'appui sur le sol se trouve sur telle partie de ses surfaces plutôt que sur telle autre, parce qu'il

cas, l'impression qu'éprouvent les organes est produite par le contact direct de molécules , d'agents qui ont fait partie intégrante du corps auquel nous rapportons cette impression ; en sorte que c'est toujours une partie de ce corps qui, se mettant en rapport immédiat avec un point de l'organisme, y produit une modification quelconque.

décompose un autre corps, au lieu d'être sans action sur lui, etc., tandis qu'un changement dans le mouvement circulatoire des liquides peut être l'effet direct de la température de cet objet, de son odeur, de sa densité, de sa saveur, de ses qualités stimulantes ou narcotiques.

Les conditions des corps qui nous impressionnent à distance, par des modifications qu'ils impriment à l'air ou à la lumière, n'apportent des changements dans les fonctions de la vie organique qu'autant qu'elles réveillent la réminiscence des sentiments directs que ces corps peuvent nous faire éprouver, dans le cas où ils agiraient sur nous par leurs qualités directes. Cette réminiscence reproduit aussitôt les affections sympathiques ou antipathiques auxquelles ces sensations directes ont donné lieu précédemment, et toute affection consistant nécessairement dans une modification organique perçue, imprimée aux viscères de la région épigastrique ou précordiale, cette modification a une influence consécutive sur tous les mouvements fonctionnels de l'économie.

Ainsi l'homme qui fait en pleine campagne la rencontre d'un animal féroce dont il peut devenir la proie, est frappé tout à coup d'une vive frayeur, et l'on voit survenir spontanément en lui tous les changements physiologiques qui sont une conséquence de ce genre d'affection, c'est-à-dire d'abord le ralentissement des mouvements du cœur, et consécutivement la pâleur, l'impuissance des mouvements volontaires, le relâchement des sphincters, en un mot une diminution d'intensité dans toutes les fonctions qui sont subordonnées à la circulation artérielle. Mais, dans ce cas, quelle est la cause réelle de la révolution opérée dans les fonctions? Ce n'est évidemment pas la couleur de ce tigre ou de ce lion, ni sa forme particulière, ni sa distance des autres objets, ni sa position sur ses quatre pattes plutôt qu'assis ou couché !

Cette révolution n'est due qu'à la réminiscence (1) des actions directes que cet animal exerce sur les autres animaux plus faibles que lui, toutes les fois qu'il se trouve en rapport immédiat avec eux; réminiscence qui a ici sa cause déterminante dans les sensations produites par les divers attributs figuratifs et sonores propres à cet être (2). Il est si vrai que l'affection ou le trouble organique ne doit être attribué qu'à la réminiscence du mode d'influence directe, rapporté à l'animal et non à ses attributs représentatifs, c'est que ces attributs reproduits exactement sur la toile ou sur le marbre, ne déterminent aucun effet de ce genre ; c'est que si cet animal dangereux se trouve enchaîné dans une cage de fer et dans l'im-

(1) Réminiscence ou mémoire des sensations tactiles et des sentiments de nutrition, différente de la mémoire des sensations reproductibles, ainsi que nous le verrons en parlant des facultés intellectuelles.

(2) J'appellerai accidents *figuratifs* ou *représentatifs*, ceux qui donnent lieu aux sensations qui constituent pour nous l'image, la représentation des objets. Nous verrons ultérieurement que ces sensations forment seules les *idées*; je leur donnerai la dénomination de sensations *figuratives* ou *représentatives*.

puissance de nuire, loin d'être intimidés par sa présence, nous éprouvons un sentiment qui ne ressemble en rien à la peur, et nous ne présentons aucun des accidents physiologiques qui sont la conséquence de cette affection. Cependant il n'y a rien de changé dans les conditions physiques par lesquelles ce tigre, ce lion, nous impressionnent à distance, c'est-à-dire qu'ils ont les mêmes couleurs, les mêmes formes, le même volume, etc.

Une personne que nous avons aimée et pour laquelle nous éprouvons tout-à-coup une haine violente, quelqu'en soit le motif, produit successivement par sa présence, dans un très-court laps de temps, deux sentiments fort différents ; néanmoins, tous ses attributs représentatifs par lesquels nous la distinguons des autres êtres sont les mêmes. Ces attributs ne peuvent donc être considérés comme déterminant eux-mêmes la nature de l'affection que nous éprouvons, et des effets organiques qui en sont la conséquence ; ils n'en sont que la cause occasionnelle : reconnaissons même que les modes représentatifs et sonores ne donnent lieu à aucune affection de haine ou de sympathie, si nous n'avons eu aucun rapport avec l'objet qu'ils caractérisent ; nous n'éprouvons alors pour lui que le sentiment négatif appelé *indifférence*. Quand le simple aspect d'une substance provoque en nous le dégoût et même le vomissement, ce n'est évidemment ni sa couleur, ni sa forme, ni son volume, ni aucun autre de ses attributs figuratifs qui donne lieu à ce sentiment, mais bien la réminiscence d'avoir éprouvé l'action de son odeur, de sa saveur, de son contact; car si jamais les qualités directes propres à cette substance ne nous avaient impressionnés, l'action de ses modes représentatifs ne donnerait lieu, en aucune circonstance, à un sentiment d'appétit ou d'aversion.

Sans multiplier davantage des exemples puisés dans des faits particuliers que chacun peut observer, je pense, mon ami, vous en avoir cité assez pour vous démontrer que les sensations ayant leur cause dans les accidents des corps qui nous impressionnent à distance par le concours d'un élément intermédiaire, ne modifient pas nécessairement, et d'une manière invariable, les phénomènes de la vie organique; que, sous ce rapport, les changements apportés dans ces phénomènes sont subordonnés à la réminiscence du mode d'influence directe des objets, réminiscence qui est rappelée par l'impression actuelle des accidents représentatifs ou sonores qui nous annoncent la présence de ces objets. Les qualités figuratives des corps ne servent, en effet, qu'à nous les faire reconnaître de loin ; et en vertu de la locomotion dont nous sommes doués, nous avons la possibilité de rechercher ou d'éviter, au contraire, leurs actions directes, par lesquelles, seules, ils peuvent réellement nous influencer physiquement.

Outre ce caractère essentiel qui différencie les modes d'être des objets extérieurs, nous en trouvons encore un autre non moins remarquable dans la nature même des sensations, dont ils sont la cause efficiente. Les qualités figuratives et sonores des corps donnent constamment lieu à des sensations identiques, non-seulement chez le même individu, mais chez toutes les personnes dont l'appareil des perceptions fonctionne normalement ; les qualités tactiles déterminent, au contraire, des sensations qui varient suivant la vitalité actuelle de l'organisme.

Ainsi, un corps blanc, triangulaire, d'un volume déterminé, distant de vingt ou trente pieds des personnes qui le considèrent, leur paraîtra à tous blanc, triangulaire, et, approximativement, de tel ou tel volume comparatif, situé à telle ou telle distance. Le sentiment qu'éprouvent ces personnes pourra varier sur la nuance de la couleur blanche, sur l'objet pris pour terme de comparaison de son volume, sur la longueur de l'espace qui les sépare de ce corps; mais ces différences dans leurs manières de sentir sont très-légères. Aucune d'elles ne dira assurément qu'elle voit un corps rouge ou noir, carré ou rond, de la grosseur d'un éléphant s'il n'a que celle d'un chien, éloigné de deux cents pas s'il n'est distant que de vingt. Un homme, un chat, une poire, un raisin, une chaise, une table, vus distinctement, donneront lieu, chez mille et un million d'individus, à des sensations identiques ; chez aucun d'eux les impressions représentatives de la poire ou du raisin ne produiront des sentiments rapportés aux impressions de la chaise ou de la table. On peut donc dire d'une manière absolue, que toutes les sensations figuratives sont, à peu de chose près, identiques chez tous les êtres qui les éprouvent.

Il n'en est pas de même quant aux sentiments directs, quoique déterminés par des modificateurs de nature semblable ; ils varient constamment non-seulement chez des individus différents, mais encore chez la même personne. C'est ainsi qu'un corps me paraît alternativement froid et chaud, quoiqu'il conserve toujours la même température, ce qui dépend de l'état relatif de la calorification chez moi. Tel mets, tel fruit me plaît infiniment par sa saveur, quand je suis en bonne santé ; malade, il me paraît amère ou insipide. Les substances qui flattent le goût dans l'enfance ne nous plaisent plus dans un âge avancé ; et réciproquement les aliments que préfèrent les personnes d'un âge mûr, ne sont point ceux que recherchent les enfants. Ce que l'on observe relativement aux différentes époques de la vie, se retrouve encore lorsqu'on compare entre eux des individus auxquels l'âge donne une certaine identité aux manières de sentir : tel vieillard, tel adulte, tel enfant aime une substance qui répugne à un autre, au point de provoquer en lui le vomissement, et, par compensation, ce dernier savoure avec plaisir un aliment qui répugne au premier. Une odeur me paraît suave, j'éprouve son impression avec délice ; cette même odeur fait tomber en syncope un autre individu ; elle détermine en lui la migraine et même le vomissement.

Il est inutile d'insister davantage sur les faits de ce genre, pour pouvoir établir positivement que les sensations ayant leur cause dans l'impression des qualités tactiles des corps, varient continuellement dans leur nature, qu'elles dépendent entièrement, sous ce rapport, de l'état actuel des phénomènes organiques.

Pour résumer, en deux mots, ce que je viens de vous dire des caractères distinctifs des accidents tactiles et figuratifs des objets, du monde extérieur, considérés sous le double rapport 1° de leur action sur les phénomènes organiques, 2° de la nature des sensations spéciales qu'ils déterminent, reconnaissons que les qualités directes produisent constamment, dans les actes de la vie moléculaire des tissus, des *modifications identiques*, tandisqu'elles ne donnent lieu qu'à des *sensations relatives*; au contraire, les attributs représentatifs et sonores des objets n'ont qu'une *influence conditionnelle* sur la vitalité des organes, influence dont le mode d'action est subordonné à la réminiscence des impressions tactiles propres à ces objets. Les sensations produites par les qualités des corps qui nous impressionnent à distance, diffèrent également des sensations directes, en ce qu'elles sont toujours *identiques* au lieu de n'être que relatives, et qu'elles n'ont qu'un rapport fort éloigné avec les phénomènes de la nutrition.

Un troisième caractère qui différencie les conditions représentatives des objets, de leurs qualités tactiles, c'est que les sensations déterminées par elles se reproduisent même en l'absence de l'impression matérielle, qui a été, *à priori*, leur cause efficiente, tandis que pour éprouver de nouveau les sentiments

directs , il est indispensable que les impressions physiques qui leur donnent lieu , réitèrent leur action
sur les sens. Ainsi, après avoir examiné un objet par
le sens de la vue , *nous nous* représentons ensuite
exactement sa couleur, sa forme , son étendue, sa
position , ses rapports avec les êtres qui l'environnent , en un mot toutes ses conditions figuratives,
lors même que cet objet ne nous impressionne plus,
c'est-à-dire que nous éprouvons de nouveau les sensations que ces conditions avaient produites ; il est
impossible , au contraire , d'éprouver le sentiment
des odeurs , des saveurs . des contacts les plus familiers , si ces qualités n'agissent matériellement sur
les sens. J'ai beau flairer, je ne sens point l'odeur
de rose , si cette fleur n'agit point sur mon odorat :
une saveur agréable ne flatte point mon palais, si
une substance que j'appéte n'est en contact direct
avec cet organe. Quand j'ai froid , le sentiment de
chaleur est impossible sans la présence d'une atmosphère chaude, ou le contact d'un corps dont la température est élevée.

Les sentiments dûs aux divers contacts ne peuvent
être reproduits qu'autant que ces contacts s'établissent de nouveau ; sous ce rapport, ils ressemblent aux sentiments de la nutrition , qui ne se font
aussi éprouver de rechef que lorsque les conditions
organiques, qui en sont la cause déterminante, se
manifestent. Les sensations représentatives et sonores
peuvent donc être reproduites sans réitération de
l'action physique qui leur a donné lieu ; c'est pour

ce motif que je proposerai de les appeler *sensations reproductibles*.

C'est faute d'avoir établi cette distinction entre les sensations externes, que les philosophes n'ont pu s'entendre sur la nature de la mémoire, les uns soutenant qu'elle n'est qu'une sensation renouvelée, les autres prétendant, au contraire, qu'elle est indépendante de ce phénomène. Des deux côtés on allègue des faits qui sont contredits par d'autres ; en sorte qu'on n'a pu se convaincre, faute d'être remonté à l'origine du phénomène. Nous traiterons cette question, d'une manière spéciale, à l'article *mémoire*.

CHAPITRE TROISIÈME.

Attributions des sensations directes et reproductibles
dans la vie générale.

Par les sensations que déterminent en nous les
qualités directes et représentatives des objets extérieurs, nous parvenons 1° à expérimenter le mode
particulier d'influence de chacun d'eux sur notre
organisme ; 2° à les reconnaître à distance ; en sorte
qu'au moyen de la locomotion dont nous sommes
doués, nous pouvons éviter ou rechercher cette influence selon sa nature. Toute impression perçue
constitue nécessairement un mode de sentir agréable ou pénible à un degré plus ou moins prononcé ;
et selon que nous éprouvons l'un ou l'autre de ces
modes d'être, nous sommes portés à rechercher ou
à éviter les rapports directs de l'objet qui le détermine en nous. Comme nous le verrons plus loin, le
sentiment agréable et le sentiment douloureux sont
le mobile de toutes les déterminations de l'animal
et de tous ses actes ; ils constituent une des lois essentielles qui président à la conservation de l'existence générale. L'influence du modificateur qui produit une sensation agréable est généralement *utile,
bienfaisante, avantageuse ;* celle, au contraire, qui

donne lieu à un sentiment pénible, est *nuisible* aux phénomènes organiques; néanmoins il y a quelques exceptions à cette loi générale, exceptions que nous croyons inutile de signaler ici.

C'est au moyen des sensations tactiles que l'animal parvient à connaître les influences avantageuses et nuisibles des agents extérieurs ; c'est par elles qu'il expérimente leurs modes d'action sur les phénomènes de la vie organique. L'influence d'un agent extérieur n'est avantageuse ou nuisible pour nous que par les changements qu'elle opère dans notre état organique actuel, au moyen de sa température basse ou élevée, de ses actions mécaniques sur nos parties solides, de son odeur, de sa saveur, de ses propriétés narcotiques, vésicantes, toniques, émollientes, etc., tandis que, comme nous l'avons déjà vu, ses attributs figuratifs n'ont aucune influence par eux-mêmes. Ce ne sont donc que les actions directes, celles donnant lieu à des effets constants et nécessaires, qu'il importe à l'animal de connaître, puisqu'elles seules modifient sa vie générale, puisqu'elles seules peuvent lui porter atteinte ou lui imprimer des changements favorables. Comme l'influence des qualités tactiles intéresse directement le mouvement vital, et que les modes de sentir auxquels elle donne lieu sont, ainsi que les sentiments de nutrition, des manifestations, des besoins prochains de la vie latente, tous les animaux éprouvent la plûpart de ces sensations. Ces êtres vivants sont pourvus de sens d'autant plus nombreux et plus parfaits, qu'ils se mettent plus difficilement en rapport avec leurs éléments de nutrition, et qu'ils s'éloignent davantage de la condition d'*étres-pâture* (1). Ainsi plusieurs sont privés de la vue, de l'ouïe, de l'odorat, mais on n'en trouve aucun qui n'ait en partage le goût et le toucher. Voyez les zoophites ou animaux-plantes, ils n'offrent ni cerveau, ni cœur; ils n'ont de l'animal qu'une bouche aspirante où sont fixés des espèces de bras saillants, qui, s'allongeant ou se resserrant pour saisir leur proie, forment chez eux les organes du goût; leur corps est enveloppé d'une membrane très molle, quelquefois pulpeuse, analogue à celle du limaçon, et douée d'une sensibilité tactile très développée; mais on n'y distingue aucun organe que l'on puisse considérer comme constituant les sens de la vue, de l'ouïe et de l'odorat. Si de ces acéphales nous passons aux animaux pourvus d'une tête, organe dont l'existence paraît être une condition indispensable de celle des sens destinés plus spécialement à la vie de rapports, nous voyons que parmi eux il en est un grand nombre qui n'ont ni yeux, ni oreilles, ni appareil olfactif: tel sont les vers qui, quoique doués de mouvements de contraction et d'extension très marqués, n'ont pas d'autre sens qu'une bouche aspirante ou rongeante, instrument du goût, et un toucher très vif et fort agissant.

(1) Tous les animaux servent plus ou moins de pâture aux autres, mais il en est qui par leur nature sont spécialement destinés à devenir la proie des autres espèces. Ce sont ces animaux que j'appellerai *étres-pâture* par destination.

Beaucoup de crustacés-testacés, comme le genre
hélix, ont les yeux douteux, et sont évidemment
privés de narines et d'oreilles ; mais dans tous on
reconnaît le sens du goût, et leur toucher est extrêmement sensible, puisqu'à une très grande distance
des corps qui se dirigent vers eux, ces animaux se
contractent, impressionnés qu'ils sont par le simple
mouvement communiqué à l'air et au sol sur lequel
ces corps sont mis en progression. Tous les insectes
ont une tête, et le seul sens qu'ils offrent de plus
que les animaux dont nous venons de parler, est
l'œil, quoique dans plusieurs espèces son existence
est encore douteuse ; mais tous sont également privés de l'ouïe et de l'odorat : plusieurs papillons paraissent cependant flairer les fleurs au moyen d'une
antenne mobile. Dans tous ces genres et espèces d'a-
nimaux, on ne trouve aucun individu qui n'ait une
bouche et la sensibilité tactile en partage, quoique
beaucoup soient privés des autres sens. En remontant insensiblement aux classes supérieures, on rencontre successivement les autres appareils sensitifs
chez les individus dont elles se composent ; ensuite
la fonction de chacun de ces appareils présente un
développement d'autant plus parfait, que ces individus occupent un rang plus élevé dans l'échelle
zoologique.

Les sens du goût et du toucher sont aussi les premiers qui fonctionnent chez les animaux des hautes
classes ; dès leurs naissances les impressions qu'ils
perçoivent par ces organes, déterminent chez eux

des mouvements opérant une fonction particulière de la vie de rapports, tandis que les impressions portant leur action sur les autres sens, ne sollicitent encore en eux aucun acte *volontaire*; aussi, dans le principe, la vie externe de ces êtres est-elle analogue à celles des animaux des basses classes.

Dès les premiers instants de sa vie extra-utérine, l'enfant éprouve plusieurs besoins, et il a fort peu de moyens pour les satisfaire. Ces besoins sont ceux qui sont révélés par les sentiments de la nutrition, c'est-à-dire ceux de la faim, de la soif, de la privation d'un air vital, du froid, d'une température trop élevée, ceux résultant de la compression, du frottement, de déchirures exercées sur ses surfaces externes. Les besoins de l'animal, à l'époque de sa naissance, peuvent donc être divisés 1° en ceux qui se rapportent à la nutrition, dont il a conscience; 2° en ceux qu'il n'éprouve pas encore, et qui consistent à le soustraire aux influences nuisibles qui peuvent porter atteinte à son existence.

Les moyens que possède le nouveau né pour satisfaire les besoins du premier genre, consistent uniquement dans la déglutition et l'expuition, fonctions qu'il exécute déjà avec autant de précision qu'un adulte, de manière qu'il peut effectuer l'ingestion des aliments dans l'estomac, ou les rejeter, suivant la nature du sentiment qu'ils produisent sur le sens du goût. A cette époque, l'enfant établit donc déjà des différences entre les saveurs des substances qu'on lui met dans la bouche; si elles sont amères, âcres, acides, il les rejette ; il les avale, au contraire, quand elles flattent son goût.

Mais avant de devenir propres à être mis en rapport avec l'estomac, les aliments exigent souvent plusieurs préparations antérieures ; ils doivent être moulus, broyés par la mastication ; de plus il faut, auparavant encore, les saisir et les porter dans la bouche, il faut les avoir reconnu parmi les nombreux objets du monde extérieur, et enfin s'en être approché, après les avoir découvert, pour s'en emparer : or, le jeune enfant est encore dans l'impuissance d'opérer tous ces actes. De même, pour éviter les influences qui peuvent porter atteinte à l'existence, il est indispensable de savoir distinguer les êtres auxquels ces influences sont propres, ensuite d'effectuer les mouvements capables de nous soustraire à leur action. Ces fonctions ne sont pas encore exécutées par le nouveau né ; il entre dans les attributions des parents de les remplir pour lui, pendant un temps plus ou moins prolongé, et, conséquemment, d'éprouver à sa place les sensations qui en font le mobile : aussi les personnes chargées de l'éducation de l'enfant, sont-elles chargées de faire choix des aliments qui lui conviennent, et de leur imprimer les changements qu'ils doivent subir avant leur mastigation et leur déglutition, et de les lui ingérer dans la bouche ; elles sont également chargées de le soustraire aux violences extérieures, à l'action de tous les contacts dangereux.

Mais si les père et mère peuvent effectuer, pour

leur progéniture, les actes de la vie de relations, il n'en est pas de même des mouvements qui ont leur cause déterminante dans les sensations qui révèlent à l'animal les besoins de sa vie organique. En effet, l'état de la circulation, de la digestion, des absorptions, des excrétions, de l'impressionnabilité, n'étant presque jamais semblable chez le même individu à des époques très-rapprochées, cette différence entre les conditions physiologiques de deux personnes doit bien plus varier encore, si on compare ces personnes dans tous les instants de leur existence. Ainsi, il est impossible que plusieurs individus éprouvent toujours dans le même moment les sensations qui constituent les besoins de la faim, de la soif, de la défécation ; que les absorptions et les excrétions aient toujours la même activité chez l'un que chez l'autre, et qu'ils soient impressionnés toujours identiquement par les qualités directes des modificateurs. Pour qu'il en fût ainsi, il faudrait constitution, âge, qualité et dose d'aliments, température et composition atmosphérique, repos, exercice, et toutes les conditions organiques rigoureusement semblables.

On conçoit que cette identité absolue dans un nombre aussi considérable de conditions particulières et générales, est impossible. De là vient que deux êtres vivants, ne pouvant éprouver constamment, dans l'instant actuel, les mêmes besoins de la vie de nutrition, les parents sont dans l'impuissance de connaître ceux de leurs jeunes enfants, de savoir exactement s'ils ont faim ou soif, trop chaud ou trop froid, s'ils éprouvent des sentiments pathologiques (douleurs causées par l'état morbide d'une partie). Dans ce cas, ils préjugent seulement, par les cris de l'enfant et les différentes manifestations par lesquelles il exprime ses besoins, que cet enfant éprouve tel ou tel sentiment ; mais ils n'en sont pas certains, parce que les conditions organiques de l'estomac, des poumons, de la vessie, de la peau, etc., de ce jeune être, n'impressionnent pas les centres de perceptions des parents.

Au contraire, les sensations représentatives et sonores étant identiques chez tous les individus, et ayant pour but de nous faire reconnaître à distance la nature des impressions directes propres aux objets qui s'offrent à nous, dès que nous percevons l'action des modes figuratifs d'un corps nous savons aussitôt quel est son mode d'influence sur tout être vivant et inorganique. Ainsi, en voyant du feu, de l'acide sulfurique, nous sommes certains que ces corps doivent produire tel effet si on les met en contact avec telle ou telle substance déterminée ; que l'opium, l'émétique, l'arsenic, pris à certaine dose, donneront lieu à telles modifications physiologiques chez l'animal ; que la glace, appliquée sur la peau, lui fera éprouver tel sentiment, et produira un changement donné dans la vitalité de ce tissu, etc. Ces considérations nous expliquent comment il se fait que nous pouvons fixer les rapports qu'un autre individu doit établir avec le monde extérieur, et exécuter à sa place tous les actes capables de lui faire éviter, ou, au contraire, éprouver leur influence. Dans ce cas, nous pouvons sentir pour lui ; nous sentons comme il sentirait, si il était dans la position d'éprouver des sensations reproductibles. Au contraire, nos sentiments externes directs et ceux de la nutrition n'étant point semblables aux siens dans la plûpart des circonstances, ils ne peuvent les remplacer : aussi, n'ayant point conscience de ses besoins d'absorption et d'exonération, ni de ses autres conditions organiques perçues, les mouvements sollicités par ces modes de sentir ne peuvent être exécutés convenablement que par l'individu qui les éprouve.

L'état physiologique des sens, du goût et de l'odorat, a une coïncidence constante avec celui de l'estomac, en sorte que les sensations rapportées à ces organes ont toujours un rapport déterminé avec telle ou telle manière d'être du ventricule digestif. Ainsi l'impression d'une saveur donne lieu à un mode de sentir différent, selon qu'existent alors les conditions organiques qui nous font éprouver le sentiment de la faim ou de la satiété, de l'appétit ou du dégoût pour la substance à laquelle cette saveur est propre. Les sensations éprouvées par les appareils olfactif et gustatif ayant pour attribution de nous faire apprécier les qualités des aliments qui conviennent ou ne conviennent pas à la nutrition, il est indispensable que ces manières de sentir soient des manifestations certaines des besoins de cette fonction. Les saveurs ne doivent donc point nous impressionner dans la satiété comme dans la faim, dans la fièvre, où toutes les absorptions et les excrétions sont ralenties, comme dans la santé, parce que les nécessités organiques ne sont pas les mêmes. Les sentiments gustatifs étant généralement l'expression fidèle de l'état de la digestion, ils deviennent tour à tour agréables ou pénibles, selon qu'il y a plénitude ou vacuité de l'estomac, selon que cet organe est sain ou malade. De cette manière, l'animal est sollicité, par une loi fixe, à opérer l'introduction des aliments ou à la discontinuer, suivant le besoin actuel.

Comme les mouvements qui effectuent la prension, la mastication et la déglutition des substances alimentaires, ou ceux par lesquels nous les rejetons, dépendent généralement de l'espèce de sentiment que déterminent ces substances sur les sens du goût et de l'odorat, c'est-à-dire, selon que ce mode de sentir est agréable ou désagréable, il est essentiel qu'il y ait des rapports intimes entre la saveur et l'odeur des corps et leur action sur l'économie animale. En effet, leurs propriétés *stimulantes*, *sédatives*, *narcotiques*, *astringentes*, *toniques*, *diffusibles*, etc., paraissent avoir des connexions étroites avec leur odeur et leur saveur. On sait, par expérience, que la puissance des médicaments s'affaiblit à mesure que ces deux dernières qualités sont moins prononcées ; il en est de même des aliments. Un vin perd sa force stimulante, à mesure que son odeur

et sa saveur s'affaiblissent. La saveur simplement
acide, annonce un irritant qui agit spécialement sur
la contraction de la fibre , en même temps qu'il tempère le développement du calorique animal. La saveur simplement *chaude* est propre aux substances
qui activent la caloricité , sans agir aussi puissamment que les toniques , les acides et les astringents
sur la contraction des solides. Les saveurs *insipides*,
muqueuses, sucrées, mucilagineuses, appartiennent
aux substances adoucissantes , relâchantes , qui tempère négativement l'énergie contractile de la fibre
animale , et la production de tous les autres phénomènes primitifs de la vie , sans exercer néanmoins
d'action narcotique. La saveur *styptique* caractérise
les astringents purs.

C'est par les sensations rapportées au goût que
nous apprécions ces modes particuliers d'action des
ingesta sur notre organisme ; c'est par elles que
sont expérimentées les substances qui peuvent con-
venir à notre alimentation , et que nous les différencions de celles impropres à remplir ce but ; c'est
par elles encore , que, conjointement avec les sentiments rapportés au ventricule digestif, nous réglons la dose et la quantité des aliments qui conviennent à l'état actuel de la nutrition. L'observation
de nous-mêmes nous démontre que nous préférons
les saveurs tantôt acides , tantôt amères , puis celles
qui sont douces , sucrées ; ou enfin celles qui sont
chaudes, stimulantes. Ces différences dans les appétits coïncident toujours avec certains changements

survenus dans les phénomènes de la vie organique.

Les sensations olfactives présentent un degré de développement considérable chez certains animaux, pour qui elles sont un moyen essentiel d'existence : tels sont les quadrupèdes chasseurs, qui, pour atteindre leur proie, sont obligés de suivre ses traces sur une vaste étendue de terrain, ce qui nécessite chez eux une impressionnabilité d'odorat très-délicate. Ce sens est aussi pour ces animaux un moyen de conservation, en ce que, par cet organe, ils découvrent la présence d'un ennemi caché, qu'ils ne peuvent reconnaître par la vue ou l'ouïe.

Les odeurs dites *fétides*, *nauséabondes*, décèlent en général des substances dont l'action sur l'économie est nuisible, tandis que celles qui sont *agréables*, *suaves*, appartiennent aux corps qui impriment, dans la plûpart des circonstances, des modifications avantageuses à l'organisme. On sait, par exemple, que toutes les plantes vénéneuses ont une odeur nauséabonde et une saveur plus ou moins âcre ; que tous les gaz fétides qui proviennent de la décomposition des substances animales et végétales surtout, ont une influence pernicieuse sur la vie ; qu'au contraire, les odeurs aromatiques, propres à certaines plantes et à leurs extraits, aux résines, aux essences, sont généralement salutaires à la santé.

Il est un point à la jonction de la muqueuse du palais avec celle des fosses nasales, où le sentiment des odeurs et celui des saveurs semblent se confondre. Aussi les sensations sapides et olfactives sont-elles étroitement liées tant sous le rapport de leur concours à la même fonction, que sous celui des modifications qu'elles éprouvent.

Au moyen des sensations rapportées au toucher, nous connaissons l'influence que les objets ambiants exercent sur notre organisme par leurs qualités physiques, c'est-à-dire par leur température, leur densité, leurs formes particulières, pouvant déterminer des compressions, des extensions, des déchirures, des titillations, etc. Toutes les impressions qui agissent sur le toucher modifient la vie organique des tissus, soit en bien, soit en mal, et à des degrés plus ou moins prononcés. Chez le jeune enfant, les sensations éprouvées par ce sens ne constituent, dans le principe, que des modes d'existence perçue, agréables ou pénibles ; mais dans la suite elles doivent concourir à multiplier les impressions figuratives des objets, et le sens de la vue leur doit beaucoup sous ce rapport.

C'est, en effet, par le toucher que nous parvenons à distinguer les individualités distinctes dont l'ensemble constitue le monde extérieur ; sans les modes de sentir rapportés à ce sens, tous les objets nous paraîtraient un tout homogène, placés sur un même plan, semblables à ceux représentés sur un tableau ; si nous ignorions la perspective, ces objets nous sembleraient aussi faire partie de nous-mêmes.

Nous arrivons à connaître les diverses parties de notre corps au moyen de leur contact mutuel, et ensuite de celui des objets étrangers avec ces mêmes parties. Dans ces deux circonstances, on observe une différence remarquable dans la perception. Quand nous touchons immédiatement avec la main une autre partie de nous-mêmes, nous éprouvons successivement une double sensation, c'est-à-dire une par la main, ou la partie qui opère l'attouchement, l'autre par la surface sensible où elle est appliquée ; au contraire, en touchant un corps étranger, nous ne ressentons qu'une seule impression rapportée à la partie qui établit le contact : c'est ainsi que nous différencions ce qui fait partie intégrante de nous-mêmes de ce qui n'appartient pas à nos personnes. Sans le toucher, comme les objets nous paraîtraient exister dans nos yeux où vient se peindre leur image, nous ignorerions qu'ils existent en-dehors de nous, qu'ils sont distincts les uns des autres, qu'ils ont des formes et une étendue différente, placés à des distances plus ou moins éloignées de ceux qui les entourent ; sans le toucher, en un mot, les distances, les formes, les volumes, ne constitueraient pour nous que des nuances de couleur. C'est donc à ce sens que celui de la vue doit de percevoir, comme impressions distinctes, celles d'étendue, de forme et de distance.

Nous ne devons point admettre, ainsi que Buffon l'a avancé, que nous voyons les objets doubles, « parce que dans chaque œil il se forme une image « du même objet, et que ce ne peut être que par « l'expérience du toucher que nous acquiérons la « connaissance nécessaire pour rectifier cette erreur,

(131)

« et que nous apprenons, en effet, à juger simples
« les objets qui nous paraissent doubles (1). » Je
vous ai déjà fait voir, mon ami, que le phénomène de la sensation ne se passe pas dans les sens
qui reçoivent directement l'impression des agents
extérieurs, mais dans un point donné de l'encéphale
appelé centre de perceptions, auquel les sens transmettent leurs impressions. Or, le sens double de la
vue, comme celui du goût, de l'odorat, de l'ouïe,
n'a qu'un sensorium spécial ; quand un objet agit
sur lui par ses attributs figuratifs, il reçoit de chacun de ces attributs deux impressions, mais qui sont
identiques sous tous les rapports, c'est-à-dire quant à
leur nature, quant à leur intensité et à leur simul-
taénité d'existence. Pour que la double sensation,
que l'on dit résulter de ces deux impressions, eût
lieu, il faudrait une différence quelconque dans
l'une ou l'autre des conditions suivantes : 1° dans
l'intensité de l'impression, 2° dans sa nature, 3° dans
l'époque et le prolongement de son action, 4° dans
l'impressionnabilité relative de l'une des rétines,
5° dans l'organisation des parties constitutives de
l'œil.

Mais comme chaque point d'un objet réfléchit sur
chaque œil un rayon de lumière rigoureusement
identique sous tous les rapports, et une similitude
absolue dans l'organisation et le degré de sensibilité
des deux rétines étant une condition essentielle de

(1) Voyez du sens de la vue (histoire de l'homme).

la vision normale, on ne peut admettre qu'il y ait conscience d'une double perception, quand une image agit sur les deux yeux. En effet, deux sensations rigoureusement identiques, sans aucune différence quelconque, ne constituent pour nous qu'un même mode d'existence sentie, puisqu'il n'y a pas de caractère distinctif capable de les faire reconnaître individuellement. Si les sensations A et A sont rigoureusement semblables, soit que j'éprouve l'une ou l'autre, c'est toujours pour moi la sensation A ; dans ce cas, il n'y a donc réellement qu'un seul sentiment de produit, puisque, pour affirmer qu'on a conscience de deux modes de sentir, il faut nécessairement pouvoir les distinguer l'un de l'autre par un caractère quelconque, ou au moins par l'époque de leur existence. Les autres sens doubles, quoique conduisant aussi doublement la même impression à leur sensorium respectif, ne donnent lieu néanmoins qu'à une seule sensation. Ainsi un son qui frappe simultanément les deux sens de l'ouïe, ne nous fait pas éprouver, pour cela, un double sentiment ; une rose que je flaire, un fruit que je mange, ne produisent qu'une seule sensation, quoique ces modificateurs agissent l'un et l'autre sur les instruments doubles de l'odorat et du goût.

Mais, outre ces considérations, on peut encore concevoir que la double perception des objets, dans les conditions naturelles de la vision, est physiquement impossible, quoique ces objets rayonnent, chacun en particulier, une double image. Pour s'en

convaincre , il suffit d'observer les faits suivants d'optique : 1° toutes les fois que nous fixons un corps avec
les deux yeux , les deux pupiles se trouvent constamment sur un même plan , qui est tantôt horizontal ,
tantôt oblique , tantôt perpendiculaire , qui , en un
mot , varie suivant la position particulière de la tête.
Il résulte de cette condition visuelle, que chaque œil
rapporte la position des objets au bout d'une ligne
qui est également située sur le même plan que celle
suivant laquelle l'autre œil perçoit aussi ces objets.
2° Quand nous considérons deux corps placés sur
une même ligne , si nous les regardons ensuite avec
un seul œil , l'autre étant fermé , le corps le plus
rapproché n'est plus sur la même direction que le
plus éloigné ; il nous paraît successivement plus à
droite ou plus à gauche , suivant que nous fermons
l'œil droit ou l'œil gauche. Nous devons conclure de
ce fait, que lorsque nous fixons un corps tour à tour
avec chaque œil , l'impression qu'il détermine isolément sur chacun de ces organes tend à nous donner une fausse idée de sa position , et nous le faire
voir double , si la position unique , suivant laquelle
nous le voyons avec les deux yeux , ne le rétablissait
dans sa situation réelle. En effet , comme les deux
lignes visuelles ne sont point parallèles (puisque
l'œil droit voit l'objet plus à gauche, et l'œil gauche
plus à droite qu'il n'est), elles se rencontrent nécessairement (1) ; elles se croisent en un point donné

(1) Si deux lignes droites font avec une troisième deux angles intérieurs d'un même côté, dont la somme soit plus grande ou plus petite

situé entre l'œil et l'objet, et ce point se trouve placé sur une ligne droite qui diviserait également l'espace compris entre les deux positions auxquelles les
deux yeux rapportent chacun isolément l'image de
l'objet ; or, cette ligne droite vient aboutir sur la
situation réelle de l'objet, qui est justement placé
au centre de l'espace compris entre les deux lignes
visuelles qui partent de cet objet pour aboutir aux
deux yeux. Comme, d'une autre part, ces lignes
sont placées sur un même plan, et que l'image qui
arrive à l'un des yeux est rigoureusement identique
à celle qui vient impressionner l'autre œil, sous le
multiple rapport des dimensions, des formes, des
couleurs et de la position, il arrive qu'au lieu où
se croisent les deux cônes lumineux, chaque œil
rapporte, simultanément et exactement, chaque
partie semblable de l'objet à la même position, au
même point de l'espace. Dans ce lieu d'entrecroise-
ment, les parties semblables de l'image se rencontrent dans le même point pour se confondre d'une
manière intime, en sorte que par leur fusion elles
ne forment plus qu'une seule image, exactement
semblable aux deux images rayonnées par l'objet. Il
est donc évident que la vision ne peut être double,
puisque les deux yeux ne rapportent leurs impressions qu'à une seule et même image.

Mais si l'on vient à empêcher les deux directions,
suivant lesquelles les deux yeux voyent l'objet, de

que deux angles droits, ces deux lignes droites prolongées suffisamment doivent se rencontrer. (*Théorème de géométrie*).

se croiser, ou bien d'être sur le même plan lorsqu'elles se croisent, il y a nécessairement alors double perception, parce que dans ces deux circonstances les images ne se rencontrent plus, de manière
à ce que leurs parties semblables soient rapportées
exactement au même point par les deux yeux ; c'est
ce qui arrive toutes les fois que fixant un objet avec
les deux yeux, on presse sur l'un d'eux, soit à sa
partie supérieure ou inférieure, soit sur l'un de ses
côtés ; alors les pupiles n'étant plus sur le même
plan, les images paraissent superposées, ou bien
la déjection de côté d'un des deux yeux fait que les
deux lignes visuelles ne peuvent se rencontrer avant
d'arriver à l'objet, parce que, dans ce cas, l'une
d'elles a par rapport à l'autre une obliquité moins
prononcée que dans l'état ordinaire ; aussi les deux
images ne pouvant se confondre, ya-t-il alors double
perception.

Les impressions sonores sont transmises à un
foyer de perceptions par l'ouïe. Les modes de sentir
déterminés par ces impressions doivent être assimilés
sous deux rapports aux sentiments représentatifs ;
comme eux, en effet, ils n'impriment aux phénomènes organiques que des changements condition-
nels ; d'une autre part, comme les sensations figuratives, ils sont reproductibles en l'absence de l'action
physique qui les a déterminés en premier lieu, avec
cette différence, toutefois, qu'il faut ici le concours
de la voix, ou celui d'autres organes volontaires,
dont les mouvements sollicités par la réminiscence

des sons, reproduisent ces sons soit par eux-mêmes, soit en mettant en jeu les qualités sonores de certains corps ou d'instruments dûs à l'art.

C'est ainsi qu'en obéissant à la réminiscence des chants, des cris, des différents sons qui ont frappé l'ouïe, l'appareil vocal imite ces chants, ces cris, d'autant plus facilement et fidèlement que leur réminiscence est plus exacte. Nous voyons aussi les instruments à vent reproduire des airs déterminés en vertu des modifications que les organes inspirateurs et expirateurs, que la langue et les lèvres impriment à la colonne d'air que renferment ces instruments.

Quoique assimilés aux sensations représentatives par plusieurs caractères essentiels, les modes de sentir rapportés à l'ouïe ne constituent pas néanmoins des idées, des configurations ; mais de même que tous les autres sentiments directs externes, ils réveillent les sensations figuratives qui ont déterminé les objets auxquels nous rapportons les impressions sonores. Ainsi, le bruit d'une cascade réveille aussitôt l'image d'un courant d'eau se précipitant d'une certaine hauteur, et se brisant avec éclat sur un rocher; le gazouillement, le chant, le cri de tel ou tel oiseau, l'aboiement du chien, le rugissement du lion, le mugissement du taureau, la parole articulée de l'homme, etc., rappelent aussitôt l'image de ces animaux. De même que les sensations représentatives, celles qui ont leur cause dans les impressions sonores, avertissent donc l'animal à distance de la présence plus ou moins éloignée des objets, et concourent de la même manière à la conservation de son existence générale.

Les objets du monde extérieur exercent une influence, non-seulement sur l'animal, mais encore les uns sur les autres. Plusieurs de leurs actions, causes des divers phénomènes sensibles, sont perçues par l'être sentant, et c'est souvent par leurs modes d'influence sur les autres corps que cet être connaît le genre d'action qu'ils peuvent avoir sur sa propre individualité. C'est ainsi que lorsque nous sommes en présence d'un corps en ignition, non-seulement nous éprouvons l'impresssion de sa température, de sa couleur, des variétés de sa forme, etc. ; nous percevons encore le fait de la décomposition chimique qu'il effectue sur les différents objets soumis à son influence immédiate, et de l'action spéciale que ces corps ont eux-mêmes sur lui. L'expérience m'ayant fait connaître l'effet qui résulte du contact de la poudre avec un corps incandescent, j'agis de manière à empêcher ce rapport, ou à éviter l'influence de l'effet produit. L'animal perçoit donc non-seulement l'action que les corps exercent directement sur lui, mais encore celle par lesquelles ils se modifient réciproquement les uns les autres.

Concluez, en définitive, de tout ceci, mon petit philosophe, que les sensations externes ont pour objet 1° de nous faire expérimenter l'influence bonne ou mauvaise, utile ou nuisible que les différents êtres au milieu desquels nous vivons peuvent exercer sur notre existence générale, au moyen de leurs qualités tactiles, *physiques* et *physiologiques*; 2° de nous faire reconnaître la présence éloignée de ces êtres, par suite de l'impression de leurs attributs figuratifs et de leur qualités sonores ; 3° que la nature des sensations tactiles détermine celle des affections que nous éprouvons pour les objets qui nous impressionnent, tandis que les sensations reproductibles n'ont aucune influence par elles-mêmes sur la nature des sentiments précordiaux ; qu'elles ne font que les réveiller, mais tels qu'ils ont été produits, dans le principe, par les qualités directes des objets. Les sensations externes, outre le rôle essentiel qu'elles jouent dans l'entretien de la vie organique et la conservation de l'existence générale, sont donc le mobile des rapports que l'animal établit avec le monde extérieur.

CHAPITRE QUATRIÈME.

Des sensations figuratives constituant les idées.

La distinction que nous avons établie entre les sensations déterminées par le monde extérieur en sensations *directes*, *tactiles*, et en sensations *figuratives*, *représentatives*, nous paraît de la plus haute importance pour l'étude de l'idéologie. Je crois important, mon cher A. B. C., de vous démontrer que c'est à tort que l'on accorde le nom d'*idée* à une foule de manières de sentir, auxquelles cette dénomination doit être refusée.

C'est en fixant le sens propre des expressions que l'on parvient à avoir une notion précise de leur signification, et que l'on évite les applications fausses qui peuvent en être faites. Ainsi, déterminons donc ce que l'on doit entendre par le mot *idée*. Dans son acception rigoureuse, il veut dire *forme*, *figure*, *image;* il vient, comme je vous l'ai déja dit, du mot grec ἰδέα ou εἴδεα, lequel dérive d'εἴδως, qui signifie *forme*, *figure*, *configuration*, *apparence;* ce n'est que par extension qu'on l'a appliqué à l'ensemble des caractères spécifiques qui constituent la nature d'une chose. En donnant le nom d'idée à la généralité de nos modes de sentir, on attache donc à ce terme une signification métaphorique dans la plûpart des circonstances où on l'emploie, puisque, dans sa stricte acception, il n'est applicable qu'aux sensations déterminées par les conditions représentatives des objets, tandis que les modes de sentir qui ne consistent point dans une configuration quelconque, ne sont que de simples sentiments et non point des idées ou sensations figuratives, représentatives. De ce genre sont toutes les perceptions déterminées par les propriétés tactiles des corps, l'odeur, la saveur, la température, la densité, etc. En effet, nous ne pouvons nous représenter ces accidents de la matière, comme ses formes, ses couleurs, son étendue, son état d'inertie ou de mouvement. Nous sentons seulement qu'un corps est relativement froid ou chaud, que son odeur, sa saveur produisent une impression agréable ou désagréable, mais ces sensations ne figurent rien, elles ne sont donc pas des idées. Lorsque les attributs représentatifs agissent sur nos centres de perceptions, non seulement nous avons conscience de l'impression d'un objet sur la rétine, mais nous avons encore celle de son image.

Ce n'est qu'autant qu'existe la perception figurative qu'il y a idée du corps impressionnant. Ainsi le jeune enfant perçoit une impression lorsqu'on lui met un objet devant les yeux ; mais cette impression ne produit alors en lui qu'une simple sensation et non pas une représentation d'objet ; aussi n'a-t-il pas encore d'idées. A cette époque de l'existence, les attributs figuratifs ont sur nous une action analogue à celle des qualités tactiles, parce que nous n'avons point encore appris par le toucher à distinguer les individualités les unes des autres, parce que nous n'éprouvons point encore les sensations particulières de forme, de limite, d'étendue, de distance, etc.

Pour que les sensations qui ont leur cause dans l'action des conditions représentatives constituent des idées, il faut qu'il y ait perception distincte de l'impression de chacun de ces attributs matériels. Nous parvenons à avoir cette perception distincte au moyen de l'attention (1); et tout individu n'éprouvant point les impulsions organiques qui lui font rechercher les impressions figuratives d'un objet, ne peut en avoir l'idée, parce que cette idée consiste dans la mémoire de la représentation de l'objet, c'est-à-dire dans la reproduction du sentiment figuratif, en l'absence de l'impression physique qui a été la cause première de ce mode de sentir. Lorsqu'un objet s'offre à nous, nous en conservons une idée *générale* (2), d'autant plus exacte, que nous l'avons examiné plus long-temps, que nous avons perçu un plus grand nombre de modifications dans ses attributs représentatifs.

(1) Nous verrons, en parlant des facultés dites intellectuelles, que le phénomène de l'attention n'est qu'une perception prolongée, en vertu des impulsions sympathiques ou antipathiques, c'est-à-dire des passions, des affections que déterminent en nous les objets du monde extérieur.

(2) Nous n'avons point d'idées générales, si on donne à ces idées une existence individuelle distincte, mais seulement des idées simples. On doit entendre par les termes d'*idée générale*, l'ensemble des idées particulières propres à un objet.

C'est au moyen de manifestations naturelles et artificielles que nous exprimons à nos semblables nos diverses manières de sentir. Le son, le signe désignant des modes représentatifs, rappelle les sensations auxquelles ils donnent lieu. C'est ainsi que le terme *rouge*, articulé ou écrit, produit en moi le même effet que l'impression de la couleur rouge; les mots *triangulaire, rond, trapèze*, etc., réveillent successivement les sensations figuratives de forme triangulaire, ronde, trapézoïde; il en est de même de tous les termes qui sont l'expression des sentiments déterminés par les accidents représentatifs. Au contraire, les expressions désignant les modes de sentir qui ont leur cause dans les propriétés tactiles. ne rappellent que le souvenir d'avoir éprouvé dans le temps un sentiment direct quelconque, par suite de l'action de tel ou tel modificateur sur nous, mais il ne reproduit pas ce sentiment. Par exemple, le mot *calorique*, prononcé ou écrit, ne me fait pas éprouver la sensation particulière que détermine ce fluide; ceux d'*odeur de musc*, de *saveur sucrée*, ne donnent lieu, en aucune circonstance, aux perceptions que déterminent ces qualités matérielles. Par la même raison, lorsqu'on prononce ou que je vois écrit le nom de tel ou tel objet, nom qui est pour moi l'expression générique de toutes les propriétés et modes d'être qui constituent sa nature; ce nom, dis-je, ne me rappelle jamais de tous ces modes que ceux qui sont figuratifs, lesquels seuls ont donné lieu aux idées que j'ai de cet objet. En effet, le nom de rose réveille aussitôt en moi les sensations qui déterminent la couleur, les formes, le volume de cette fleur, mais il ne me fait pas éprouver son odeur; en sorte que si je n'avais jamais été impressionné par les attributs représentatifs d'une rose, le mot qui exprime son existence ne rappellerait aucune idée, ni tout autre mode de sentir; il n'aurait pour moi que la valeur de ces expressions abstraites par lesquelles nous désignons les êtres de raison, les forces, les causes occultes dont nous n'avons aucune idée, parce qu'elles sont incapables de nous impressionner autrement que par des effets ou phénomènes sensibles que nous leur attribuons hypothétiquement.

Les sentiments directs ne constituent donc pas des *idées* comme les sensations représentatives; mais lorsqu'ils se font éprouver, même isolément, ils réveillent aussitôt les sensations-idées qu'a déterminées précédemment l'objet auquel nous rapportons ces sentiments directs. C'est ainsi que la simple odeur ou la saveur d'un fruit, que le contact d'un objet familier, suffisent pour nous retracer la forme, la couleur, l'étendue de ces corps, mais sous la condition expresse que ces modes figuratifs nous aient déjà impressionnés, autrement il n'y aurait pour nous aucune idée de l'objet dont nous éprouvons les influences tactiles.

Si on appelait *idées* les sensations directes, il faudrait accorder la même dénomination aux sentiments de la nutrition, relatifs aux *ingesta* et aux *excreta*.

En effet, il est aussi ridicule de dire qu'on a l'idée

de l'odeur, de la saveur, de la température, de la densité d'un corps, que d'affirmer qu'on a celle de la faim, de la soif, et des différents besoins d'exonération. Nous devons donc déshériter de la dénomination d'*idées*, tous les modes de sentir qui ne sont pas produits par les qualités représentatives, pour la réserver exclusivement aux sensations figuratives.

Dois-je vous rappeler ici, mon ami, quelques vaines objections faites dans le temps par les scolastiques, pour prouver que les idées ne sont point des sensations? Je ne sais si vos maîtres s'amusent encore à répéter les balivernes que j'ai entendu débiter très gravement, dans une académie de France, par un certain professeur qui avait la prétention de ne faire que des arguments victorieux. Pour que vous n'ignoriez rien de sa puissance de logique, qu'il empruntait ordinairement aux auteurs spiritualites les plus renommés, je vais vous faire part des trois principales objections qu'il croyait capables de fermer la bouche aux plus subtils ergoteurs.

Première Objection. « Je promène ma main sur « une surface rugueuse, ensuite je me *forme l'idée* « d'une surface hérissée d'aspérités. Je demande si « la sensation éprouvée est la même chose que l'i- « dée d'une surface hérissée d'aspérités. »

Il est facile de voir que cette objection porte à faux. Comme on n'y compare plus le même objet à lui-même, il est impossible qu'il y ait similitude. En effet, on met en parallèle le sentiment tactile éprouvé par la main, avec la sensation figurative rapportée au sens de la vue , et qui seule constitue ici l'idée d'une surface hérissée d'aspérités ; il est évident que la sensation directe n'a aucune identité avec l'image de l'objet qui l'a produite; mais l'idée d'une surface hérissée d'aspérités ne diffère point de la sensation figurative produite par cette surface, lorsqu'elle impressionne le sens de la vue.

DEUXIÈME OBJECTION. « Je porte mes regards sur « le soleil , puis je ferme les yeux et je me forme « l'idée du soleil. Suis-je affecté de la même manière « que quand je le regarde? »

Oui, sans doute, on est affecté de la même manière dans les sensations représentatives rappelées par la mémoire , que lorsqu'on est impressionné par les objets physiques qui ont donné lieu à ces sensations ; ce n'est même que lorsqu'il y a identité parfaite entre le sentiment physique et le mnémonique, ou reproduit par la mémoire , que l'idée est exacte. Si vous n'êtes pas affecté dans l'idée, c'est-à-dire dans la sensation figurative rappelée par la mémoire , comme dans le sentiment que vous fait éprouver l'objet auquel vous rapportez l'idée , dites-moi, mon cher maître , comment vous êtes affecté? Vous ne vous êtes point expliqué à cet égard , c'est là la difficulté essentielle que vous avez éludée. Après avoir examiné un édifice, un homme, un chien, un cheval , etc. , si ensuite vous fermez les yeux , ne vous figurez-vous pas cet édifice, cet homme, avec toutes leurs particularités , comme si ces objets vous impressionnaient physiquement par leurs attributs figu-

ratifs? Quoique éloigné de cent lieues des personnes
que je connais, les sensations représentatives qu'elles
m'ont fait éprouver autrefois par leur présence, et
qui constituent les idées que j'ai de ces personnes,
se reproduisent chez moi telles qu'elles ont eu lieu
autrefois ; en sorte que je vois, que je me figure ces
personnes absolument comme si tous leurs modes représentatifs agissaient physiquement sur mes yeux :
donc je suis affecté identiquement dans l'idée que
j'ai de ces individus, comme dans les sensations
figuratives qu'ils m'ont fait éprouver. En visitant mes
ceps de vigne à Moissey, mon jeune ami, j'ai l'idée
de votre nez aquilin, de vos yeux bleus, de vos
cheveux châtains, de l'habit que vous aviez mis la
dernière fois que je vous ai vu, etc. ; c'est-à-dire
que je suis encore impressionné, comme si toutes
les parties de votre être agissaient sur mes yeux : or,
il m'est impossible d'établir aucune différence entre
les modes d'être que vous m'avez fait éprouver par
l'impression de vos attributs représentatifs, et ceux
que je ressens actuellement. Les psycologistes voudront bien nous signaler, s'ils le peuvent toutefois,
les caractères qui distinguent les idées des sensations figuratives.

TROISIÈME OBJECTION. « Un Romain voit un L,
« et un Français un 5 suivi d'un zéro. Ces objets
« étant différents doivent faire naître des idées éga-
« lement différentes ; cependant tous deux ont l'i-
« dée de cinquante. »

Disons que cette objection ne mérite pas une ré-

futation sérieuse. Qui ne voit d'abord que nous n'a-
vons point d'idée de cinquante, si nous considérons
ce mot comme une expression abstraite, nous pouvons seulement avoir l'idée de cinquante unités distinctes, de cinquante hommes, de cinquante poires,
en un mot, de cinquante objets déterminés. En second lieu, les signes L et 5o n'ont qu'une valeur de
convention, comme toutes nos manifestations artificielles orales et écrites; en conséquence, quelles que
soient les différences dans la forme des signes, ils
rappellent les mêmes idées si on leur attache une signification identique, et réciproquement des signes
semblables peuvent avoir une acception différente
chez deux peuples, et réveiller des idées dissemblables, selon la valeur qu'on est convenu de leur attribuer. Or, la signification conventionnelle attachée à
un mot, à une lettre rappelant non pas l'idée de ce mot,
de cette lettre, mais celle des objets dont ces signes
écrits sont l'expression, il est inexact de dire qu'une
L, parce qu'elle est différente quant à la forme, à
un 5 suivi d'un zéro, doit faire naître une idée différente chez un Romain, qu'un 5 suivi d'un zéro
chez le Français; car pour l'un c'est L, pour l'autre
c'est le 5 avec un zéro, qui est l'expression conventionnelle du groupe d'unités appelé cinquante.

Concluons donc que toute idée est une sensation
figurative, déterminée actuellement par les qualités
représentatives d'un objet, ou rappelée par la mémoire.

Nos idées sont bien moins nombreuses qu'on le

croit généralement, puisqu'elles se réduisent toutes
aux idées simples que nous font éprouver les modes
figuratifs du monde extérieur. Cependant vous entendez journellement parler d'une foule d'idées qui
n'existent pas : telles sont les idées dites abstraites que
l'on rapporte aux êtres de raison, aux êtres fictifs,
allégoriques, dans lesquels on personnifie certains
attributs, certains faits, certains sentiments, certains phénomènes de la nature.

Il est d'abord constant que nous n'avons aucune
idée des forces, des principes auxquels nous rattachons les phénomènes sensibles, parce que ces êtres
hypothétiques n'ayant jamais produit en nous de sensations ni directes, ni reproductibles, il est impossible que nous ayons la moindre notion de leur nature. Les effets sensibles que nous leur attribuons
nous ont seuls impressionnés, aussi eux seuls donnent
lieu à des idées ou sensations figuratives ; mais l'effet
n'est point la cause, il est souvent fort éloigné d'en
indiquer la nature.

N'ayant d'autres perceptions que celles que nous
font éprouver les objets physiques, lorsque nous
voulons parler des êtres, des phénomènes insensibles, nous ne pouvons les désigner qu'au moyen des
qualités que nous empruntons aux choses matérielles.
Voilà l'origine de l'expression métaphorique et allégorique, qui est le seul moyen que nous ayons pour
qualifier tout ce qui est insaisissable par les sens.
C'est ainsi que les êtres de raison appelés *forces*,
principes, et les êtres abstraits dans lesquels nous

personnifions quelque qualité morale ou physique, ou bien certains sentiments, certaines actions, ou enfin des phénomènes généraux, ne peuvent être dépeints qu'au moyen des modes d'être essentiels et accidentels que nous observons dans les corps et les phénomènes sensibles.

Il est presque inutile de vous dire, mon cher A. B., que nous ne pouvons avoir aucune idée de tout ce qui est incapable de produire en nous des perceptions, puisque toute *idée*, comme vous venez de le voir, n'est qu'une sensation figurative. Ainsi il est évident que personne ne peut dire qu'il a une idée de la force d'attraction, parce que cet être hypothétique n'ayant jamais impressionné les centres de perceptions de qui que ce soit, on ne peut affirmer qu'on connaît aucun de ses attributs. Ce que je dis de l'attraction Newtonienne est applicable à tous les principes que l'on admet dans la partie théorique des sciences. Vous entendez souvent parler de l'idée de Dieu ou principe de toutes choses, auquel, seul, nous devons accorder l'action première, l'action par lui-même, *proprio motu;* mais il est constant que nous n'avons aucune idée de cette souveraine puissance qui règle la merveilleuse harmonie de cet univers, parce que ne s'étant jamais manifestée à nous, sa nature nous est entièrement inconnue (1).

(1) « Dieu, dit St. Augustin, est un être dont on parle beaucoup « sans en pouvoir rien dire, et qui est supérieur à toutes les défini- « tions. »

Le poète Simonide répondit aussi à Hiéron, roi de Syracuse, qui

Remarquons que les qualifications que nous donnons aux principes érigés en êtres particuliers, ne
désignent que les phénomènes que nous leur attribuons, et non pas eux-mêmes. Par exemple, lorsque nous appelons Dieu Tout-Puissant, infiniment
sage, infiniment bon, intelligent, etc., ces épithètes
ne lui sont accordées que par suite des impressions
que nous ont fait éprouver ses œuvres ou actes, et
qui nous paraissent étonnants, merveilleux... Mais
l'effet n'est point la cause, il est souvent fort éloigné
d'en indiquer la nature. Supprimez tous les phénomènes attribués aux principes, ces principes n'existent plus pour nous, parce qu'ils cessent dès-lors
de manifester leur existence par quelque chose de
sensible.

N'éprouvant d'autres sensations externes que celles
qui ont leur cause dans les qualités des corps et leurs
accidents ; n'ayant également d'autres expressions
que celles qui sont les manifestations de ces modes de
sentir, lorsque nous voulons désigner les modes,
les qualités des êtres métaphysiques, nous sommes
obligés de leur donner les mêmes qualifications
qu'aux objets physiques, et qu'à ceux de leurs phénomènes capables de nous faire éprouver des sensations. Comme notre existence perçue consiste entiè-

le pressait de lui dire ce que c'était que Dieu : « Plus j'examine cette
« matière, plus je la trouve au-dessus de mon intelligence. » Ce poëte
ne se serait pas donné la peine de s'appliquer à un examen aussi sérieux, s'il avait su qu'on ne pouvait avoir l'idée d'une chose qui ne
produit en nous aucune sensation ; qu'un tel objet est nécessairement
hors du domaine de l'observation.

rement dans nos différentes espèces de perceptions , nous ne concevons pas des êtres ayant d'autres attributs , d'autres propriétés , d'autres modes d'actions que ceux que nous observons dans le monde extérieur ; de là vient que nous sommes invinciblement portés à croire qu'entre les choses cachées et celles qui nous frappent, il y a des similitudes , des analogies qui nous autorisent à leur supposer des manières d'être communes. Aussi toutes les épithètes données aux principes dont on a voulu déterminer la nature , et celles qualifiant les modifications qu'ils subissent , ainsi que leurs propriétés , sont-elles empruntées aux qualités essentielles et accidentelles des objets matériels ou de leurs phénomènes perceptibles.

Considérez seulement, mon ami , les qualifications données par les psycologistes à leur principe intellectuel , qu'ils appellent aussi *esprit*. On doit s'étonner que ces philosophes prêtent autant de modes matériels à ce principe , après lui avoir donné pour essense l'immatérialité ; mais ces Messieurs ne se piquent pas, comme vous l'avez déjà vu, d'une logique rigoureuse.

Ainsi l'esprit n'a presque pas d'autres dénominations que celles qui désignent les attributs des corps, c'est-à-dire l'étendue , la densité , les formes, l'impénétrabilité , l'inertie ou le mouvement, la position , etc. Par exemple , cet être immatériel est appelé *large* ou *étroit, grand* ou *petit , superficiel* ou *profond* , voilà autant d'épithètes qui désignent les modes de l'étendue. La densité prête aussi les siens, quand on dit : c'est un esprit *léger*, c'est un esprit *lourd*, *épais*. Quand on qualifie un esprit de *droit* ou de *biscornu*, de *pointu* ou *d'obtu*, c'est un emprunt fait aux formes des objets matériels. La propriété de projeter de la clarté, de la lumière, n'appartient qu'aux corps lumineux, incandescents ; eh bien ! ce mode d'être est aussi attribué à l'esprit : de là les qualifications d'esprit *éclairé* ou *sombre* ; de là encore les expressions métaphoriques de *lumières*, de *ténèbres*, *d'obscurcissement* de l'esprit, si souvent employées dans le langage figuré des livres saints. On prête aussi des yeux à l'esprit, voilà pourquoi il est susceptible *d'aveuglement*. Comme les corps, l'esprit a aussi une température relative ; on dit de lui qu'il est *froid* ou *ardent*, *bouillant*. L'idée de mouvement, d'activité ou d'inertie, que nous n'acquiérons que par les corps qui nous impressionnent, est aussi attribué à l'esprit ; de là vient qu'on l'appelle *prompt*, *actif*, *remuant*, ou *lent*, *paresseux*, *tranquille*. On dit d'un homme qui ne laisse rien deviner de ses modes de sentir (de ce qu'il pense), qu'il est *impénétrable*. Vous avez aussi des esprits *supérieurs*, *bas*, *posés* ; voilà des dénominations empruntées aux positions relatives des corps.

Je ne me propose pas, mon cher ami, de vous faire ici un exposé de toutes les qualifications que les objets métaphysiques empruntent aux choses sensibles ; ce travail m'entraînerait trop loin de mon but. Vous pouvez consulter les ouvrages qui traitent des Tropes, où l'on cite beaucoup d'exemples de métaphores ; vous y verrez que tous les êtres de raison dont on a voulu déterminer la nature, tels que les entités psycologiques et théologiques, ne peuvent recevoir d'autres qualifications que celles que nous donnons aux modes essentiels et accidentels des corps, ainsi qu'aux phénomènes sensibles que nous rapportons à ces entités.

L'expression métaphorique appliquée aux choses insensibles n'a donc point son origine dans l'impuissance où sont les hommes incultes d'exprimer leurs *conceptions imparfaites des idées abstraites*, comme le disent les rhéteurs, mais bien dans le défaut même d'idées, de sentiments, qu'ils puissent rapporter à des êtres qui ne les impressionnent pas.

Les symboles, qui ne sont aussi que des métaphores par lesquelles on attribue à un être l'image d'un autre être, au moyen de la peinture, de la sculpture et du discours, ne viennent aussi que de la nécessité où nous sommes de donner à un objet des modes figurables, lorsqu'il en est dépourvu et qu'il ne fait naître aucune idée ; mais les idées d'emprunt qu'on rapporte aux êtres métaphysiques et abstraits, représentés par des images allégoriques, ne désignent en rien leur nature. Ainsi un homme figuré sur la toile ou le marbre avec des muscles saillants, des formes athlétiques, un Hercule, en un mot, ne me donnent que l'*idée* d'un être ayant telles formes, tel volume, telle hauteur, telle couleur ; mais ces modes ne sont point ceux qui constituent l'essence de la cause qui met en jeu des muscles bien développés, et qui constitue la *force ;* être abstrait que l'on personnifie arbitrairement dans l'image de l'homme fort. L'image du lion ne nous donne aucune idée du sentiment qui porte certains animaux à braver les dangers qui les menacent, et auquel on donne la dénomination de *courage,* de *valeur ;* cette image rappelle seulement que le lion éprouve tel sentiment en présence de ses ennemis ; mais la représentation de cet animal n'est point celle du sentiment qn'on veut personnifier. Il en est encore ainsi des diverses affections des passions représentées sous des emblêmes particuliers, telles que la *fidélité,* l'*amitié,* l'*amour,* l'*envie,* la *fureur,* la *terreur,* etc. La plûpart des phénomènes physiques non figurables, ont aussi reçu des poètes l'expression emblématique :

Echo n'est plus un son qui dans l'air retentisse,
C'est une nymphe en pleurs qui se plaint de Narcisse.

Toutes les actions de l'homme ont été érigées également en êtres figurables ; ainsi c'est la *paix,* la *guerre,* la *justice,* la *sagesse,* le *mensonge,* la *vérité,* etc., auxquelles on prête l'image d'êtres sensibles ; mais les attributs physiques donnés à ces êtres abstraits ne les représentent que conventionnellement ; ils ne sont une expression précise que pour les personnes qui connaissent l'allégorie, tandis que ceux qui ignorent la signification transformée de ces attributs peuvent penser que les emblêmes figurent toute autre chose que ce que l'on a voulu représenter. Ne peut-on pas croire qu'une femme armée d'un glaive, ainsi qu'on représente la justice, va commettre le meurtre plutôt qu'elle ne tient cette arme que pour châtier le coupable?

Les êtres allégoriques, dans lesquels on personnifie les actions humaines et les phénomènes divers, ne font, comme les signes écrits et la parole, que rappeler les idées propres aux objets physiques dont on a emprunté les modes figuratifs. Ainsi une balance ne représente toujours qu'une balance, un glaive un glaive, une femme une femme quelconque. Si, lorsqu'on leur donne une signification métaphorique, certains objets réveillent d'autres idées et le souvenir d'autres sentiments, ce n'est que par suite de convention, comme le fait a lieu pour toutes les expressions artificielles de nos modes de sentir. En voyant combien nous sommes pauvres en expressions lorsque nous voulons manifester tous nos sentiments non reproductibles, c'est-à-dire nos sensations externes directes, les sentiments de la nutrition et nos passions ou sentiments épigastriques et précordiaux, nous ne devons point nous étonner que l'éloquence et la poésie se soient emparés des sensations représentatives pour peindre tous les objets non figurables, et nous les offrir sous des formes et des couleurs qui ne sont point les leurs.

Pour résumer, en deux mots, ce que je viens de vous dire dans ce chapitre, concluons d'une manière générale 1° que les sensations figuratives constituent seules des *idées;* 2° que lorsqu'on donne la dénomination d'idées à nos autres modes de sentir, ce mot a, dans ce cas, une signification métaphorique; 3° que nous n'avons aucune *idée* des êtres métaphysiques, par cela même que, considérés comme individus distincts, ils ne nous font éprouver aucune sensation ni figurative, ni tactile; 4° que les qualifications données aux principes, aux êtres de raison dont on a cherché vainement à déterminer la nature, sont toutes empruntées soit aux phénomènes sensibles que nous rapportons à ces principes, soit aux qualités, aux accidents des corps en général; 5° que la plûpart des abstractions physiques ont été personnifiées également au moyen des emblêmes, des symboles, qui ne sont que des manifestations métaphoriques, faites au moyen des modes figuratifs propres aux objets matériels. Donc nous n'avons pas d'autres *idées* que celles appelées *physiques* par les philosophes, c'est-à-dire produites par les attributs figuratifs des corps.

CHAPITRE CINQUIÈME.

Des sentiments abstraits et concrets, et de leurs expressions.

Si nous réfléchissons un peu sur la constitution des êtres, sur leurs rapports, leurs liaisons nécessaires, sur les phénomènes qui résultent de l'action réciproque de leurs propriétés actives et passives, nous voyons que chaque mode des corps isolément considérés, que leur combinaison, leur aggrégation à d'autres corps pour former des composés, que les faits qui résultent de leur action sur ceux qui les environnent, nous voyons, dis-je, que toutes ces particularités produisent en nous des sensations différentes les unes des autres; en second lieu, que ces sensations externes donnent lieu à des affections également diverses; qu'enfin nous avons des manifestations pour exprimer la plûpart de ces modes de sentir, lorsqu'ils se font éprouver.

Tout corps capable d'agir sur nos centres de perceptions, ne consiste pour nous que dans un assemblage de qualités, puisque nous ne reconnaissons son existence que par les sensations qu'il détermine en nous, et que toute sensation rapportée à ce corps a nécessairement sa cause dans un de ses attributs constitutifs. Si , en effet, nous dépouillons successivement un objet de ses divers modes sensibles , il ne nous donne plus aucune manifestation de son existence ; ce que nous appelons *corps, êtres sensibles*, ne consiste donc pour nous que dans des assemblages, des groupes de qualités , de manières d'être perceptibles , plus ou moins complexes. Je ne soulèverai point ici la question insoluble des qualités originales ou substantielles qui donnent l'être aux qualités sensibles , ainsi que le prétendent certains philosophes ; car étant bien obligés de reconnaître avec Locke que les notions que nous sommes susceptibles d'acquérir , s'arrêtant là où le phénomène de la sensation devient impossible , nous devons conclure que les essences réelles des qualités perceptibles sont hors du domaine de notre investigation.

Parmi les assemblages de qualités auxquels nous donnons la dénomination de corps, il y a des modes qui existent nécessairement en eux, et qui sont inséparables les uns des autres. Ces qualités formant la base, l'essence de tous les êtres perceptibles, constituent les modes essentiels ou généraux de la matière : telles sont l'étendue , l'impénétrabilité, la divisibilité, etc. Il n'y a point de corps, en effet, où l'on ne rencontre ces modes essentiels ; nous ne pouvons même concevoir d'individualités perceptibles auxquelles ils ne soient propres. Mais les corps ne sont jamais constitués par ces seules qualités , il en entre encore d'autres dans leur composition qui appartiennent à des groupes très-nombreux d'êtres , sans que

cependant elles soient communes à tous ; de plus, elles
ne sont pas inséparables, et peuvent être remplacées
par d'autres. Ces modes *accidentels* ou secondaires
comprennent la densité, la cohésion, l'affinité, la
porosité, l'élasticité, la ductilité, la sonorité, la con-
ductibilité, la diaphanéité, l'odeur, la saveur, la couleur. Chacune de ces qualités n'appartient qu'à un
certain nombre de corps, tandis que les autres en sont
privés. Ainsi il y a des corps denses et non denses,
élastiques et non élastiques, sonores et non sonores ;
d'autres incolores, inodores, insipides, tandis qu'il
en est qui ont une couleur, une odeur, une saveur.
Un corps diaphane peut perdre sa transparence, et
alors il est opaque, autre manière d'être. Une substance sapide ayant une couleur déterminée, peut
devenir insipide et revêtir alors une autre couleur ;
ductile, et non conducteur du calorique et de l'é-
lectricité ; elle peut perdre la première de ces qualités et acquérir la seconde. Ensuite de ce que cette
substance est blanche, triangulaire, solide, poreuse,
il ne s'en suit pas qu'elle doive offrir constamment
ces manières d'être, c'est-à-dire que ces modes ne
supposent point leur séparation impossible. Entre
les qualités générales et accidentelles des corps, il y
a donc des différences assez notables : or, toutes ces
manières d'être, toutes ces propriétés des corps,
nous impressionnent soit par elles-mêmes, soit encore par les effets que nous leur rapportons.

Comme nous ne différencions les manières d'être
du monde extérieur que d'après les divers modes de

sentir qu'il détermine en nous, il résulte de ce fait que lorsque nous parlons des qualités, des accidents, des objets perceptibles, nous ne faisons, en réalité, qu'exprimer les changements imprimés à nos centres de perceptions par ces objets. Les diverses manifestations par lesquelles nous désignons les êtres du monde extérieur après qu'ils nous ont impressionnés, ne sont donc, par le fait, que l'expression de nos modes de sentir; d'où nous devons tirer la conséquence que, dans un langage logique et vrai, ce sont nos sensations, et non les objets qui les déterminent, qu'on devrait personnifier par les expressions qui rappellent leur existence ; car toute manifestation est toujours une expression fidèle du sentiment éprouvé, tandis qu'elle ne désigne pas toujours la vraie nature de l'objet impressionnant.

Comme conséquence de la nature de ses rapports avec ses semblables, l'homme est sollicité à leur donner une manifestation sensible de tous ses sentiments, et à connaître aussi leurs propres manières de sentir. Nous avons quatre moyens pour exprimer nos perceptions : deux que nous appellerons *artificiels* ou *conventionnels ;* ce sont la *parole* ou sons articulés, et les *signes écrits ;* les deux autres moyens appelés *naturels*, consistent dans la *voix* et les *gestes.*

Les manifestations artificielles de nos modes de sentir n'ont qu'une valeur de convention, aussi n'ont-elles une signification que pour les individus qui connaissent leur valeur fictive ; de là vient que les expressions articulées et écrites varient chez toutes les nations. Chaque royaume, chaque province a ses termes particuliers pour exprimer les mêmes manières de sentir ; il n'en est pas de même pour les manifestations naturelles, tels que le cri, le gémissement, le chant, l'expression de l'œil et du faciès, et de toute l'habitude extérieure ; elles ont chez les individus non-seulement de la même espèce, mais encore d'espèces différentes, des points de ressemblance qui ne permettent pas de les rapporter à des sentiments opposés à ceux exprimés par ces manifestations.

Les manifestations par la parole articulée et les signes écrits ont pour objet de réveiller en nous la mémoire des sensations reproductibles et la réminiscence des sensations directes et de la nutrition. Par exemple, les termes *Pierre*, *Paul*, *cheval*, *faim*, *soif*, *chaud*, *froid*, *attraction*, *combustion*, *perpendiculaire*, *horizontal*, etc., qu'ils soient articulés ou écrits, me retracent les sensations figuratives que m'ont fait éprouver les individus Pierre et Paul, les phénomènes de l'attraction, de la combustion, un corps situé dans une direction plutôt que dans une autre ; ils rappellent aussi le souvenir d'avoir déjà éprouvé la modification organique qui est une conséquence de l'absence d'aliments dans le tube digestif, et d'une température chaude ou froide.

Tous nos modes de sentir devant avoir chacun leur manifestation particulière, les expressions devraient donc être également aussi nombreuses que ces sentiments et que les causes qui les déterminent. Ces causes comprennent, comme nous l'avons déjà dit, les attributs perceptibles et les modifications qu'offre chacun de ces attributs, ensuite les assemblages différents qu'ils forment par leur combinaison pour donner lieu aux corps distincts, enfin les phénomènes qui résultent de l'action respective des propriétés inhérentes à ces êtres. Comme on le voit, le nombre de ces manifestations serait incalculable, et l'homme ne pourrait créer et ensuite se rappeler tous les sons articulés et la valeur des signes écrits dans lesquels elles consistent ; mais remarquons que parmi nos sensations il en est un grand nombre qui sont presque semblables, ou, du moins, qui offrent des analogies tellement frappantes, qu'elles peuvent presque être confondues et prises l'une pour l'autre; d'où il résulte que non-seulement il n'est pas indispensable, mais encore qu'il est même inutile d'avoir pour chacune d'elles des expressions distinctes, en sorte qu'une seule manifestation devient suffisante pour désigner cent, mille, dix mille et plus de sensations semblables ou analogues.

C'est ainsi que nous établissons une différence notable entre l'état où la fonction des centres de perceptions est déterminée par les impressions du monde extérieur, et celui où cette fonction cesse d'avoir lieu. Ici la similitude, l'analogie que nous trouvons entre les diverses consciences d'existence se trouve uniquement dans la production et la non

production du phénomène, et aussitôt qu'il est déterminé, quel que soit d'ailleurs son mode particulier, une seule expression devient nécessaire pour
désigner ce fait général, et c'est le mot *sensation*,
terme abstrait qui seul deviendra la manifestation
conventionnelle de toutes les productions de conscience d'existence, quelque nombreuses qu'elles
soient, et quelles que soient les différences qu'elles offrent entre elles. Comme nous rapportons tous les
phénomènes du sentir au monde extérieur, nous désignons, par une dénomination également générique,
leurs causes déterminantes, nous les appelons *sensibles;* elles comprennent tous les objets perceptibles.

Si nous considérons ensuite les modes tant généraux que particuliers du sentir, nous reconnaissons
encore que plusieurs présentent des similitudes qui
les rapprochent et ne permettent pas de les confondre avec ceux qui sont dépourvus de ces similitudes. Ainsi nous éprouvons une infinité de sensations par la vue, par la peau, l'ouïe, le goût et
l'odorat: or, les impressions que nous percevons
par un sens, ont cela de commun que nous ne les
rapportons jamais à un autre sens. Par exemple,
nous ne confondons, en aucune circonstance, la sensation déterminée par un son avec celle ayant sa
cause dans l'action d'une odeur, d'une saveur, d'un
contact; et réciproquement une odeur n'est jamais
prise pour une impression sonore, tandis que des
sensations de même espèce peuvent être confondues. Nous avons des expressions pour désigner l'or-

gane par lequel nous arrive l'impression donnant lieu au mode actuel du sentir, et ces expressions servent aussi à la dénomination de l'espèce de sensation éprouvée. On arrive à ce résultat en adjectivant le nom du sens, et en l'ajoutant à l'expression du phénomène générique. C'est ainsi que nous avons les sensations *gustatives, auditives, olfactives, visuelles*; nous rapportons ensuite chacune de ces espèces de sentiments à des causes extérieures qui ont toutes un mode particulier d'action, mais ayant pour caractère commun de n'exercer chacune leur influence que sur tels ou tels sens déterminés. Ces causes, qui consistent dans les modes essentiels et accidentels des corps, reçoivent, en vertu de ce caractère, une dénomination distinctive dérivant de celle du sens sur lequel ces modes agissent spécialement. Ainsi on appelle les qualités des corps *odorantes, sapides, visibles, tangibles, sonores*, suivant qu'elles jouissent de l'attribution d'impressionner l'odorat, le goût, la vue, le toucher ou l'ouïe.

Parmi les sensations que nous rapportons à tel ou tel sens, il en est un certain nombre qui offrent des points d'identité que l'on ne remarque pas dans les autres modes de sentir. Prenons, par exemple, les sensations visuelles; nous pouvons les diviser en plusieurs espèces : 1º en celles déterminées par les couleurs; 2º celles produites par l'impression des formes; 3º celles ayant leur cause dans le mouvement ou l'inertie des corps, dans leurs distances respectives, etc. Lorsque nous éprouvons la sensation

de couleur, nous ne confondons jamais ce mode de
sentir avec celui qui a sa cause dans l'action d'une
forme triangulaire. Toutes les sensations de couleur
consistent dans la représentation des étendues dis-
tinguées l'une de l'autre par une couleur particulière, et celles des formes dans la configuration des
limites de ces étendues considérées simultanément.
Les sensations de distance sont déterminées en nous
par les surfaces qui en séparent deux autres, que
nous comparons pour y découvrir des similitudes ou
des différences.

Parmi les différents modes de sentir que nous
rapportons au sens de la vue, les uns ont donc des
caractères qui ne permettent pas de les confondre
avec les autres : or, tous ceux qui offrent des similitudes, sont désignés par une expression commune
servant à déterminer l'espèce de *sensation visuelle;*
ainsi nous avons les sensations visuelles de *couleur,*
de *forme,* d'*étendue,* de *mouvement,* etc. Ce que
je dis ici des modes de sentir rapportés au sens de
la vue est applicable aux impressions perçues par
l'intermédiaire des autres sens ; mais parmi les sensations de couleur, de forme, de distance, il existe
encore des différences bien tranchées ; elles sont fort
éloignées d'être identiques. Ainsi quand j'observe
successivement les objets qui m'environnent, j'é-
prouve tour à tour une sensation de couleur blanche,
de couleur rouge, verte, jaune, violette, etc., et
ensuite toutes les nuances que présentent ces cou-
leurs-types. Je sens également les impressions d'une

infinité de formes ; celles des formes triangulaire,
ronde, octogone, trapézoïde, etc. , avec toutes les
modifications, toutes les combinaisons qu'offrent
ces formes originales. La sensation de couleur rouge
étant bien distincte de celles produites par les couleurs
noire ou blanche, et réciproquement, les sensations
de couleur noire, blanche, verte ou jaune, ne pouvant être, dans aucun cas, identiques à celle de
couleur rouge, toutes ces perceptions différentes
doivent donc avoir aussi leurs manifestations particulières. Ainsi aux mots sensation visuelle de couleur, expression du sous-genre, on ajoute les termes
rouge, vert, blanc, noir, désignant l'espèce particulière, et qui constituent les expressions concrètes
de sensations visuelles de *couleur rouge*, de *couleur
verte*, etc. Les causes de ces modes de sentir prennent les mêmes noms adjectifs que ces sensations ;
ainsi les différentes variétés de la qualité appelée
couleur reçoivent les dénominations de *rouge*, *verte*,
jaune ou *noire*.

Enfin les sensations de couleur blanche ou rouge,
de forme triangulaire ou trapézoïde, de mouvement
rapide ou lent, présentent une foule de variétés qui
servent à les différencier les unes des autres. On
peut établir dix, vingt, cinquante nuances et plus
dans chaque espèce de couleur, dans les formes-
types propres aux divers objets, dans la densité comparative, dans l'intensité du mouvement, etc.; mais
la plûpart des sentiments produits par les modifications qu'offrent les attributs, les accidents dans

chaque objet particulier , n'ont pas d'expressions
orales ni écrites : de là vient que les manières d'être
exclusivement individuelles sont senties au moyen
de leur impression sur nos centres de perceptions ,
et n'ont pas de manifestations par lesquelles nous
puissions exprimer à nos semblables la connaissance
que nous en avons : car les qualités matérielles présentant presque autant de manières d'être particu-
lieres qu'il y a de corps distincts , les manifestations
des modes de sentir qu'elles déterminent devraient
être également aussi nombreuses que les corps ;
dans cette hypothèse, nos expressions artificielles seraient en si grand nombre , que la mémoire la plus
heureuse ne pourrait rappeler la millième , la cent
millième partie de ces expressions, en supposant
même qu'elles sont déjà creées. De plus , comme les
termes articulés ou écrits n'ont pour but que de réveiller en nous la mémoire des sensations dejà éprouvées , il résulte de ce fait que les expressions désignant les caractères individuels, n'auraient pour nous
de valeur qu'autant qu'ils nous auraient déja impressionnés : or, comme pendant toute notre vie il
ne nous est donné d'observer qu'une partie infiniment faible des êtres qui existent sur la terre, il arriverait que la presque totalité des signes spécifiques de
chaque individualité seraient sans signification pour
nous , puisqu'ils ne réveilleraient aucune idée, aucune réminiscence; au contraire, il n'est pas d'homme
jouissant de l'intégrité de ses sens, qui n'ait éprouvé
l'impression des caractères génériques constituant

les types auxquels on rattache toutes les variétés des espèces ; en sorte que toutes les manifestations par lesquelles on désigne l'existence de ces caractères, ont pour cet homme une signification précise. Ainsi les mots *solide*, *liquide*, *gazeux*, *adhérent*, *rouge*, *blanc*, *rond*, *sapide*, *odorant*, *acide*, *sucré*, *mobile*, *transparent*, etc., réveillent toujours des sensations ou des souvenirs que nous rapportons à l'action à peu près semblable d'un certain nombre de modificateurs, sans pouvoir cependant l'attribuer à l'un d'eux en particulier plutôt qu'aux autres, car tout corps solide, liquide ou gazeux, acide, transparent, en mouvement, etc., ne présente pas ces qualités dans une condition identique à celle où l'on trouve ces qualités dans un autre corps. Le mode offre dans chaque individu particulier des degrés, des nuances, des accidents qu'on ne rencontre point chez les autres objets ; et ces degrés, ces nuances ne sont point désignés par les expressions génériques qui nous rappellent les qualités abstraites. Lorsqu'on me dit qu'un corps, dont je n'ai jamais éprouvé les impressions, est jaune, en mouvement, diaphane, solide, sucré, ces mots, prononcés ou écrits, rappellent en moi des idées, des réminiscences ; mais ces idées, ces réminiscences ne sont pas exactement la reproduction des sensations que détermine ce corps, puisque ces expressions n'indiquent point la rapidité du mouvement, le degré de la transparence, de l'acidité, la nuance de la couleur jaune.

Chaque qualité essentielle et accidentelle produit

donc en nous presque autant de sensations distinctes qu'il y a de corps auxquels elle est propre ; mais comme chaque qualité n'a pas d'existence isolée, qu'elle est nécessairement associée à un nombre plus ou moins considérable d'autres modes qui, diversement combinés, constituent les corps, il résulte de ce fait que lorsque nous éprouvons l'action d'un de ces modes, ceux avec lesquels il coexiste nous impressionnent presque aussitôt ; en sorte que toutes les sensations que peut produire un objet, se font éprouver à des instants très-rapprochés. Lorsqu'un mode matériel détermine exclusivement la conscience d'existence, on l'appelle *abstrait* (1), parce qu'alors il agit comme un être distinct qui aurait été séparé, isolé d'un tout dont il fait partie. Le sentiment déterminé par la qualité abstraite, séparée, prend aussi la dénomination d'*abstrait*, par la même raison qu'il est isolé des autres modes de sentir avec lesquels il est nécessairement associé, quand toutes les qualités, tous les accidents d'un objet impressionnent simultanément nos sens. Si ce mode de sentir est une sensation figurative, on l'appelle *idée abstraite* ; telles sont les idées abstraites de blancheur, rougeur, c'est-à-dire de couleur blanche, de couleur rouge, et encore celles de forme ronde, triangulaire, etc. Lorsque la perception n'est point une idée, elle ne constitue alors qu'un sentiment abstrait ; ce sont, par exemple, les sen-

(1) Abstrait, dérivant du mot latin *abstrahere*, arracher de, entraîner avec force.

timents abstraits de chaud, de froid, d'odeur, de saveur, etc. Ce sont ces modes de sentir isolément éprouvés qui constituent les abstractions *physiques* des philosophes ; leurs manifestations sont aussi appelées *expressions abstraites*.

D'une autre part, les assemblages de modes particuliers qui constituent les individualités distinctes, forment les êtres *concrets* (1) ou les *tous* composés de plusieurs parties ; de là les idées concrètes que les philosophes appellent idées *totales* ou *composées*, et les termes qui désignent l'ensemble, l'universalité des modes, des accidents propres à un objet, prennent la dénomination de *concrets :* ce sont les expressions concrètes qui, résumant en elles les dénominations données à l'ordre, au genre, à l'espèce auquel appartient chaque être distinct, le désignent personnellement.

En parlant d'idées totales ou composées, je vous ferai remarquer, mon ami, que l'on ne doit entendre par ces expressions que l'ensemble des idées simples que produit en nous un objet, mais qu'il n'y a point de phénomène particulier appelé *idée totale* d'un objet. En effet, par idée totale on ne peut entendre que deux choses : ou la simultanéité d'existence des idées dites simples rapportées à un indivi-

---

(1) Concret, dérivant du latin *concresco...*, *concretus*, et du grec πηγνύω, πηγνυμί, qui, dans le sens physique, signifie épaissir, condenser, coaguler, congeler, etc. ; et, dans le sens métaphorique, qui est celui donné ici au mot concret, il veut dire former un tout de plusieurs choses distinctes, composer, assembler.

du, ou bien que cette idée est une idée particulière, distincte de toute idée simple. La première de ces propositions est en opposition avec la loi physiologique, qui établit l'unité de sentiment distinct (1) éprouvé dans l'instant actuel. Il n'y a jamais eu de sensorium capable d'éprouver, dans le même instant, dix, vingt perceptions nettes ou rapportées à dix, vingt impressions différentes. Les idées distinctes peuvent se succéder plus ou moins rapidement, mais il n'en existe jamais qu'une à la fois. Pour nous faire concevoir ce qu'ils entendent par idée composée, les philosophes scolastiques citent le fait d'un globe tombant du haut d'une tour, et disent que l'impression qu'il nous fait éprouver pendant le temps de sa chute constitue l'idée composée ou totale de ce globe. Un corps emporté par un mouvement rapide, est dans une condition beaucoup moins propre à nous donner l'idée totale de sa constitution que quand il est dans le repos. En effet, dans une chute rapide, un globe ne peut faire éprouver aucune sensation bien distincte ; il n'y a alors qu'une perception confuse de forme, de volume et de couleur, qui n'est pas bien exactement celle que nous ferait éprouver chacun de ces modes lorsque le globe est dans le repos, condition bien plus avantageuse pour l'appréciation de la nature réelle des qualités et accidents qui nous impressionnent ; car chaque forme, chaque couleur, chaque étendue,

(1) J'entends par sentiment distinct celui qui est rapporté bien exactement à sa cause déterminante.

offre une infinité de modifications spéciales dans chaque objet : or, ces modifications ne peuvent être perçues dans un corps emporté par un mouvement rapide ; donc les idées que peut faire naître ce corps, sont moins distinctes et moins nombreuses dans le mouvement que dans le repos ; donc, dans le premier cas, l'ensemble des perceptions rapportées à un objet ou idée totale, est moins complexe que dans la seconde condition. D'ailleurs, si les perceptions que me fait éprouver un globe en mouvement sont moins nombreuses et moins nettes que lorsqu'il est dans l'inertie, ces perceptions ne sont toujours cependant que des idées simples, distinctes l'une de l'autre, et ne peuvent constituer qu'une seule et unique perception figurative à laquelle on donnerait la dénomination d'*idée totale* ou *composée*, puisque la perception de rondeur et celle de volume, d'étendue, que me fait éprouver un globe se précipitant vers la terre, sont bien différentes et ne peuvent être confondues. Nous n'éprouvons que des sensations distinctes de la part de chaque mode sensible propre aux corps ; nous ne devons donc considérer les termes d'*idée totale*, *composée* d'un objet que comme une locution générique désignant un groupe de sentiments rapportés aux différentes qualités essentielles et accidentelles qui constituent chaque être sensible. Nous avons des expressions concrètes, mais point d'idées concrètes ou totales.

La plûpart des objets présentent des modes d'être plus ou moins semblables ; ils doivent donc déterminer en nous des sensations presque identiques. Toutes les fois que le mode semblable m'impressionne, quel que soit du reste l'objet auquel il appartient, je suis identiquement affecté. Tous les modes semblables ne donnent donc lieu qu'à une même perception, quelque répétée que soit leur action sur nos sens. Si cependant, dans beaucoup de circonstances, nous rapportons l'impression semblable à des êtres différents, ce n'est pas au moyen de la sensation, qui est la conséquence de cette impression, mais par suite d'autres sensations dissemblables qu'ils nous font éprouver. Dans le cas où on me montrerait l'un après l'autre vingt et mille objets rigoureusement identiques, je les prendrais tous pour un seul et même individu, en sorte que ces vingt et mille objets n'en formeraient qu'un pour moi ; ce n'est qu'autant qu'ils me seraient tous présentés simultanément, que je verrais qu'un ensemble de modes identique est commun à mille individus distincts. Mais, dans cette circonstance, la distinction que j'établis n'a point sa cause dans la nature même de ces objets, elle vient de la différence qui existe dans les points distincts qu'ils occupent dans l'espace. En effet, l'étendue du corps ou la quantité d'espace qu'il remplit est sensible pour nous, en sorte que lorsque nous avons en présence plusieurs corps, nous rapportons la sensation d'étendue que chacun d'eux nous fait éprouver à des points différents de cet espace. Ainsi je ne confonds pas un objet situé à ma droite avec celui placé à ma gauche, quoiqu'ils soient de constitution identique.

Pour en revenir a notre question , reconnaissons que chaque qualité perceptible, semblable, ne donne lieu , quelque multipliés que soient les objets auxquels cette qualité est inhérente, qu'à un seul mode de sentir , et c'est ce mode identique de perception que les philosophes appellent *idée générale* ou *universelle*, lorsqu'il est déterminé par une manière d'être commune à la presque universalité des objets. Remarquez cependant que nous n'éprouvons jamais, ou presque jamais, de sensations réellement identiques de la part d'objets distincts , et que la plûpart de celles que par nos expressions nous désignons comme telles, sont fort éloignées d'offrir une similitude rigoureuse ; en sorte que nous pouvons dire que nous avons des termes , des manifestations génériques. universelles, mais presque point de sensations absolument semblables , parce que leurs causes déterminantes offrent rarement une parfaite identité. Ainsi le mot *blanc*, exprimant une idée générale, désigne non pas un seul mode de sentir , mais sept , huit , dix et plus, car l'attribut appelé blanc nous offre presque autant de nuances qu'il y a d'espèces de corps auxquels il est propre ; d'où il résulte que la sensation de blanc n'est pas identique toutes les fois que nous l'éprouvons , qu'elle présente des différences selon l'espèce de corps blanc qui nous impressionne. Il en est de même des sensations que nous font éprouver les actes sensibles que l'on désigne collectivement par les expressions génériques de *vertus*, de *vices*, de *crimes*, etc. Ces termes n'expriment que quelques similitudes qui existent entre les différents actes appelés *vertueux* ou *criminels*, mais sans signaler les différences qui existent entre eux. Quand nous éprouvons une sensation commune, nous rapportons toujours cette sensation à un objet particulier qui nous impressionne actuellement, ou qui a agi autrefois sur nos sens. Par exemple, pour avoir le sentiment universel de densité, il faudrait pouvoir éprouver une sensation qui fût semblable à toutes celles que déterminent les corps denses ; ce qui supposerait que la densité est identique dans tous les corps : or, la plus simple observation suffit pour démontrer la fausseté de cette hypothèse, et les termes *gazeux*, *liquide* et *solide* expriment quelques-unes des différences que présente cette qualité matérielle.

Si, dans la plûpart des circonstances, nous considérons comme semblables un grand nombre d'êtres, ce n'est que par défaut d'attention ; car les individus de la même espèce qui ont les caractères de similitude les plus frappants, offrent néanmoins encore des dissemblances assez sensibles pour celui qui se donne la peine d'établir une rigoureuse comparaison. En effet, mettez en parallèle les deux fruits, les deux plantes, les deux animaux, les deux phénomènes qui ont le plus de ressemblances ; examinez ensuite chaque partie correspondante de ces sujets, et vous trouverez rarement, et presque jamais, que ces parties ne présentent pas des signes différenciels, qui d'abord ne nous avaient pas impressionnés ; ce n'est guère que dans les objets d'art que l'on pourrait parvenir , avec des précautions infinies, à reproduire des identités parfaites. Ce que je dis des qualités isolément considérées , et ensuite des corps, est également vrai pour les divers phénomènes qui ne se reproduisent jamais sans offrir quelques modifications particulières. Nous n'avons donc point ou presque point d'idées , de sentiments *communs, universels ;* il est manifeste surtout que ceux que l'on désigne comme tels , ont souvent entre eux une différence si marquée , qu'on ne peut les regarder comme une même chose. Cependant la multiplicité des modes individuels et les sensations qu'ils produisent est si considérable , que pour les désigner il faudrait inventer et ensuite se rappeler autant de noms et de signes que la nature offre de caractères personnels dans l'immense variété des êtres. Comme le langage serait impossible s'il avait à surmonter une pareille difficulté, il a donc fallu simplifier le nombre des expressions , et l'on est arrivé à ce résultat en considérant conventionnellement , comme parfaitement identiques , tous les modes communs offrant quelques similitudes , en faisant abstraction des différences qui existent entre eux ; de cette manière on est parvenu à ne reconnaître, pour constituer chaque genre de modes , que quelques espèces qui sont considérées comme des types dans lesquels viennent se confondre toutes les variétés des modes individuels. On suppose ensuite que ces types fictifs qui représentent chaque genre de modes , agissent sur nos sens comme les modes réels, et que les sensations qu'ils produisent sont semblables à toutes celles déterminées par les modifications inhérentes aux modes de l'individualité et de l'espèce.

Le mode commun à tous les individus d'un ensemble d'objets déterminés, constitue le caractère générique ou du genre (1) de la famille, et ne reçoit qu'une seule dénomination, quelque différence qu'il présente, du reste, dans chaque personne faisant partie du groupe ; il résulte de là qu'au lieu de mille, cent mille et plus d'expressions qui seraient nécessaires pour désigner les variétés que présente ce mode dans tous les individus qui l'ont en propre, une seule devient suffisante. Mais les qualités génériques qui sont un lien qui rapproche, qui groupe une somme donnée d'êtres distincts, ne sont pas les seules qui entrent dans leur constitution ; il en est encore d'autres qui ne sont communes qu'à la moitié, qu'au dixième, qu'au millième, etc., des individus qui forment le groupe général. Ces derniers modes forment les caractères de l'espèce ou du sous-genre, et constituent les signes qui différencient certains individus de la même famille des autres personnes qui la forment ; de là de nouvelles catégories basées sur les signes communs aux êtres du sous-genre, mais ces signes ou modes n'ont chacun aussi qu'une dénomination, quelque dissemblances qu'ils présentent dans chaque individu de l'espèce. Parmi les individus qui constituent le groupe appelé espèce, il en

____

(1) Γένος, genre, race, famille.

est qui ont encore des manières d'êtres qui n'appartiennent qu'à eux seuls ; c'est ainsi que le sous-genre
devient genre par rapport aux catégories secondaires
dont il se compose, et que l'on arrive à réduire tous
les modes des corps, dont les variétés sont immenses,
à quelques types ; en sorte que les dénominations
données à ces types imaginaires sont sensées être
aussi celles de tous les modes individuels qui n'ont
pas de désignation. Voilà comment on est arrivé à
diminuer considérablement le nombre des expressions, et à rendre le langage possible.

Pour désigner les causes occultes auxquelles nous
rapportons les différents ordres de phénomènes, on
a procédé de la même manière que pour nommer
les modes, les objets et les phénomènes sensibles.
En voyant comment les objets physiques produisent
certains effets dans des circonstances données, et
que ces effets sont impossibles sans les êtres qui leur
donnent naissance, nous sommes invinciblement
portés à admettre une cause à tout effet perceptible ;
aussi lorsque cette cause nous échappe, nous la supposons sans aucune démonstration. Chaque phénomène ayant des manières d'être particulières qui lui
sont exclusivement inhérentes, il faudrait admettre
presque autant de causes spéciales qu'il y a d'effets
distincts, puisque les différences qui distinguent les
résultats nous démontrent que des dissemblances
analogues doivent avoir lieu dans les causes ; mais
ici la difficulté de qualifier tant de causes, et de se
rappeler leurs noms, fait que nous réduisons encore

le nombre infini de causes particulières à quelques
causes génériques, qui nous expliquent seulement
les similitudes communes dont on a formé les phénomènes fictifs appelés genres et espèces , car les
identités , les analogies observées dans les effets nous
autorisent à supposer les mêmes conditions dans leurs
causes. Le nombre des principes est subordonné,
comme on le voit , à celui des espèces et des genres
de phénomènes , puisque nous ne pouvons reconnaître plus de causes que d'effets : or, si on a été
forcé de réduire tous les phénomènes particuliers à
quelques types qui sont sensés identiques à chaque
phénomène isolé , il a fallu également représenter
toutes les causes privées par autant de causes fictives
appelées générales , auxquelles on ne peut rapporter
que les caractères communs constituant les genres
et les espèces d'effets , mais qui n'expliquent point
les différences individuelles qui distinguent chacun
d'eux personnellement. De même que les groupes
d'êtres , de phénomènes réunis par les similitudes
constituant l'espèce , ont en outre les caractères qui
les rapprochent d'autres groupes d'individus pour
former avec eux un ensemble plus complexe appelé
genre , ainsi les causes qui sont la raison des phénomènes fictifs désignés sous le nom d'espèces , étant
sensées offrir les mêmes caractères que leurs effets
(puisque nous n'avons pas d'autre moyen de juger
la nature des causes, des forces que par leurs résultats), on les rattache à une cause unique, à laquelle
on rapporte la production de tous les phénomènes

compris dans le genre. L'admission de cette cause générale devient indispensable, puisqu'il est impossible d'attribuer à la cause d'une des espèces d'effets les phénomènes qui forment les autres espèces ; c'est ainsi que les causes se généralisent de même que les phénomènes qu'on leur rapporte, et que l'on arrive aux causes premières tenant sous leur dépendance une foule de forces subalternes.

Si vous admettez, mon ami, que les êtres imaginaires dans lesquels on personnifie tout un ensemble de modes, de phénomènes, de causes, vous impressionnent comme des êtres réels, et que vous pouvez en avoir une idée, un sentiment distinct séparé de tout autre mode de sentir, alors vous aurez fait, selon les philosophes, une *abstraction métaphysique*. Les abstractions métaphysiques ne sont donc, comme je vous l'ai déjà dit en parlant des forces, que des formules, des manières abrégées de nous exprimer et de nous rendre compte des phénomènes qui forment les diverses branches de la science. Ainsi que vous le voyez, nous n'avons point d'idées métaphysiques ; ces idées ne sont que supposées, comme les êtres auxquels on les rapporte. C'est par les modes abstraits, comparés, que nous saisissons les rapports des objets perceptibles ; c'est par eux encore que nous parvenons à distinguer facilement un individu donné de tous les autres êtres de la nature, et cela au moyen des diverses classifications appelées *ordres*, *genres* et *espèces*, qu'elles nous permettent d'établir. Je vais tâcher de vous faire comprendre par

quelle série d'abstractions je parviens à vous isoler
de tous les objets qui vous environnent.

Parmi les qualités qui constituent les corps, les
unes sont communes, vous ai-je dit, à tous les êtres
sensibles, tandis que les autres ne sont propres qu'à
la moitié, qu'au quart, qu'au millième, qu'au cent
millième des individus constituant le monde extérieur; de là des collections de manières d'être plus
ou moins nombreuses, qui sont autant de caractères
distinctifs qui servent à différencier les individus les
uns des autres ; de là aussi des groupes de sensations
diverses, qui ont chacun leurs manifestations particulières.

Le premier groupe de manières d'être inhérent à
tout sujet sensible, quel qu'il soit, se compose de la
réunion de toutes les qualités essentielles dont nous
avons parlé, c'est-à-dire de l'impénétrabilité, de
l'étendue, de la mobilité, de la divisibilité, etc., et
nous assignons à ce groupe de qualités perceptibles
la dénomination de corps. Comme on le voit, ce
mot *corps* n'exprime que l'existence d'un ensemble
de causes, de sensations, appartenant à tous les êtres
indistinctement, il ne peut donc les différencier;
mais il n'est pas de corps qui soit constitué par ces
seuls attributs. Nous allons voir que tous les êtres
qui composent la nature, vont aussitôt se diviser en
deux ordres très-distincts, selon qu'ils auront ou
n'auront pas en propre le groupe suivant de modes
d'existences : périodes sensibles de développement,
puis de dépérissement et de décomposition ; formes

et dimensions à peu près constantes, déterminées par leur nature même ; ensemble de fonctions dont l'exercice est d'une nécessité absolue au maintien de l'existence de ces corps, et auquel on donne la dénomination de *vie*; production d'individus plus ou moins nombreux, semblables à ceux qui leur donnent naissance. Par les sensations que détermine ce groupe de modes d'existence inhérent seulement à une partie des corps, nous distinguons ceux-ci en *organiques* et en *inorganiques*, dénominations que nous ajoutons à celles données au premier groupe de manières d'être propres à tous les sujets, sans exception, et nous avons ainsi des *corps organiques* et des *corps inorganiques*.

Maintenant prenons à part les corps organiques qui comprennent un nombre incalculable d'individus ; un troisième ensemble de sensations produites par une troisième catégorie de modes appartenant seulement à la moitié, au tiers des corps vivants, va encore établir une différence entre eux. Parmi ces corps organiques ou vivants, les uns sont formés de nerfs, d'artères, de veines, de muscles, de tendons, d'os, de cartilages, d'aponévroses ; les organes des autres n'offrent rien de semblables : les liquides qui circulent dans les premiers, le sang, la lymphe, le chyle et les diverses sécrétions, n'ont rien de commun dans leur composition, leur aspect, leur odeur, leur saveur, avec la sève et le cambium des seconds. Les uns sont doués de mouvements très-sensibles, opérant la circulation des liquides, et par lesquels a lieu une locomotion plus ou moins développée ; les seconds, invariablement fixés au sol, n'offrent guère que des mouvements moléculaires, microscopiques. Vous voyez les premiers armés d'instruments pour l'attaque et la défense, pour saisir et modifier leurs éléments de nutrition et ensuite les introduire dans leur économie; tandis que les seconds essentiellement passifs subissent de la part des autres êtres toute espèce d'offense, sans qu'ils effectuent aucune réaction ; ils absorbent leurs principes nutritifs qui se trouvent en contact immédiat avec eux, sans leur imprimer préalablement aucune modification. Ces deux groupes de caractères différents, qui distinguent tous les corps organisés et en fait deux classes particulières, ont, chacun aussi, une dénomination spéciale; l'un est appelé *animal* et l'autre *végétal*.

Dans cette subdivision des corps organiques en *corps organiques-animaux* et en *corps organiques-végétaux*, considérons à part une seule de ces subdivisions ou abstractions, puisque ce que nous dirons de l'une est applicable à l'autre.

Les corps organiques-animaux présentent des manières d'être très-distinctes dans leurs constitutions, dans leurs habitudes et leurs moyens d'action. Je pourrais vous signaler ici, mon ami, tous les caractères qui ont servi de base aux classifications des naturalistes. Ces caractères réunis forment des ensembles de modes de quatrième ordre, donnant lieu à des groupes différents de sensations, d'après les-

quels nous subdivisons encore les corps organiques-
animaux eux-mêmes en plusieurs collections distinctes. Ces ensembles de modes d'existence sont désignés chacun par une dénomination particulière; on
les appelle *poisson*, *mollusque*, *oiseau*, *reptile*, *in-
secte*, *quadrupède*, *bimane* ou *homme*, etc. Ces qualifications jointes à celles des corps organiques-animaux, désignent les êtres appelés *corps organiques-
animaux-poissons*, ou *reptiles*, ou *hommes*, etc.

D'après ce que nous venons de dire, on voit déjà
comment les sentiments simples, puis les groupes
de sentiments inséparables se *concretent* insensiblement, c'est-à-dire se joignent les uns aux autres,
s'agglomèrent à mesure que nous éprouvons les impressions des modes d'être qui sont de plus en plus
caractéritisque de l'individualité. Nous voyons également comment l'expression qui désigne le groupe
de modes le moins générique, je veux dire celui qui
est commun au plus petit nombre de sujets, résume
en elle seule toutes les manifestations de l'ordre, du
genre et de l'espèce. C'est de cette manière que les
termes deviennent également de plus en plus *concrets;* ainsi dans le mot *homme,* viennent se confondre ceux de corps, d'organique et d'animal, et cette
seule expression, prononcée ou écrite, rappelle les
trois autres.

En poussant plus loin notre investigation sur les
sujets d'une collection d'êtres appelés oiseaux, poissons, hommes, pour arriver aux caractères exclusivement personnels, et qui seuls désignent l'indivi-

dualité d'une manière spécifique, nous aurons bientôt
reconnu que si dans leurs modes ces sujets offrent
des similitudes frappantes , ils présentent aussi des
différences notables. Ainsi parmi les hommes , les
uns ont la peau blanche, les cheveux lisses , blonds,
rouges ou noirs , le nez aquilin , la taille élevée, les
formes plus ou moins arrondies , les membres courts
ou longs ; d'autres ont la peau noire ou jaune , huileuse, le nez camus, les cheveux courts, frisés, lai-
neux , les lèvres épaisses , etc. Voila autant de signes
différentiels qui forment des ensembles désignés par
les expressions particulières d'*Éthiopien* , de *Cau-*
cassien, de *Caraïbe*, de *Malais* , etc. (1) , qui distinguent les espèces de races.

Mais les hommes Éthiopiens , Caucassiens , etc.,
présentent un ensemble de caractères communs, dif-
férens ensuite les uns des autres par des signes particuliers, dont les uns sont inhérents à leur organisation, et lés autres artificiels , c'est-à-dire propres à
leurs vêtements , à leur langage , à leurs mœurs , à
leurs penchants , à leur intelligence relative. etc. ;
ce sont ces groupes de caractères que nous décou-
vrons successivement dans les hommes de la même

(1) Quoique ces mots ne semblent désigner que le pays habité par
chaque race d'hommes , ils rappellent aussi leurs caractères distinctifs.
Remarquons , en passant , que les hommes et beaucoup d'autres objets
n'ont pas d'autres dénominations , jusqu'à ce qu'on soit arrivé aux
modes personnels , que celles de la région, puis de la province, ensuite de la ville , du village où ils ont pris naissance.

Il ne faut pas oublier que c'est l'influence du climat qui détermine
la nature des animaux et des végétaux.

région, ensuite de la même province, du même département et du même village, que nous désignons par les expressions qui rappellent tour à tour leur contrée, leur province, leur ville. C'est ainsi que nous arrivons à diviser les hommes Caucassiens, en Caucassiens *Anglais, Allemands, Italiens, Turcs, Français,* etc.; ensuite les hommes Caucassiens-Français, en *Bretons, Picards, Gascons, Francs-Comtois;* enfin les Français Francs-Comtois, en *Bizontin, Dolois, Salinois,* etc.

Si, en dernière analyse, nous considérons tous les hommes de la même ville, du même village, nous ne tardons pas à reconnaître que s'ils ont un grand nombre de rapports communs, aucun d'eux cependant ne peut être confondu avec les autres. Ici s'offrent les caractères individuels et par lesquels seuls nous pouvons distinguer les uns des autres, les hommes de cette dernière subdivision. Les modes personnels par lesquels nous distinguons chaque individualité de toutes celles de son espèce, sont inhérentes aux diverses parties qui constituent cette individualité, c'est-à-dire propres au nez, aux yeux, à la bouche, aux membres, au tronc, aux cheveux, etc. Par exemple, les signes personnels de tel homme, sont d'avoir une verrue sur la joue gauche, verrue d'une grosseur déterminée, placée sur tel point de cette joue, à telle ou telle distance du nez, de la bouche ou des yeux; d'avoir un nez aquilin, offrant telle modification spéciale qui n'est propre à aucun nez de ce genre; d'être manchot ou boiteux; d'avoir

la bouche grande ou petite, tordue ou sans diffor-
mité; d'avoir la barbe de telle couleur, fournie ou
claire; d'être maigre ou replet; d'avoir les dents
serrées ou écartées, blanches ou noires, entières ou
détruites en partie; d'offrir telle particularité dans
la conformation des membres, du tronc, de la tête,
etc. Chacun de ces modes isolément considéré, n'est
jamais exclusivement caractéristique d'une individualité, car plusieurs êtres de la même espèce peuvent en offrir d'analogues, en sorte qu'il faudrait
avoir observé ce mode lui-même d'une manière toute
spéciale chez chacun d'eux, pour pouvoir y reconnaître des différences, et d'après ces différences le
rapporter à tel individu plutôt qu'à tel autre. Mais un
ensemble de signes privés, absolument semblables,
ne peuvent se rencontrer chez deux individus; d'où
il résulte qu'il est impossible de les confondre, quelque similitudes qu'ils offrent d'ailleurs dans leurs
autres manières d'être.

C'est à ces groupes de modes personnels qu'on
assigne des dénominations qui ne s'appliquent qu'aux
individus distincts, et qui qualifient tous les autres
groupes de caractères constituant les ordres, les sous-
ordres, les genres, les sous-genres et les espèces:
tels sont les mots *Pompée*, *César*, *Napoléon*,
Jean, *Pierre*, etc. Ces noms propres, exclusivement
applicables à des personnes déterminées, sont la
dernière *concrétion*, la dernière *condensation* des
expressions qui ont successivement désigné les modes
abstraits ou communs, génériques, appartenant non-

seulement à ces personnes, mais encore à une foule d'autres. Ainsi le terme Napoléon, qui exprime l'existence d'un groupe de modes individuels, a, en outre, la signification complexe des mots *corps — organique — animal — homme — Caucassien — Européen — Français — Corse.*

Mais la plûpart des objets manquant de noms propres, le plus grand nombre étant en la possession de l'homme qui les dispose à son gré, on les considère comme faisant, pour ainsi dire, partie de sa personne ; aussi ne leur assigne-t-on pour dénomination individuelle que les pronoms possessifs *mon, ton, son, leur,* ou le nom propre de la personne à laquelle ces objets appartiennent, et que l'on ajoute à la qualification du genre et de l'espèce. Ainsi les objets appelés chaise, table, chien, voiture, maison, champ, vigne, cheval. etc., n'ont, le plus souvent, pour noms individuels que ceux de leurs possesseurs. On dit c'est le chien, le cheval, la maison *d'un tel ;* c'est *ma* voiture, *ma* chaise. Après avoir parlé de quelqu'un, on dit aussi c'est *son* champ, c'est *son* pré, *sa* vigne, etc. Les animaux sauvages qui se dérobent à la domination de l'homme, et les végétaux, les minéraux. ne conservent que les dénominations du genre et de l'espèce. Ainsi vous dites voilà un *lion,* un *tigre,* un *vautour,* un *chéne,* un *poirier,* un *prunier ;* et si l'on veut qualifier l'espèce on ajoute un lion de *l'Atlas,* un tigre du *Bengale,* un vautour *cendré,* etc.: mais les individus de chacune de ces espèces n'ont pas de noms propres.

Tous les modes d'être du monde extérieur, considérés soit à part, soit collectivement, ainsi que les sensations qu'ils déterminent par leur action sur nos centres de perceptions, ont donc leurs expressions artificielles, orales ou écrites ; et le développement du langage consiste à créer des expressions de moins en moins génériques, tendant de plus en plus à désigner les caractères personnels, parce qu'alors la qualification des objets est plus expresse.

Vous voyez, mon ami, comment, au moyen de nos divers modes de sentir, réduits à quelques types supposés, formant les sensations, les idées abstraites, nous parvenons à classer les êtres au milieu desquels nous vivons, en ordres, en genres et en espèces, et enfin à distinguer un individu donné de tous ceux qui entrent dans la constitution du monde sensible.

Les passions ou sentiments précordiaux ayant leur cause déterminante dans les sensations externes, ainsi que nous le verrons ultérieurement, doivent offrir entre elles les mêmes différences que ces sensations. Par exemple, les affections appelées *aversions*, *dégoûts*, *appétits*, causées par les sensations tactiles rapportées au goût et à l'odorat, diffèrent de celles produites par les sensations sonores et figuratives ; de là des dénominations diverses pour les désigner. Mais de même que pour les sensations, on réduit toutes les affections en certains types, qui seuls sont qualifiés ; c'est ainsi que tous ces modes de sentir se rattachent à ces deux affections génériques appelées *sympathie* et *antipathie*. On a encore admis quelques espèces qui ont également leurs désignations particulières : telles sont celles appelées *crainte, effroi, colère, fureur, mépris, dégoût, répugnance, amour, attachement, appétit, admiration, etc.*

Mais outre ces expressions artificielles, les passions ont encore leurs manifestations naturelles ou instinctives, qui ont lieu au moyen des mouvements appartenant à la vie de rapports ; c'est par ces mouvements que l'animal réagit à la suite des modifications qui lui ont été imprimées par le monde extérieur. Comme tous les mouvements qui opèrent la satisfaction des besoins de la vie organique, les manifestations *instinctives* ou *naturelles* des passions n'ont rien de conventionnel ; elles sont invariables dans toutes les circonstances. Voyez la joie, le chagrin, l'admiration, le dégoût, l'indignation, la lubricité, la crainte, l'audace, le mépris, etc., chacune de ces affections imprime à l'œil, aux traits et à l'animation de la figure, aux gestes, à la contraction ou au relâchement de certains muscles, une expression qui lui est propre. Dans la même affection, la voix de chaque animal laisse échapper des sons qui nous annoncent presque infailliblement la nature de cette affection ; c'est un cri plaintif ou menaçant, triste ou joyeux, qui nous désigne tour à tour la détresse ou la menace, la mélancolie ou la gaîté. Les manifestations naturelles étant à peu près semblables chez tous les individus qui éprouvent les mêmes passions, ont aussi pour tous une signification identique ; ainsi, non-seulement des hommes de nation différente, mais même la plûpart des animaux domestiques connaissent-ils de suite à nos gestes, à l'expression de notre facies, et surtout au ton avec lequel nous articulons nos paroles, quel est le genre de passions que nous éprouvons; le cheval, et le chien surtout, ces fidèles et intelligents compagnons de l'homme, qui se façonnent si promptement à ses habitudes, ne s'y trompent jamais. Mettez en rapport un Chinois, un Français et un Allemand, ces hommes dont le langage et les mœurs n'ont rien de commun, se comprendront entre eux, s'il ne s'agit que d'exprimer la nature de leurs affections; mais s'ils veulent désigner les êtres qui en sont l'objet, ils seront dans une égale impuissance de se communiquer leurs sensations-idées et tactiles, parce que ces modes de sentir n'ont pas d'autres manifestations que les expressions conventionnelles qui varient chez toutes les nations. Les manifestations naturelles éveillent en nous les passions qu'éprouve la personne qui nous parle; elles donnent donc la vie, l'animation aux expressions artificielles. Quel 'effet produiraient sur un théâtre les sublimes tragédies de Corneille, de Racine et autres, sans un acteur capable de les animer par les intonations de la voix et la variété des gestes?

CHAPITRE SIXIÈME.

Des sensations mnémoniques ou rationnelles.

Vous avez vu , mon ami , que c'est au moyen des diverses impressions que les corps et les phénomènes nous font éprouver , que nous connaissons la nature de leur influence , tant sur nous-mêmes que sur les autres êtres ; je vous ai fait également observer , en parlant des sentiments abstraits et concrets , que , parmi les différents modes de sentir , il en est qui sont naturellement associés , c'est-à-dire que l'on ne peut éprouver l'un d'eux sans que les autres aient lieu presque simultanément , en sorte qu'une seule de ces sensations suffit pour rappeler toutes celles avec lesquelles elle a une coexistence plus ou moins nécessaire. Ainsi la présence d'un seul objet réveille tour à tour les sensations produites 1° par les effets directs et indirects qui résultent de l'action de ses propriétés ; 2° par ses rapports , par ses analogies ou ses différences avec les autres êtres; et réciproquement la perception d'un effet rappelle tous ceux d'où il découle et ceux qu'il produit lui-même. Par exemple, l'aspect d'un poison, d'un médicament , réveille aussitôt les sentiments que nous ont fait éprouver ses effets directs et consécutifs sur l'économie animale et les autres corps : l'arsenic, la potasse, l'acide sulfurique, l'opium, le quinquina, la scammonée, la poudre, etc., réveillent par leurs modes figuratifs et tactiles la réminiciscence de leurs effets sur les autres corps vivants et inorganiques, les compositions et les décompositions qu'ils opèrent, leur action irritante ou narcotique, purgative ou vomitive; ils rappellent également les idées des corps qui ont une influence marquée sur eux.

La présence d'un homme vertueux ou, au contraire, d'un scélérat, rappelle aussitôt les actions bonnes ou mauvaises que cet homme a commises, et celles qu'il est capable d'effectuer, suivant la nature connue de ses penchants. En voyant un tigre, un lion ou un mouton, un cheval, etc., les sensations représentatives que ces animaux nous font éprouver, nous rappellent également leurs modes d'action sur des corps inorganiques et animés.

Lorsque vous entendez les éclats de la foudre, lorsque vous voyez les éclairs sillonnant la nue qui apporte l'orage, ou un corps en mouvement, en ignition, en décomposition chimique, etc., ces sensations figuratives vous rappellent bientôt et les corps donnant lieu à ces phénomènes, et les effets qui résultent de ces phénomènes eux-mêmes par leur action sur tel ou tel corps. Vous avez vu par vous-même, ou appris par vos maîtres, quelles sont les conséquences plus ou moins prochaines des différentes actions de l'homme sur son bien-être; vous savez

quelle influence doit avoir sur votre santé , sur votre
fortune et votre position sociale , le libertinage , l'i-
vrognerie, le jeu , la fraude, le vol , l'assassinat, ou ,
au contraire , la continence , la sobriété , la bienfai-
sance, l'économie , etc.

Un seul mode de sentir étant suffisant pour rappeler une série infinie d'autres idées , d'autres sentiments qui ont un rapport plus ou moins direct avec
le sentiment primitif, et qui finissent même par ne
plus avoir aucune liaison avec lui, mais seulement
avec celui qui le précède immédiatement , il arrive
qu'aussitôt qu'un objet nous impressionne, il réveille
en même temps la mémoire de tous ses rapports
avec les autres êtres , de ses similitudes, de ses différences avec tels individus donnés , des causes d'où
il tire son origine, ensuite des effets qu'il produit
au moyen des propriétés actives et passives qui lui
sont inhérentes. C'est par cet enchaînement qui existe
entre nos modes de sentir , que nous parvenons à
saisir la liaison et la subordination des différents
êtres de la nature ; c'est par cette succession infinie
de sensations qui se réveillent mutuellement, et qui
ont entre elles les mêmes rapports que ceux qui
existent entre les différents objets qui les ont déterminées , que nous remontons des effets aux principes,
ou , au contraire, que nous descendons de la cause
à ses résultats. Comme ces sensations constituent
pour nous la raison des choses , c'est-à-dire la con-
naisssance de leur origine, des différentes conditions
de leur existence et de leur fin , je leur donnerai ,

pour ce motif, la dénomination de *sensations rationnelles*. Leur ensemble forme ce que les philosophes appellent la *raison* (1). Comme toutes ces sensations sont rappelées par la mémoire, je proposerai
de les nommer aussi sensations *mnémoniques*.

Les sensations mnémoniques constituent la connaissance ou l'expérience (2) que nous avons des
choses ; sans elles la vie de relations serait impossible. En effet, si nous n'avions pas la mémoire des
sensations que nous avons déjà éprouvées, comment
pourrions-nous régler nos rapports avec les nombreux objets qui nous environnent ? Supposez, mon
cher A. B.. que vous ayez perdu le souvenir des
effets que produit sur les tissus vivants le contact
direct du feu, de l'acide sulfurique, d'un fer tranchant ou pointu, d'un animal féroce, d'un virus
contagieux, etc., quel motif vous empêcherait de
porter la main sur tous ces objets ? Lorsqu'une substance vénéneuse flatterait vos sens par sa couleur,
son odeur et sa saveur, pourquoi ne la mangeriez-
vous pas ? Si vous aviez oublié qu'un corps gazeux
ou liquide ne peut supporter à sa surface un autre
corps dont le poids spécifique est supérieur au sien,

____

(1) Ne pouvant déterminer l'objet dont ce terme est l'expression, les philosophes se sont tirés d'embarras en en faisant encore un être de raison, une faculté intellectuelle.

(2) L'expérience, dit Gallien, n'est autre chose que la *connaissance* et la *mémoire* des choses que nous avons vues souvent et dans des con-ditions semblables.

« Empeiria est nihil aliud, quam ejus quod frequenter et eodem modo visum est, *comprehensio et memoria.* » (Ad Thrasyb. c. II).

ne metteriez-vous pas le pied sur une nappe d'eau aussi bien que sur la terre ferme? Pourquoi éviteriez-vous le choc d'un corps solide qui se précipite sur vous, si vous ne vous rappeliez l'effet que produit un corps dur sur vos organes? D'où vient que vous vous défiez d'un hypocrite, d'un fripon, d'un assassin? C'est que les sensations mnémoniques qui ont été déterminées dans le temps par certains actes rapportés à ces individus, rappellent la nature de leurs penchants, et par conséquent les actions qu'ils sont capables de commettre à votre préjudice.

Les modes de sentir rappelés par la mémoire sont donc les régulateurs de nos rapports avec les êtres au milieu desquels nous vivons ; ils ont pour but de diriger nos actions ou mouvements, contractions des organes de la vie extérieure, au point de vue de notre intérêt privé, c'est-à-dire de notre conservation ; en second lieu, de notre bien-être. Ils arrivent à cette fin en modifiant nos actions d'après les conséquences plus ou moins prochaines qu'elles doivent avoir : de là vient que toutes nos actions sont appelées *raisonnables* ou *déraisonnables*, selon qu'elles sont faites ou non en vue ou d'arriver aux résultats utiles, ou d'éviter les suites fâcheuses qu'elles peuvent avoir, et qui sont rappelées par les sensations mnémoniques. Ainsi l'individu qui s'expose à un danger évident, sans y être obligé, fait un acte *déraisonnable*, vu les suites funestes que cet acte peut avoir, et qu'il connaît au moyen des sentiments réveillés par la mémoire. Par exemple, le malade qui boit et mange,

(197)

malgré les recommandations de son médecin, des
substances indigestes, au risque d'avoir une indigestion et d'aggraver son état, n'est point *raisonnable* ou
commet une action *déraisonnable*, parce qu'elle peut
avoir des conséquences funestes pour lui. La personne,
au contraire, qui, connaissant les phénomènes consécutifs de ses actions, n'en commet aucune dont il ait à
se repentir dans la suite (1), est appelée *raisonnable*.

Ce n'est qu'à mesure que nous avançons en âge
que nous éprouvons les sensations rationnelles, et
que nous en conservons la mémoire. Pour connaître la raison des choses, c'est-à-dire leurs causes,
leurs modes d'existence, leurs rapports avec les autres êtres, les phénomènes auxquels elles donnent
lieu, puis enfin leur terminaison et leur but particulier et général, il faut les avoir observées, c'est-à-dire
avoir été impressionné par chacune de ces particularités ; or, l'enfant qui n'a que des sens incomplets,
est incapable de percevoir la plûpart des impressions
du monde extérieur, et surtout de distinguer l'un
de l'autre ses modes de sentir, c'est-à-dire qu'il ne
peut encore rapporter chacun d'eux à sa cause particulière. Dans la premiere période de son existence,
il n'a aucune idée ou sensation figurative distincte,
parce qu'alors il n'a pas assez exercé son toucher
pour différencier les individualités l'une de l'autre ;
il ne perçoit pas alors par la vue les sensations d'é-
tendue, de forme, de distance (2) : de là vient qu'il

(1) Commisisse cavet quod mox mutare laboret. (*Horace,* Ars poetica).
(2) Voyez ce que nous avons dit du toucher, *page* 129 et suivantes.

ne connaît pas encore les objets à distance, et que leur présence ne réveille point en lui la réminiscence de leurs actions directes ; aussi le voyez-vous dans les premiers mois portér la main sur tous les objets qui s'offrent à lui, quels que soient leur nature, sur le feu, sur une arme tranchante, sur un liquide corrosif, etc. Ce jeune être ignore donc les conséquences des rapports qu'il établit avec le monde extérieur, parce qu'il n'éprouve pas les sensations mnémoniques capables de lui rappeler les phénomènes qui résultent de tel ou tel contact; aussi disons-nous qu'il est dépourvu de *toute espèce de raison*. Considérez ensuite cet enfant à l'âge de quatre ou cinq ans, alors en voyant les objets qui lui sont familiers, il se rappelle leurs modes d'action sur lui ; aussi a-t-il déjà des appréhensions et des sympathies. A la vue d'un fruit, d'un bonbon, de ses aliments, de ses jouets, etc., il se précipite pour les saisir ; il redoute, au contraire, le contact d'un corps en ignition, dont il a déjà éprouvé l'influence dangereuse ; il craint de s'approcher d'un chien, d'un chat, qui l'a mordu ou griffé, tandis qu'il se jette dans les bras de ses parents. A cette époque de son existence, distinguant déjà un grand nombre d'objets, et ayant éprouvé les modes d'action directe de la plûpart d'entre eux, aussitôt que leurs modes représentatifs agissent sur ses sens, ils réveillent en même temps le souvenir des modifications organiques qu'ils sont capables de produire par leurs qualités tactiles ; or, ces sentiments mnémoniques par lesquels l'enfant connaît que certains objets doi-

vent donner lieu à tel ou tel phénomène en lui s'il
se met en rapport avec eux , constitue l'expérience
qu'il a de ces objets ; ses actions, dans ce cas , sont
donc déterminées par des modes de sentir qui rappellent le résultat, les conséquences de ces actions.
Comme il commence à agir en vue des suites de ses
actes , on dit aussi qu'il commence à avoir de la *raison*, c'est-à-dire à obéir aux impulsions déterminées
par quelques sensations rationnelles.

Mais si cet enfant sait déjà rapporter à leur véri
table cause quelques effets directs déterminés sur
son organisme , il n'a encore aucune idée des effets
indirects et des causes éloignées ; alors il ne juge de
l'influence avantageuse ou nuisible des modificateurs
que par la nature du sentiment qu'ils lui font éprouver par leur action immédiate sur ses sens , c'est-
à-dire selon que ce sentiment est agréable ou désagréable, douloureux. Il n'éprouve de sympathie
que pour les objets qui flattent ses sens, et d'antipathie que pour ceux qui les impressionnent désagréablement, quels que doivent être leurs conséquences ultérieures. Par exemple, il ne rapporte
point encore l'indigestion , les coliques qu'il éprouve
à l'action des fruits, des friandises qu'il a mangé
en excès, l'inflammation qui s'est manifestée dans
ses yeux à l'influence d'un courant d'air froid. S'il
se blesse contre un corps dur, il se fâche contre ce
corps, et le frappe à coups répétés pour le punir de
lui avoir fait éprouver un sentiment douloureux ; il
ne voit pas encore qu'il est lui-même la cause de l'ac-

cident qui lui est arrivé. Le bruit et la vue d'une voiture qui se dirige sur lui et peut l'écraser, ne l'intimide point, parce que cet objet étant éloigné de lui ne détermine aucun sentiment direct, et que n'ayant point encore observé les phénomènes physiques qui résultent du choc de deux corps solides l'un contre l'autre, l'aspect d'un corps en mouvement ne réveille point en lui l'idée de rupture, d'écrasement, de déchirure, etc. Jamais vous ne parviendrez à persuader à cet enfant qu'il doit prendre, dans son intérêt, un médicament amer, nauséabond, ou soumettre une partie de son corps à l'action d'un instrument tranchant, parce qu'il ne sait rapporter aux objets d'autres effets que ceux qu'ils déterminent actuellement sur ses sens.

A cette époque de son existence, l'enfant n'éprouve donc point encore la plûpart des sensations rationnelles déterminées par les effets indirects rapportés aux objets qui l'environnent, effets qui sont une conséquence des lois physiques et chimiques qui les régissent. Si, dans la plûpart des circonstances, il ignore les conséquences éloignées que ses actions doivent avoir pour lui-même, il n'a, à plus forte raison, aucun sentiment de leur effet sur les autres êtres au milieu desquels il vit : de là vient que ses actions ne sont encore qualifiées ni de *bonnes*, ni de *mauvaises*, parce que, disons-nous, il ne *sait ce qu'il fait*, il n'a pas encore assez de *raison*. Nous ne sommes donc point offensés de ses actes, qui, pour la plûpart, sont contraires aux principes de

justice et aux convenances sociales. S'il apprend insensiblement à régler ses actions d'après les lois, les
usages de la société où il vit, ce n'est pas qu'il ap-
précie, dans le principe, leur portée à l'égard de ses
semblables, il n'obéit encore qu'à la réminiscence
des conséquences qu'elles ont pour lui ; il se rappelle
les punitions ou les récompenses qui l'attendent,
selon qu'il agira d'une manière ou d'une autre dans
une circonstance donnée.

En suivant ainsi l'homme depuis le berceau jus
qu'à un âge avancé, vous voyez, mon cher A. B.,
que c'est en observant successivement les objets
différents, puis leurs causes et leurs phénomènes
sensibles, qu'il arrive à connaître tout ce qui leur
est relatif. La raison ou l'expérience n'est donc
qu'une conséquence de l'observation, c'est-à-dire
la perception distincte de tous les caractères propres
aux choses. Lorsque je vous ai fait voir que nous
n'avons pas d'autres idées que celles appelées *physiques* par les philosophes, et qui consistent dans nos
divers modes de sentir, je vous ai prouvé par le
fait que toutes nos connaissances ne sont que ces
sensations elles-mêmes, et que leur mémoire forme
ce que nous appelons la raison, l'expérience qui
dirige nos actions.

En effet, c'est d'abord par les sentiments rapportés à différents viscères que nous *connaissons*
les besoins immédiats de notre existence organique,
c'est-à-dire la nécessité plus ou moins prochaine de
l'action d'un air vital sur les bronches, d'aliments

solides et liquides sur l'estomac, d'une température plus ou moins élevée sur la peau, de l'exonération de l'urine et des fèces. Dans ce cas, la connaissance des états physiologiques des viscères par lesquels se révèlent les besoins immédiats de la nutrition, consiste dans les sentiments mêmes auxquels ces conditions organiques donnent lieu. Ici, le terme *connaître* n'exprime donc que le même fait que le mot *sentir;* en cette circonstance, ces deux expressions sont donc synonymes. Considérez encore que c'est la réminiscence des sentiments de la faim, de la soif, du froid et de tous les besoins, tant organiques que moraux, qui est le mobile de toutes les actions capables de satisfaire ces besoins. Cette réminiscence est donc la *raison* ou cause de la plûpart des actions de l'homme; c'est elle qui nous fait travailler pour nous nourrir, nous vêtir et satisfaire tous les autres besoins factices qui sont une conséquence de la civilisation. Nous appelons sans *raison, déraisonnable,* tout individu qui n'agit point en vue de ses besoins futurs, c'est-à-dire chez qui la réminiscence des sentiments pénibles qui résultent de la privation des objets nécessaires à la vie n'a pas lieu, ou bien n'a pas assez d'empire pour l'emporter sur d'autres impulsions organiques qui tendent à effacer l'affection qu'elle fait naître.

Les notions relatives aux actions directes des modificateurs externes, consistent toutes également dans les différences qui existent entre les sentiments que ces actions nous font éprouver. Ainsi, qu'est-ce

connaître l'odeur, la saveur, la densité, la température des corps ambiants? C'est sentir ou avoir
senti l'impression de ces qualités matérielles, et rapporter ce sentiment à l'objet qui l'a déterminé au
moyen des sensations idées (1). *Connaître* les attributs de la matière qui agissent par le contact direct,
c'est donc encore éprouver ou avoir éprouvé les sentiments auxquels chacun d'eux donne lieu. Supposez
un animal privé de l'odorat, du goût et toucher,
cet être ne connaîtra jamais aucune odeur, aucune
saveur ; il n'établira aucune différence entre les divers degrés de température et de densité, parce que
le fait de connaître est le même que celui de sentir.
Les expressions pour désigner les phénomènes peuvent varier ; on peut les multiplier ou en restreindre
le nombre ; mais les phénomenes restent toujours
les mêmes, il ne nous sera jamais donné de les augmenter ni de les diminuer. Le souvenir des sentiments directs qui se réveille toutes les fois que les
objets nous impressionnent à distance par leurs qualités représentatives ou sonores, détermine seul les
mouvements par lesquels nous cherchons à éprouver ou, au contraire, à éviter le contact de ces ob-

(1) C'est par les sensations figuratives, rectifiées par le toucher,
que nous distinguons les individualités : sans elles, il n'y aurait point
pour nous d'objets particuliers, et les sentiments directs ne pourraient être attribués à des êtres distincts. Quand j'énonce que je rapporte un sentiment tactile d'odeur ou de saveur à tel fruit, c'est
comme si je disais que ce sentiment rappelle les sensations représentatives déterminées par les attributs figuratifs propres à ce fruit, et
qui nous le font distinguer des autres objets.

jets. La mémoire est donc encore ici la raison de nos actes, et constitue aussi la connaissance, l'expérience que nous avons des objets.

L'idée ou la notion des attributs représentatifs consiste également dans les divers modes de sentir déterminés par ces accidents. Avoir l'idée de la forme, de la couleur, du volume d'un animal, d'une plante, c'est éprouver actuellement ou rappeler par la mémoire des sensations figuratives auxquelles donnent lieu les attributs représentatifs de ces objets. Si les centres de perception n'avaient jamais été impressionnés par ces modes d'être, il serait impossible d'en avoir aucune idée ; dans ce cas encore, l'idée, la notion des objets consiste dans les sentiments figuratifs qu'ils nous font éprouver. Quand vous m'assurez que vous connaissez le chant, le cri d'un oiseau, le hennissement du cheval, le rugissement du lion, la voix de telle ou telle personne, etc., n'est-ce pas affirmer que vous conservez la réminiscence des sensations sonores que vous ont fait éprouver autrefois ces différents animaux, et que si les impressions qui leur ont donné lieu agissaient de nouveau sur vos sens, vous les rapporteriez facilement aux êtres à qui elles sont propres.

Si de la connaissance des attributs essentiels et accidentels des corps nous passons à celle des phénomènes sensibles qu'ils produisent, nous voyons également que les notions, que les idées que nous acquiérons à leur occasion, ne consistent également que dans les sensations que ces phénomènes nous font éprouver. Les faits sensibles résultent de l'action réciproque des corps les uns sur les autres, l'ensemble de leurs connaissances embrasse les différentes branches de la science, de la physique, de la chimie, de la médecine, de la morale, etc.; ainsi nous voyons, nous sentons par les yeux que l'oxigène se combine avec les autres corps élémentaires pour former des acides et des oxides, et ensuite que ces composés binaires s'unissent pour composer des sels. Mis en contact avec des acides qui ont une affinité plus grande pour leurs bases que ceux avec lesquels ces mêmes bases se trouvent déjà combinées, les sels sont décomposés; alors l'oxide qui les constitue abandonnant l'acide avec lequel il était primitivement associé, s'empare du second pour lequel il a plus d'affinité, et donne lieu à de nouveaux sels. Par exemple, tous les carbonates, tous les phosphates, tous les hydriodates, etc., sont décomposés par l'acide sulfurique qui s'empare de la base de ces sels pour former des sulfates. L'effervescence, le dégagement d'un gaz, la précipitation d'une substance solide, les changements de couleur, d'odeur, de saveur, de cristallisation, sont autant de phénomènes qui nous font éprouver des sensations, et c'est dans la perception plus ou moins exacte de ces phénomènes que consiste le degré de perfection de leur connaissance. Toutes nos connaissances chimiques ne sont donc que les sensations soit tactiles, soit figuratives, éprouvées à l'occasion des phénomènes qui résultent de la composition et de la décomposition des corps. Si je n'avais jamais vu de chlore, si je n'avais jamais senti son odeur piquante, sa saveur caustique ; si, en un mot, je n'avais pas éprouvé les impressions de ses qualités et celles des phénomènes qui résultent de son action sur les autres corps, je ne *connaîtrais* pas ce gaz, ni les faits qui résultent de ses propriétés spéciales.

Les mêmes considérations sont applicables aux phénomènes constituant le domaine de la physique. Grimaldi, et ensuite Newton, n'ont été conduits à regarder la lumière comme un corps composé, que parce qu'ils ont observé, c'est-à-dire vu, senti par les yeux, qu'en traversant un prisme elle offrait sept couleurs principales. Cherchant ensuite la cause de ce fait, Newton a trouvé qu'il résultait de l'inégale réfrangibilité de ces couleurs en traversant le prisme. Cet illustre physicien n'aurait donc pas *connu* le phénomène de la décomposition de la lumière, si ce phénomène n'avait déterminé en lui un ensemble de sensations visuelles ; en second lieu, il n'aurait pu en assigner la cause réelle, si Descartes n'avait découvert, avant lui, la loi de la raréfaction de la lumière, en considérant, en sentant par la vue son passage à travers des milieux de densités diverses. Voilà encore des idées, des connaissances, qui ne sont que des sentiments produits par l'action de phénomènes sur nos centres de perceptions.

Les notions que nous avons en peinture, en mécanique, en architecture, en anatomie, en médecine, en géométrie, etc., sont de même nature ; le

peintre, le sculpteur le plus savant et le plus habile,
est celui qui ayant observé, avec le plus d'attention,
toutes les particularités caractéristiques des différents
êtres vivants et inanimés, et qui, conservant un
sentiment mnémonique très-fidèle des impressions
qu'il a éprouvées à leur occasion, sait le mieux les
reproduire sur la toile et sur le marbre. Dites à un
peintre qui n'aurait jamais vu la représentation
réelle ou figurée d'un éléphant ou de tout autre être,
de vous retracer les formes, la couleur et le volume
comparatif de cet animal? N'ayant jamais éprouvé
les impressions particulières de ces formes, de cette
couleur, de ce volume, cet artiste ne pourra vous
satisfaire, il vous dira qu'il ne *connaît* pas ce qua-
drumane.

Un mécanicien étend le domaine de ses connaissances à mesure qu'il *voit* un plus grand nombre de
mécanismes dont la perception exacte lui permet
d'en construire de pareils, et ensuite d'opérer même
des créations nouvelles, en composant différemment les idées particulières fournies par chacun de
ces mécanismes. La science de l'anatomie consiste
dans le groupe de sensations qu'ont déterminées en
nous le volume, la couleur, la position particulière, la forme et les rapports, la densité, la texture des organes; celle du diagnostic et du prognos-
tic des maladies, n'est autre chose que l'observation
des phénomènes sensibles ou symptômes que l'on a
faite par la vue, l'ouïe et le toucher, pendant les différentes périodes de chaque affection. La connais-

sance du bien et du mal , c'est-à-dire des actions bonnes et mauvaises, consiste dans l'ensemble de sensations que déterminent en nous les mouvements par lesquels nous agissons sur les êtres ambiants, et qui produisent en eux des modifications sensibles appelées avantageuses ou nuisibles. La cause des actes moraux , c'est-à-dire les modifications organiques qui donnent lieu aux affections, ne tombant point sous les sens , nous ne jugeons ces actes que par les mouvements des organes dits volontaires.

L'expérience dans les sciences n'est donc qu'une perception exacte et une mémoire fidèle des phénomènes qui sont l'objet de ces sciences ; *comprehensio et memoria quod frequenter et eodem modo visum est.*

Je vous ai fait voir , dans le chapitre précédent , que nous n'avons point d'idées métaphysiques ; que ces idées , ainsi que les êtres auxquels on les rapporte , ne sont que supposées , qu'elles ne sont que des moyens artificiels propres à abréger le langage ; elles ne constituent donc pas des connaissances d'objets , d'êtres particuliers , et ne jouent , par conséquent , aucun rôle dans la mémoire des choses.

Les sensations mnémoniques réveillent les affections auxquelles ont donné lieu les sentiments déterminés par les influences physiques , et dont les sensations rappelées par la mémoire sont la reproduction. Ainsi quand l'idée des objets qui ont produit en nous , par leur action matérielle , des affections sympathiques ou antipathiques , se reproduit par le fait de la mémoire, cette idée donne lieu de nouveau aux mêmes affections. Les passions appelées haine, colère, indignation, dégoût, aversion, crainte, courage, amour, bienveillance, appétit, etc., sont réveillées par la simple mémoire des objets qui leur ont donné lieu jadis par leurs impressions physiques. Ainsi la représentation mnémonique de la personne que vous haïssez agit sur votre région précordiale, comme la présence réelle de cette personne lorsqu'elle s'offre à vos regards. Si vous avez éprouvé une forte répugnance pour une substance alimentaire, les sensations figuratives rapportées à cette substance et rappelées par la mémoire, suffisent pour reproduire le dégoût et provoquer le vomissement. Ces affections que j'appellerai mnémoniques, parce qu'elles ont leur cause déterminante dans les sensations du même nom, sont en lutte permanente avec les affections *instinctives*, c'est-à-dire déterminées par l'*instinct*.

Je dois vous dire, mon ami, ce que nous devons entendre par ce mot instinct, car les philosophes n'ont pas su préciser les caractères qui le distinguent réellement de l'intelligence. Lorsqu'ils appellent instinct le principe qui dirige les bêtes dans leurs actions, cette définition donne à entendre, d'abord, que les animaux n'agissent jamais que d'après les impulsions instinctives; en second lieu, que l'homme n'a pas d'autre mobile de ses actions que l'intelligence : or, ces deux assertions sont également fausses. Selon Aristote et les Péripatéticiens, l'instinct est une *ame*

sensitive, bornée à la sensation et à la mémoire.
Accorder la mémoire à l'instinct, c'est le confondre
avec l'intelligence, dont la mémoire est l'élément
essentiel. En affirmant que les actes des animaux
sont déterminés par une force mécanique, Descartes
n'a également pas signalé les caractères qui distinguent les mouvements automatiques de ceux qui
sont le résultat de la réflexion. Cette opinion est
d'ailleurs tellement en opposition avec les faits les plus
évidents, qu'elle n'a jamais été adoptée que par ceux
qui avaient un intérêt direct à soutenir ce paradoxe.
Tant qu'on séparera les phénomènes intellectuels
de la physiologie, et qu'on ne les considérera pas
comme des moyens et une conséquence de la vie
animale, leur étude sera infructueuse, elle n'abou-
tira qu'à des conclusions insignifiantes ou erronées.

Pour arriver à déterminer ce que nous devons
entendre par instinct, passons en revue les différents
mouvements ou actions de l'animal, et voyons ce
qu'ils offrent de particulier dans leur production.
Les différences qu'ils présentent sous ce rapport,
nous autoriseront à conclure qu'ils ne sont pas toujours déterminés par une cause identique, et que
ces différences sont également communes aux principes auxquels on les rapporte. Reconnaissons, d'a-
bord, que les organes se meuvent par la contraction (1) et le relâchement simultané des muscles qui
entrent dans leur composition ; en second lieu, que

______

(1) Nous entendons parler ici de la *contraction sensible.*

l'action animale a lieu par un mouvement complexe, c'est-à-dire par la contraction de plusieurs organes. Un fait également à noter, c'est que toutes les fois que l'animal éprouve une sensation quelconque, cette sensation tend à produire le mouvement de quelques parties du corps.

Or, parmi les contractions évidentes, nous voyons que les unes sont produites *nécessairement* toutes les fois qu'un sentiment déterminé se fait éprouver, tandis que dans d'autres circonstances, lorsque l'animal éprouve une impression, les mouvements n'ont lieu que *conditionnellement*. Nous rangerons d'abord parmi les mouvements que nous appellerons *nécessaires*, parce qu'ils sont une conséquence rigoureuse du sentiment éprouvé, ceux de tous les viscères, de tous les organes chargés de donner conscience des différents besoins de la nutrition. Ainsi toutes les fois que les besoins de la défécation et de l'émission des urines se font ressentir, il y a en même temps, d'une part, contraction de la vessie et du rectum, et d'autre part, relâchement des sphincters qui forment l'orifice de ces organes. Sitôt qu'un corps irritant s'introduit dans les bronches, tous les muscles de l'appareil respiratoire se contractent violemment pour chasser ce corps au moyen de la toux et de l'expectoration. On observe le même fait lorsque la muqueuse de l'estomac se trouve en contact avec un émétique ou une substance impropre à la nutrition ; alors ce viscère se contracte nécessairement et produit le vomissement. Appli-

quez un corps très-froid sur la peau, il y a bientôt
frisson, horripilation. Si je mets ma main par inad-
vertance sur un corps brûlant, les muscles du bras se
contractent spontanément pour faire cesser ce contact
douloureux ; les paupières se ferment rapidement dès
que nous éprouvons l'action irritante d'un modificateur sur la conjonctive ; une saveur âcre, amère, provoque instantanément les mouvements qui opèrent
l'expuition : nous voyons également qu'une odeur
fétide nous fait exécuter les mouvements capables
d'empêcher son action sur la pituitaire. Ce que je
viens de dire des mouvements qui sont une conséquence forcée des sentiments pénibles, est également
vrai pour ceux qui sont déterminés par les sensations
agréables. Je vous ferai seulement remarquer, en
passant, que les sensations désagréables, doulou-
reuses, donnent lieu généralement à la contraction
générale des tissus ; on dirait que, dans cette circonstance, les organes se resserrent, se condensent
pour empêcher les impressions nuisibles de les pénétrer. On voit, au contraire, le relâchement des
solides s'opérer toutes les fois qu'un mode d'existence agréable se fait éprouver ; alors il semble aussi
que l'organisme se dilate, ouvre ses pores pour que
les impressions favorables portent leur influence sur
ses parties les plus intimes.

Je vous ai fait voir, en parlant des sensations externes, que l'impression des attributs représentatifs
et sonores, ainsi que la mémoire des sensations qui
déterminent ces attributs, rappelle le souvenir des

(215)

actions directes des objets ; or, ce souvenir donne
souvent lieu aux mêmes mouvements que les sensations tactiles rapportées aux objets. Ainsi le simple
aspect d'un aliment que l'on répugne excite le vomissement, comme si cet aliment agissait sur les sens du
goût et de l'odorat, par sa saveur et son odeur. La
vue d'une belle femme provoque l'érection aussi-bien
que son contact ; la présence d'un crapaud, d'un
serpent, d'une vipère, d'une souris, etc., produit,
chez certaines personnes, l'horripilation, le tremblement de tous les membres, et même la syncope,
aussi-bien que si le contact de ces animaux avait été
établi, etc. Les impressions figuratives, lorsqu'elles
réveillent la réminiscence des actions directes des
objets, donnent donc souvent lieu aux mêmes contractions que les sentiments tactiles.

Concluons de cet exposé de faits que tout mode
de sentir déterminé par une influence matérielle ou
rappelé par la mémoire, a pour conséquence plusieurs mouvements sensibles.

Mais quoique sollicités par leur cause spéciale,
plusieurs de ces mouvements ne sont pas toujours
produits ; nous voyons que dans maintes circonstances ils sont empêchés, qu'il y a même production
d'autres mouvements qui effectuent une fonction,
une action opposée à la leur. Par exemple, toutes
les fois que les besoins de la défécation et de l'émission des urines se font éprouver, l'animal n'effectue
pas toujours immédiatement ces fonctions, c'est-à-
dire que les mouvements qui chassent l'urine de la

vessie, les matières fécales du rectum, sont empêchés pendant un certain temps, quoique leur cause
agisse pour les produire. Il y a donc une autre cause
qui neutralise l'effet de cette première cause. Dans
maintes circonstances vous pouvez éprouver le sentiment de la faim et de la soif, sans manger ni boire,
quoique vous ayez devant vous l'aliment propre à
vous rassasier et la boisson pour vous désaltérer ;
c'est ce qui vous arrive si vous redoutez une indigestion ou que les aliments soient empoisonnés.
Un chien affamé respecte le dîner de son maître
dont il pourrait s'emparer. Dans une maladie, vous
avalez des substances amères, nauséabondes, qui
sollicitent les mouvements de l'expuition, et cependant vous opérez ceux de la déglutition. Le contact
d'un fer embrasé, d'un instrument tranchant, provoquent les contractions capables de faire cesser ce
contact douloureux ; cependant, dans une opération
chirurgicale, ces mouvemens n'ont pas lieu ; alors
vous supportez un sentiment pénible sans vous agi-
ter. Mucius Scœvola tient *volontairement* sa main
sur un brasier ardent. Le larron ne dérobe pas toujours un objet précieux lorsqu'il s'offre à lui ; l'assassin ne commet pas nécessairement le meurtre lorsqu'il rencontre les individus qu'il a voués à la mort ;
l'animal carnassier n'attaque pas sa proie toutes les
fois qu'elle s'offre à lui, quoiqu'il soit pressé par la
faim. L'homme sincèrement religieux, qui a une
foi vive dans les peines et les récompenses d'une
autre vie, ne commet aucune des actions dont il

croit devoir s'abstenir, quoiqu'elles soient sollicitées chez lui par des passions, des appétits très-violents. Dans les circonstances ordinaires de la vie, vous évitez soigneusement les moindres dangers, la piqûre d'une épine, l'action d'un air trop froid ou trop chaud, le saut d'un fossé, etc.; sur un champ de bataille vous affrontez une mort presque certaine, quoique le sentiment de la conservation ne perde jamais son empire chez l'animal. L'histoire fourmille de noms de héros qui se sont dévoués pour le salut de leur patrie. Vous voyez par ces faits, que l'on pourrait multiplier à l'infini, qu'il y a des circonstances où les mouvements de la vie de rapports n'ont pas lieu, quoiqu'ils soient sollicités chez l'animal par les sentiments qui en sont la cause déterminante. Reconnaissez donc, mon ami, 1° que la production de ces mouvements est soumise à certains accidents; 2° qu'il y a une cause spéciale qui, lorsque ces accidents se présentent, modifie et paralyse même entièrement l'action de celle qui sollicite actuellement le mouvement chez l'animal.

De ces deux causes qui agissent sur la contraction évidente des organes, l'une, aussitôt qu'elle reçoit l'impulsion motrice, tend à produire son effet constamment et d'après des lois invariables; elle offre, en cela, tous les caractères des forces physiques; l'autre a pour attribution de modifier l'action de la première de ces causes, de l'empêcher entièrement dans certaines circonstances, et même de déterminer des mouvements tout-à-fait opposés à ceux que

l'impulsion actuelle tend à effectuer. L'une a pour
mobile de son action les sentiments déterminés par
les impressions matérielles ; l'autre est sollicitée par
les faits, par les conséquences futures qui doivent
résulter, à une époque plus ou moins prochaine,
des mouvements, des actions effectuées dans le moment. Dans la première de ces causes, reconnaissez
l'*instinct*, l'ὁρμή des Grecs, cette impulsion subite,
irréfléchie, qui se manifeste aussitôt qu'un modificateur fait éprouver un sentiment quelconque à l'a-
nimal, et qui ne détermine les mouvements que
dans le but de satisfaire un besoin actuel. Ne croyez
pas, mon cher A. B., que, de même que les philosophes, je considère l'instinct comme un être de
raison auquel on rattache toutes les contractions
organiques ; non, ce terme n'est qu'une expression
générique désignant l'ensemble des réactions que le
cerveau opère sur les organes qui lui transmettent
des impressions ; réactions qui ont lieu par l'intermédiaire des filets nerveux qui président aux mouvements des muscles de la vie de relations, et dont
je vous ai déjà parlé. L'instinct n'est que la *contractilité animale* des physiologistes, qui produit le
mouvement des muscles qui entrent dans la constitution d'un organe, dès que cet organe est le siége
d'une stimulation perçue ; mais toute sensation n'a
pas pour effet consécutif de provoquer la contraction de tous les muscles indistinctement : or, c'est
ce qui devrait avoir lieu si l'instinct était un être
absolu tenant toutes les contractions sensibles sous son

empire. Par exemple, le sentiment de la suffocation qui résulte de l'action d'un corps irritant sur les bronches, ne provoque que la contraction des muscles qui servent à la respiration, pour donner lieu à la toux et à l'expectoration. Lorsque la main ou le pied éprouvent tout-à-coup un contact douloureux, le sentiment qui en résulte ne détermine que la contraction de ces membres, et est sans action sur les muscles intercostaux, sur le diaphragme, sur les sphincters de la vessie et du rectum, sur le palpébral et l'orbiculaire des lèvres, etc. Les travaux de la physiologie moderne tendent à prouver que les corps striés et les couches optiques sont les parties du cerveau qui tiennent spécialement les contractions sensibles sous leur dépendance ; ce sont donc ces parties nerveuses que nous sommes autorisés à considérer comme opérant la réaction, en vertu de laquelle les organes de la vie de relations se meuvent toutes les fois que les centres de perceptions sont ébranlés par une impression stimulante.

La cause qui, dans maintes circonstances, modifie la contraction instinctive, consiste, vous ai-je dit, dans les sensations mnémoniques ou rationnelles, c'est-à-dire celles qui rappellent les phénomènes consécutifs, avantageux ou nuisibles, qui doivent résulter plus ou moins prochainement de nos actions. Ainsi quand vous refusez de manger d'un mets, de boire d'un vin qui flattent votre goût et votre odorat, parce que ces objets vous rappellent le souvenir des sentiments douloureux (la migraine, les coliques) qu'ils vous font éprouver ultérieurement par leur action physiologique sur l'estomac ; lorsque, malade, vous avalez des substances d'une odeur et d'une saveur très-désagréables, dans le but d'obtenir ultérieurement votre guérison, vous agissez en vertu des sentiments rationnels ; dans l'hypothèse contraire, vous obéissez à l'instinct. Si vous voyez un vieil usurier donner aux pauvres une partie du bien des malheureux qu'il a ruinés ; si vous voyez cet épicurien renommé par ses habitudes voluptueuses se faire trapiste, c'est qu'ils redoutent l'un et l'autre la vengeance divine, et qu'ils pensent devoir être une conséquence de leur manière de vivre. Toutes les fois, en un mot, que nos actions n'ont lieu qu'en vue de leurs conséquences ultérieures, qui doivent tendre à notre bien-être, elles sont produites par les sentiments rationnels. Je vous ai déjà fait voir dans ce chapitre que le souvenir des sentiments directs rapportés aux objets, donne lieu souvent aux mêmes contractions que ces sentiments eux-mêmes : or, comme d'après la loi fondamentale de la sensation c'est la plus intense qui efface les autres (1), on conçoit dès-lors qu'elle empêche par cela même les contractions qui sont la conséquence des autres modes de sentir, et peut déterminer elle-même d'autres mouvements. De ce fait résulte cette lutte incessante qui a lieu pendant tout

(1) Ex duobus doloribus violentior obscurat alterum.

le cours de l'existence entre les impulsions instinctives et celles qui sont une conséquence des sentiments rationnels, en sorte que les actions de l'animal
sont produites tantôt par les unes, tantôt par les
autres, suivant leur intensité relative.

L'instinct a d'autant plus d'empire sur les actions
de l'animal, qu'il a moins de mémoire, c'est-à-dire
d'expérience, de connaissances, de sensations rationnelles ; en second lieu, que la vitalité des viscères, siége des sentiments de la nutrition, est plus
développée, et donne ainsi une intensité plus marquée aux impulsions instinctives. C'est ainsi que
le jeune enfant et la plûpart des animaux des
classes inférieures, qui n'ont point la mémoire des
sensations reproductibles, n'obéissent qu'à l'instinct, parce qu'ils sont privés des autres modes de
sentir capables de contrebalancer son influence.
Quoiqu'il connaisse les conséquences ultérieures de
ses actions, l'adulte n'agit pas toujours cependant
d'après les impulsions rationnelles : c'est ce qui arrive lorsque les besoins organiques sont très-vifs,
tels que ceux de la faim, de la soif, de l'exonération spermatique, de l'urine et des fecès, etc. ; ou
bien lorsque la grande vitalité des organes donne à
toutes les sensations agréables, déterminées par les
impressions matérielles, une telle intensité, qu'elles
effacent toutes les affections qui tendent à être réveillées par les sentiments mnémoniques. De là
vient que plus l'homme comparé à lui-même est vigoureux et irréfléchi, plus il est maîtrisé aussi par

les impulsions instinctives, plus il fait de *folies* ou d'actes contraires à ceux déterminés par les impulsions rationnelles. On observe également la réciproque. c'est-à-dire que plus la vitalité s'affaiblit chez un individu donné, que plus il a observé, réfléchi, c'est-à-dire éprouvé de sensations rationnelles, et plus aussi ces sensations acquièrent d'empire chez lui. C'est ce fait que l'on désigne quand on dit d'un individu qui se livre trop au plaisir, c'est-à-dire chez qui les impulsions instinctives ont trop d'empire, que l'*âge le mûrira, lui donnera de la raison.* Cependant l'habitude d'éprouver tel ou tel genre de sensations agréables, finit par dégénérer en besoin si puissant, que les sentiments mnémoniques ne peuvent plus contrebalancer leur influence sur les mouvements de la vie de rapports, même chez l'homme avancé en âge. Ainsi, jusqu'à la fin de leur vie, la plûpart des ivrognes ne peuvent s'empêcher de faire excès de vin et de liqueurs, lorsqu'ils en ont à leur disposition ; le gourmand, le libertin, le joueur, etc., meurent esclaves de leurs penchants, quoiqu'ils aient acquis par eux-mêmes l'expérience de leurs conséquences funestes.

Après avoir déterminé que l'instinct n'est qu'une réaction du cerveau provoquée par les stimulations qui lui sont transmises par l'intermédiaire des appareils sensitifs, je vais maintenant vous dire, mon ami, ce que j'entends par le mot intelligence. Vous savez déjà que, selon les philosophes, l'intelligence est une faculté en vertu de laquelle a lieu le phénomène de la compréhension, de la connaissance des choses, et qui tient conséquemment sous sa dépendance toutes les facultés subalternes auxquelles ces philosophes rapportent les phénomènes distincts de la vie de relations. Érigée ainsi en être de raison, l'intelligence n'est donc qu'une abstraction générale opérée sur un ensemble d'autres abstractions ; je n'ai donc point à m'occuper de l'intelligence considérée comme principe, je vais seulement examiner en quoi consiste le fait complexe appelé *connaissance*, qu'on lui rapporte.

Pour arriver à la solution de ce problème, voyons d'abord quels sont les objets auxquels s'applique le mot *connaître*; en second lieu, en quoi consiste l'acte de la connaissance. En commençant par notre propre individualité, nous disons d'abord que nous connaissons nos différents besoins relatifs à la nutrition, et dont je vous ai déjà parlé ; nous connaissons aussi les différentes parties de notre être, nos bras, nos jambes, nos yeux, etc.; nous connaissons ensuite la constitution individuelle des différents êtres inorganiques et vivants. Cette connaissance générale est désignée sous la dénomination d'*histoire naturelle*; elle se subdivise en plusieurs branches : en *minéralogie*, ou science des corps non organisés; en *zoologie*, ou science des êtres vivants appelés *animaux*. Cette branche de connaissances se subdivise en *zoographie*, ou description des caractères extérieurs propres à chaque animal ; en *anatomie*, ou science de son organisation interne ; enfin en *patho-*

logie, ou description des plantes, qui comprend la pythographie et l'anatomie végétale.

Après avoir connu les diverses parties qui forment les corps, les objets particuliers, leurs caractères semblables ou différents, nous arrivons à la connaissance du *tout* que compose cet ensemble de corps, et auquel on donne la dénomination de *nature* (1). La connaissance de l'organisation de la nature consiste principalement dans celle de la position normale des êtres et des rapports qu'ils ont entre eux. C'est ainsi que nous savons que dans l'état *naturel* un arbre doit avoir les branches dans l'air et les racines fixées en terre ; que ses rapports primordiaux sont d'abord avec la terre et l'air athmosphérique, et ensuite que c'est dans un terrain de telle ou telle composition qu'il croît, sous tel degré de latitude, etc. Nous connaissons également qu'un oiseau se meut dans l'air, sans autre appui que ses ailes, ce que ne peut faire le quadrupède ; qu'un poisson ne peut vivre que dans l'eau, et qu'il périt lorsqu'il est exposé à l'action de l'air. Si ces rapports ordinaires des choses étaient changés, nous dirions que l'ordre de la nature est interverti ; ce serait des accidents *surnaturels* ou contre-nature (2).

Parmi les objets de nos connaissances, nous ran-

---

(1) Le mot *nature* exprime aussi quelquefois l'ensemble des forces auxquelles nous rapportons les phénomènes sensibles.

(2) Anté leves ergo pascentur in æthere cervi,
Et freta destituent nudos in littore pisces,
Quàm.....   (*Virgile*).

geons encore tous les phénomènes qui résultent de
l'action réciproque des corps les uns sur les autres.
Ces phénomènes comprennent tous ceux de la nature ; ils se composent 1° de ceux qui résultent de
l'influence des corps inanimés les uns sur les autres,
influence exercée en vertu de leurs propriétés respectives. La notion générale de ces phénomènes se
divise en deux branches, que l'on a appelées, l'une
chimie, ou connaissances des phénomènes moléculaires organiques des corps, c'est-à-dire des minéraux, des animaux et des végétaux ; de là les subdivisions de la chimie en minérale, en animale et en
végétale, selon qu'elle traite de la composition de
l'une ou l'autre de ces espèces d'êtres. La seconde
branche de connaissances relatives aux phénomènes
qui résultent de l'action des corps inanimés les uns
sur les autres, s'appelle *physique*. Cette science est
formée par l'ensemble des effets qui sont rapportés
aux forces générales qui régissent les corps : tels sont
les faits de l'attraction et de la répulsion électrique
et magnétique, de l'attraction terrestre, de la réflexion et de la réfraction de la lumière, du poids
spécifique des corps, etc. La physique se subdivise
en plusieurs parties, selon qu'elle a pour objet la
connaissance de tel ou tel genre de phénomènes :
l'optique, l'acoustique, l'hydrodynamie, le magnétisme, la météorologie, etc. 2° Les corps inorganiques, par leur action sur les êtres vivants, donnent
lieu aussi à un ordre de phénomènes dont la connaissance constitue une partie de la *physiologie* ou

notion des faits qu'offre l'organisme vivant à la suite des modifications que lui imprime le monde extérieur. 5° La plupart des animaux font subir aussi des changements aux objets inanimés pour les faire concourir à la satisfaction de leurs besoins ; la notion de ces changements est liée à celle des industries et des arts. Ainsi, pour ne parler que des modifications que l'homme fait subir aux corps bruts, nous voyons qu'elles ont pour but principal de concourir à la satisfaction des besoins de sa vie organique, c'est à-dire qu'elles se rapportent à son habitation, à ses vêtements, à ses aliments. Les connaissances de ce genre sont celles qui constituent l'*architecture* et les divers moyens employés pour la fabrication des tissus, des vêtements et la préparation des aliments solides et liquides. Comme le penchant à l'imitation, qui est une conséquence de son organisation, est très développé chez l'homme, après avoir satisfait les besoins de la vie de nutrition qui sont les plus impérieux, il a cherché à reproduire les phénomènes et tous les objets de la nature qui flattent les sens de la vue et de l'ouïe par des impressions reproductibles. C'est ainsi qu'en observant que les formes, les couleurs et les distances relatives suffisaient pour représenter tous les objets, il a cherché à en retracer l'existence par des formes, des couleurs et des représentations de distances obtenues au moyen des ombres ; de là l'origine des connaissances en *sculpture* et en *peinture*. Cet imitateur par excellence a également tenté de reproduire les chants, les cris

des autres animaux et les sons des divers phénomènes
de la nature : telle est la naissance des connaissances
musicales ou des sons modifiés harmoniquement au
moyen de la voix et de la bouche, et des divers instruments sonores qui consistèrent, en premier lieu,
dans les pipeaux de Tityre et de Mélibée.

Mais en faisant des essais sur les différents corps
pour leur imprimer des modifications qui les rendent propres à la satisfaction de ses besoins, l'homme
a pu reconnaître les phénomènes qui résultent des
actions qu'ils exercent respectivement les uns sur
les autres, et les lois suivant lesquelles s'opère la production de ces phénomènes ; par là l'homme a ac-
quit la connaissance des lois générales et particulières
qui régissent le monde sensible. L'expérimentation
des corps faite en les modifiant pour les faire concourir à la satisfaction des besoins, est donc la source
des connaissances chimiques, physiques, mathéma-
tiques, physiologiques, etc. Les animaux de chaque
genre, de chaque espèce, impriment des modifications spéciales aux autres corps pour satisfaire ses
besoins, c'est-à-dire que chacun d'eux à son industrie particulière, dont le développement est toujours
dans un rapport donné avec le nombre de ses nécessités organiques et morales. L'industrie de l'homme
consiste entièrement dans les imitations qu'il fait
des actes des autres animaux, des divers objets et
phénomènes de la nature : voilà pourquoi elle est si
variée et n'a rien de cette fixité que l'on observe
dans celle des autres animaux.

4° Les êtres vivants exercent des actions réciproques les uns sur les autres, et ces actions sont relatives, soit aux individus de leur espèce, soit à ceux des autres espèces. Celles du premier genre constituent les actes de la vie sociale, et qui sont propres à tous les animaux qui vivent en collection: tels sont les fourmis, les abeilles, les castors et les hommes. C'est par ces actes que nous modifions l'existence de nos semblables, soit en bien, soit en mal ; de là vient qu'ils sont appelés *bons* ou *mauvais*. Cette distinction dans les mouvements généraux de l'homme par lesquels il tend à exercer une influence, soit directe, soit médiate sur ses semblables et sur lui-même, est établie d'après le mode d'action utile ou nuisible qui doit être la conséquence de ces mouvements, c'est-à-dire selon qu'ils doivent concourir ou non à son intérêt privé et à l'intérêt général ou de la société. Tous les actes opérés dans le but du bien-être et de la conservation de l'existence individuelle, lorsque, non-seulement, ils ne sont point contraires à l'intérêt général, mais qu'ils tendent encore à y concourir indirectement, sont appelés *vertus privées*. On appelle, au contraire, *vices*, les actes relatifs à l'existence individuelle qui tendent à lui être funestes, soit immédiatement, soit par un enchaînement de circonstances plus ou moins éloignées qui doivent nécessairement naître de ces actes; ensuite nos actions, quelle que soit d'ailleurs leur influence sur notre intérêt particulier, sont considérées d'abord, par nos semblables, au point de vue

de leurs conséquences sur eux-mêmes, c'est-à-dire
de l'intérêt général. Elles sont classées, en consé-
quense, en deux catégories, suivant qu'elles sont
l'accomplissement de ces deux principes de morale,
ou qu'elles en sont une violation : 1º « fais à au-
« trui ce que tu voudrais qui te fût fait ; 2º ne fais
« pas à tes semblables ce que tu ne voudrais pas
« qui te fût fait. » Tous les actes conformes au premier de ces principes, constituent les *vertus sociales ;* ceux qui sont une violation du second principe, sont désignés sous la dénomination de *crimes,*
d'actions mauvaises, criminelles, qui prennent ensuite différents noms, suivant l'importance de l'influence nuisible qu'elles ont exercées sur nos semblables, et, en second lieu, selon qu'elles portent
atteinte à leur existence physique ou sociale. En
vous parlant du beau et du bon, du mauvais et du
laid considérés comme causes de nos affections,
j'aurai occasion de traiter avec quelques détails des
actions humaines, phénomènes sensibles qui forment un ordre de connaissances appelées *morales.*

Un autre genre de connaissances comprend celles
des rapports particuliers et généraux qu'ont entre
eux les êtres, les phénomènes de la nature. Par ces
connaissances qui consistent dans la perception des
identités et des différences, nous saisissons la liaison
plus ou moins immédiate des diverses parties qui
composent l'univers, et nous arrivons à la rattacher
à des causes communes. L'ensemble de ces connaissances constitue la science appelée *philosophie,*

qui consiste à rattacher aux choses leurs causes et leurs effets. L'explication des effets par leurs causes connues ou supposées, forme la partie théorique des sciences de la physique, de la chimie, de la médecine, etc.

Quant aux connaissances métaphysiques, elles consistent entièrement dans celles des mots qui expriment l'existence des êtres abstraits représentant les types appelés *genres, espèces,* et qui n'ont qu'une existence supposée, ainsi que je vous l'ai déjà fait voir précédemment. De cet exposé des différents objets de nos connaissances qui ont une existence démontrée pour nous, nous pouvons conclure que tous ne sont que des êtres sensibles.

Mais en quoi consiste le fait physiologique de la connaissance? Nous devons distinguer deux espèces de connaissances, les unes relatives aux modifications qu'éprouve notre organisme, les autres consistant dans la distinction des individualités externes auxquelles nous rapportons ces modifications. Celles du premier genre ne sont que les sentiments instinctifs eux-mêmes; ces modes de sentir, comme vous l'avez déjà vu, mon cher A. B., sont déterminés par les qualités tactiles qui sont les seules par lesquelles les corps impriment des modifications nécessaires à notre organisme. Toutes les fois qu'une sensation externe directe ou un sentiment de la nutrition se fait éprouver, il y a conscience d'un changement apporté dans notre individualité, et cette conscience ou sensation constitue la connaissance de

la modification qui nous est imprimée, mais il n'y a
encore aucune connaissance de l'objet qui détermine
cette modification. Sans un ensemble d'autres perceptions, il n'y aurait même pas rapport des changements
survenus en nous à des objets étrangers. C'est au
moyen des sensations-idées de forme, de couleur,
d'étendue, de distance, que nous distinguons les
individualités du monde extérieur ; c'est donc dans
ces sensations que consiste leur *connaissance*. Tout
corps, tout objet perceptible, consiste dans un assemblage de qualités plus ou moins inséparables, et
les sensations distinctes déterminées par chacune de
ces qualités sont comme associées, c'est-à-dire qu'elles
sont toutes produites successivement, toutes les fois
que cet objet agit sur nos sens. Mais parmi les
modes des objets, ceux appelés figuratifs sont les seuls
qui forment la distinction ou connaissance des individualités, parce qu'eux seuls déterminent en nous
l'idée des limites (1) dans lesquelles sont renfermés
les corps distincts. Si les impressions directes d'o-
deur, de saveur, agissaient seules sur nos sens, elles
ne pourraient être rapportées à tel ou tel être déterminé, parce que n'étant point des idées de forme,
de couleur, d'étendue, elles ne peuvent concourir
à la distinction des groupes de qualités appelés *corps;*
distinction qui consiste essentiellement dans leur
séparation des autres corps qui les environnent,
dans la perception des limites qui les renferment.

(1) Voyez à cet égard la note de la page 202.

Les qualités directes ne constituant pas des images,
si nous les rattachons à tel ou tel groupe de qualités
figuratives, c'est que nous avons reconnu que ce
groupe est toujours associé à telle odeur, telle saveur, etc.

La connaissance des objets extérieurs consiste donc
essentiellement dans les sensations figuratives qu'ils
nous font éprouver, et celles des changements imprimés à notre organisme dans les sentiments viscéraux et tactiles.

Pour connaître, il faut aussi que la mémoire re-
produise les sensations que l'objet nous a fait éprouver, afin de pouvoir les comparer avec celles qu'il
détermine actuellement par sa présence ; car ce
n'est qu'autant qu'il y identité entre les perceptions
mnémoniques et celles produites par les impressions
matérielles des objets, que nous avons conscience de
modes d'être semblables, et que nous les attribuons
naturellement à des causes également identiques.
Le fait de connaître se compose donc de plusieurs
phénomènes : 1° de celui de la perception ; 2° de
celui de la mémoire ; 3° de la comparaison ; 4° du
jugement ; en un mot, de tous les actes rapportés
aux facultés intellectuelles des philosophes, et dont
l'ensemble forme l'abstraction générale, qu'ils appellent *intelligence* ou *esprit*. Nous verrons plus loin
que tous ces phénomènes de l'ordre intellectuel résultent de l'action combinée de la sensation, de la
mémoire et de la passion. Si la mémoire joue un
rôle essentiel dans la connaissance des objets exté-

rieurs dans le rapport fait des impressions perçues
à leurs causes, il est évident que les sentiments directs ne peuvent concourir à l'acte de la connaissance, puisqu'ils ne peuvent être reproduits par le
seul fait de la mémoire.

Pour résumer en deux mots les caractères différenciels qui distinguent l'instinct de l'intelligence,
nous voyons 1° que l'instinct est un terme par lequel
on désigne l'ensemble des impulsions auxquelles on
rapporte la contraction des organes de la vie de relations, impulsions qui ont leur cause déterminante
dans les sentiments de la nutrition et les sensations
externes appelées tactiles ; 2° que l'intelligence est
une faculté générale (abstraction opérée sur d'autres
abstractions), tenant sous sa dépendance les facultés
spéciales auxquelles on rapporte les faits de l'ordre
dit intellectuel ; que tous ces faits forment le phénomène complexe appelé *connaissance;* que la connaissance consiste tantôt dans les modifications perçues imprimées à notre organisme, et alors elle ne diffère point des sentiments donnant lieu aux impulsions
instinctives ; que d'autrefois la connaissance consiste
dans la distinction des êtres extérieurs : or, cette
distinction ayant lieu au moyen des sensations figuratives qui ont pour caractère spécifique d'être rappelées exclusivement par la mémoire, nous devons
en conclure que la connaissance des objets, des
phénomènes perceptibles, n'est autre chose que les
sensations figuratives qu'ils nous font éprouver actuellement ou qui sont rappelées par la mémoire.

CHAPITRE SEPTIÈME.

DU MOUVEMENT ORGANIQUE DÉTERMINÉ PAR LES DIFFÉRENTES ESPÈCES D'IMPRESSIONS.

EN analysant les divers mouvements qui sont une conséquence de l'impression des divers modificateurs sur l'organisme, nous voyons qu'ils consistent tous soit dans l'*extension*, dans la *dilatation* des parties vivantes, soit, au contraire, dans leur *contraction* ou resserrement de leur fibres ; nous ne pouvons même concevoir d'autres mouvements déterminés ou par une force inhérente à la fibre vivante, ou par une force étrangère. Je vais donc d'abord vous parler, mon cher ami, de ces deux espèces de mouvements généraux.

ARTICLE PREMIER.

Du mouvement extensif des organes.

Depuis Barthez, l'extension des organes qui s'opère dans certaines conditions a été rapportée à une force active inhérente à la fibre vivante, et qu'assi-

milant à la dynamie, que l'on considère comme
cause de la contraction physiologique, on a désignée
sous le nom d'*extensibilité*. Nous voyons Bichat
professer aussi cette opinion que nous croyons fausse;
il est donc essentiel que j'expose les motifs que je
pense capables de la détruire dans l'esprit des personnes qui consacrent quelques loisirs à méditer sur
les phénomènes de la vie.

Si nous examinons avec quelque attention les faits
attribués à l'extensibilité considérée comme force
active, nous voyons, en effet, que ces phénomènes
ne sont dûs 1° qu'à une propriété négative des tissus; 2° à une force étrangère qui opère cette extension. Ainsi la dilatation des corps caverneux, l'érection du mamelon, la dilatation de la pupille, que
Barthez et ses disciples attribuent à l'*extensibilité
active*, n'est qu'un mouvement passif, analogue à
celui de la peau, des aponévroses soulevées par une
tumeur, par un abcès, par une congestion de sang
ou de sérosité.

L'érection des corps caverneux, par exemple,
n'est évidemment que le résultat de la congestion
du sang dans un tissu très extensible, où ce liquide
est appelé par une excitation soit directe, soit sympathique de la partie; ce qui prouve que, dans ce
cas, la dilatation est un fait passif de la part des tissus, c'est qu'alors la contractilité offre un puissant
obstacle à l'action expansive du sang qui s'y précipite, et qu'aussitôt que la stimulation de l'organe
n'a plus lieu, ce fluide n'y étant plus appelé d'après

la loi de l'excitation (1), la contractilité devenant
plus puissante à mesure que diminue l'abord du

(1) Devons-nous admettre que, dans quelques circonstances, la
fluxion des liquides de l'économie sur un organe déterminé a lieu indépendamment de l'action d'un stimulus sur lui, et que l'aphorisme
« ubi stimulus, ibi fluxus », peut être souvent changé en celui-ci :
« ubi fluxus, ibi stimulus », ainsi que l'a avancé un physiologiste
recommandable de l'époque (*Dictionnaire de médecine en* 21 *volumes,
page* 490). Ce médecin ne trouve pas d'autre moyen de s'expliquer
l'irruption des fluides dans les organes internes, irruption qui se
manifeste toutes les fois qu'un air froid agit sur la périphérie du corps,
et la crispation, le resserrement de la peau est, selon lui, la seule
cause qui opère ce refoulement des liquides dans les viscères, et
produit leur inflammation.

Or, voyons si cette hypothèse est étayée sur l'observation attentive
des faits, ou seulement sur des probabilités apparentes. D'abord, je
demanderai où est la raison physiologique de cette fluxion ? car enfin
tout effet reconnaît une cause. La seule qu'on admet est le resserrement de la peau ; mais cette action mécanique est-elle capable de déterminer un afflux de liquides sur le foie, sur les reins, sur les poumons, sur une portion déterminée du tube digestif? Si on considère
quel doit être, en dernière analyse, l'effet du resserrement de la
peau, en voit que cette action purement mécanique ne peut produire que la congestion des capillaires du tissu cellulaire sous-cutané
contigus, lesquels sont obligés de loger un excès de liquide destiné au
derme. Si l'inflammation de ce tissu avait seule lieu, on serait vraiment fondé à dire que le reflux du sang et des autres liquides par la
contraction de la peau est la cause directe de l'accident pathologique ;
mais qu'au moyen de ce refoulement on explique la phlogose de l'estomac, de l'intestin grêle ou du colon, du foie ou du pancréas, j'avoue
que j'ai peine à me former l'idée du mécanisme par lequel s'opère la
congestion du tissu de ces organes. Je serais d'abord fort curieux de connaître la route que suit le sang qui se porte de la peau aux muqueuses
digestives ; cette nouvelle circulation n'est point encore connue, elle
attend son Harvey. En second lieu, si la précipitation du sang et
des autres fluides dans les organes internes, lorsque l'action du froid
se fait éprouver sur l'habitude extérieure, est *purement mécanique,*
comme on le dit, si elle n'est pas déterminée par une force attrac-

sang, les corps caverneux opèrent la retrocession
de ce liquide et reviennent à leur volume primitif.

tive qui agit avec plus ou moins d'activité dans les organes internes,
je demanderai pourquoi cette fluxion se fait plus violemment dans un
organe que dans un autre, dans un point de l'organe que dans le
reste? La simple mécanique est impuissante pour rendre raison de ce
fait. De plus, si la congestion du sang n'est que l'effet d'une impulsion *purement mécanique*, il doit s'en suivre que les tissus les plus
lâches seront d'abord constamment le siége de cette congestion, laquelle ne doit jamais s'effectuer dans les organes dont la texture offre
le plus de résistance, avant que ceux dont la trame est la plus extensible ne soient déjà engorgés. Cependant on voit que le refroidissement
du corps détermine l'inflammation des organes internes, non point
d'après la nature de leur constitution, mais plutôt d'après les conditions de leur vitalité actuelle; qu'ainsi, selon que les bronches, les poumons, le foie, l'estomac, la vessie, etc., seront le siége de l'excitation
la plus intense, ou d'une irritation existant antérieurement à l'action
du froid, le fluxus morbide se fera sur ces organes et non sur d'autres.

Avant de dire comment se passe le phénomène pathologique de la
congestion des fluides dans certains organes en une foule de circonstances, il est indispensable d'établir préalablement que l'action du
froid est narcotique, débilitante, et non pas tonique, excitante,
comme on le croit généralement. Pour déterminer si le froid est un
excitant, voyons quels sont les effets déterminés par les stimulants sur
l'économie, et ceux qui résultent de l'action du froid.

Lorsqu'on met des modificateurs stimulants en contact avec des organes vivants, ils produisent plusieurs phénomènes évidents : 1° ils
augmentent l'impressionnabilité, c'est-à-dire qu'ils rendent les organes plus excitables; c'est ainsi que le calorique extérieur réveille
l'impressionnabilité de la peau, lorsqu'elle a été plus ou moins émoussée, détruite par l'action du froid ; que les aliments stimulants, les
boissons spiritueuses rendent les voies digestives plus excitables;
2° ils provoquent un dégagement plus considérable de calorique animal ; 3° ils activent les contractions organiques ; 4° enfin, comme
conséquence de l'exaltation des phénomènes primitifs de la vie, ils
déterminent une fluxion plus considérable de liquides dans la partie
sur laquelle ils agissent. Tels sont les effets nécessaires des modificateurs excitants, lorsqu'ils sont mis en rapports avec les organes vi-

Si on admettait que la dilatation des corps caverneux
est due à une force active qui leur est inhérente , il

vants : or, si nous leur comparons ceux produits par le froid, nous
voyons qu'ils sont entièrement opposés. Ainsi , 1° loin de rendre l'é-
lément vital plus susceptible à l'action des modificateurs, il diminue
et finit même par détruire entièrement chez lui cette aptitude négative ; 2° au lieu de provoquer un surcroît d'activité dans la calorification , cet agent paralyse ce phénomène et enlève tout le calorique
des parties avec lesquelles il est en contact ; 3° sous son influence les
contractions organiques perdent également de leur fréquence et de
leur intensité, lorsque cette influence est prononcée et longtemps
prolongée, ainsi que le prouve la cyanose des parties exposées à l'action d'un air glacial; 4° lorsque le froid a exercé son empire pendant
un temps plus ou moins prolongé sur une partie vivante, on observe
aussi une congestion sanguine dans les réseaux capillaires; mais cette
congestion diffère essentiellement du fluxus actif qui est produit par
l'irritation. Dans le premier cas, l'engorgement des fluides a lieu par
le même mécanisme que dans l'inflammation, c'est-à-dire par l'atonie
des vaisseaux qui renferment ces liquides ; mais la cause de cette
atonie est entièrement opposée. Dans l'inflammation active, l'inertie
des systèmes vasculaires résulte de l'épuisement de leur contractilité,
qui est une conséquence de son exercice immodéré dans la période
d'irritation qui précède constamment l'inflammation. L'impuissance
des capillaires déterminée par le froid n'est que négative, c'est-à-
dire que s'ils ne se contractent plus, ce n'est pas que, chez eux,
l'élément vital y soit épuisé, mais seulement parce qu'il y manque de
stimulus pour lui donner l'impulsion ; car l'effet immédiat de la
refrigération est d'émousser, de détruire l'impressionnabilité, première condition de toute stimulation. Reconnaissons donc que le
froid , considéré sous le rapport de son influence sur l'organisme vivant, loin d'offrir les caractères essentiels de tout excitant, en présente
de tout opposés ; que, conséquemment, on ne peut le ranger dans la
classe des toniques, dont l'action participe de la stimulation *astringente* et *diffusible*.

D'après ce que nous venons de dire, il est évident que le froid affaiblit et détruit même entièrement les excitations organiques, c'est-
à-dire l'effet des stimulus. Nous devons également reconnaître comme
loi constante, que là où agit le plus fort stimulus, là se fait la

s'en suivrait que, comme la contraction , elle devrait
toujours être proportionnelle à l'énergie de leur tissu

fluxion la plus active. « *Ubi violentissimus stimulus , ibi uberrimus*
« *fluxus.* »

Si donc un individu est plongé dans un milieu très-froid, sans
pouvoir se garantir de son influence, l'excitation qui appelle le sang à
la peau est bientôt affaiblie dans ce tissu et ceux qui lui sont sous-
jacents; les fluides n'y sont donc plus attirés d'après la loi, *ubi stimulus;* mais les stimulations des organes internes, qui sont soustraits
par leur position à l'empire du froid, n'ont rien perdu de leur intensité : voilà donc la force attractive des fluides plus puissante dans
une région de l'organisme que dans les autres ; voilà, par conséquent,
l'équilibre du fluxus rompu et s'effectuant avec plus d'impétuosité sur
le lieu où existe la plus forte stimulation ; et lorsque la quantité des
liquides qui y abordent est assez considérable pour que la contraction
organique ne puisse plus les chasser des tissus à mesure qu'ils y arrivent, il en résulte la congestion caractéristique de l'inflammation.

Cette théorie bien simple et déduite de faits que personne ne peut
contester, trouve une application féconde aux différents phénomènes
naturels et pathologiques qui se lient plus ou moins directement à la
circulation anormale des liquides. Tel est , par exemple, le mécanisme
suivant lequel s'opèrent les révulsions que l'on obtient en thérapeu-
tique, lorsque, plaçant un cataplasme émollient sur un organe frappé
d'inflammation, afin d'y ralentir la sur-excitation des mouvements
organiques, on met sur un point éloigné de la partie malade un topique
irritant, qui appelle cette fluxion morbide qui se portait sur le lieu
affecté. Si, après avoir mangé, on prend un bain chaud ou froid, on
éprouve également une indigestion. Deux causes opposées produisent
donc le même effet ; c'est ce que l'on rencontre souvent dans les phénomènes de la vie , et ce qui paraît contradictoire ; cependant, dans
les deux circonstances dont il est ici question, les faits ont lieu
d'après une causalité peu compliquée. Pour que la digestion des aliments s'effectue, les liquides en circulation, et spécialement le sang
artériel qui est l'excitateur essentiel, le producteur de l'élément vital,
doivent arriver dans la muqueuse de l'estomac en quantité déterminée,
quantité qui ne doit être ni trop faible, ni trop considérable. Lorsqu'elle n'est pas suffisante, il y a indigestion par faiblesse de l'action
vitale ; c'est ce qui arrive quand on prend, pendant ou après le repas,

et présenter les mêmes changements que les autres mouvements actifs. On verrait donc cette extension

des aliments qui tempèrent trop l'excitation de l'estomac, tels que le melon, les acides, l'eau froide.

Si, au contraire, les aliments sont trop stimulants, ils appellent dans le tissu de l'estomac un sang trop copieux, qui finit par y déterminer les accidents inflammatoires, si le stimulus exerce trop long-temps son action sur l'organe, et que la contraction fibrillaire soit peu énergique. Dans ce cas, il y aura encore impuissance dans le travail digestif, mais par une cause opposée à celle qui a produit le même accident dans la première circonstance. L'indigestion produite par le bain chaud a sa cause dans l'anémie relative dans laquelle se trouve l'estomac, parce que le sang qui devait se porter sur cet organe en quantité proportionnelle à la quantité d'aliments ingérés, afin que l'intensité du mouvement vital corresponde à la difficulté du travail fonctionnel, s'exentrise, se porte à la périphérie du corps, où il est appelé par une stimulation plus violente qui contre-balance avec avantage celle du ventricule digestif. De cette manière, le plus grand fluxus, qui devait se faire momentanément sur les voies digestives, s'effectue sur la peau ; de là, l'impuissance plus ou moins prononcée des mouvements physiologiques dans les organes chargés d'élaborer les matériaux de la nutrition. Le bain froid produit le même effet, mais par suite d'une condition vitale contraire, c'est-à-dire par la congestion du sang dans le système digestif, congestion morbide qui s'opère d'autant plus rapidement et avec d'autant plus de force, que l'excitation y est plus active et plus faible à la peau, où elle est diminuée par l'action narcotique du froid. Pour que l'état naturel existe dans la vie générale, les stimulations doivent avoir une intensité à peu près égale sur tous les points de l'organisme, afin que le fluxus des liquides s'y opère d'une manière uniforme. Aussitôt que les excitations acquièrent plus de violence dans une partie vivante que dans les autres, l'équilibre qui existait entre l'énergie des fluxus est rompu, et dès lors l'arrivée des fluides dans les organes ne se fait plus d'après les conditions normales. De ce trouble apporté dans le rhytme de la circulation, naissent les changements que l'on observe alors dans les fonctions de chaque organe. Dans les uns, reconnaissez une exaltation de tous les phénomènes primitifs de la vie ; dans les autres un affaiblissement de la vitalité toujours en rapport avec le surcroît d'acti-

varier selon les diverses circonstances qui modifient
les autres phénomènes primitifs de la vie. Cependant

vité survenu dans les mouvements organiques des parties malades.
C'est cette exaltation des phénomènes de la vie, toujours proportionnelle à l'énergie des stimulus; c'est ce fluxus dont l'impétuosité correspond toujours à la violence avec laquelle les modificateurs nous
influencent, qui a suggéré aux anciens l'idée de cette lutte qui s'établit
entre l'élément vital et les principes qui le modifient, de cet Archée,
de cet *impetum faciens*, qui s'irrite, qui combat contre tout ce qui est
contraire à l'harmonie des fonctions.

Mais une égalité parfaite dans la force des fluxus qui se font dans
les divers organes, existe rarement même en état de santé, car,
dans quelque condition que nous nous trouvions, il y a nécessairement des stimulus qui agissent avec plus de violence que les autres
sur quelques points de l'organisme ; d'un autre part, comme chez la
plûpart des individus il y a des organes dont le développement s'est
opéré d'une manière moins parfaite que celui des autres, ou qui ont
éprouvé des fatigues plus considérables, les mouvements organiques
ont perdu en eux de leur énergie relative. Il résulte de cette disposition organique que l'excitation étant plus facile dans ces parties que
dans les autres, elle y est aussi plus violente toutes les fois qu'un
stimulus d'une énergie déterminée porte son influence sur ces points
de l'organisme ; de là une fluxion également plus active qui s'y fait,
et une prédisposition aux inflammations. Nous avons donc tous généralement des organes qui s'irritent, qui s'enflamment plus facilement
que les autres ; ce sont ceux que l'on désigne par l'expression vulgaire de *parties faibles*. L'observation journalière nous démontre, en
effet, que certaines personnes sont sujettes aux angines, d'autres aux
pleurésies; qu'il en est chez lesquelles les opthalmies ou les irritations du tube digestif sont plus fréquentes que les phlogoses des autres parties. Nous avons chacun un *locus morbidus*, où l'intensité du
fluxus humoral est plus prononcée que dans les autres parties. L'application des cautères, des sétons n'a pour effet que de déplacer des
fluxions morbides, lorsqu'elles sont fixées sur des organes essentiels;
mais tant que l'impétuosité comparative des fluxus n'offre pas de différences trop considérables, les fonctions s'exécutent régulièrement
sans que les organes plus énervés que les autres soient, pour cela,
frappés d'inflammation, mais ils y sont plus prédisposés que les autres.

on n'observe pas, en comparant un individu à lui-
même, que dans l'érection le volume de la verge
croît ou diminue selon l'énergie relative des autres
phénomènes vitaux ; qu'il soit, par exemple, plus
développé dans la jeunesse que dans un âge avancé
où l'individu est moins vigoureux. C'est cependant
ce qui devrait avoir lieu si la dilatation de cette
partie était due à une force active, de même que le
rapetissement des sphincters est proportionnel à leur
puissance contractile. On observe le contraire pour
les corps caverneux ; leur volume croît à mesure
que s'agrandit le calibre des vaisseaux sanguins qui
entrent dans leur composition. Tel est le motif pour
lequel les individus qui vivent dans une continence
rigoureuse ont cette partie peu développée, parce
que son tissu étant rarement congestionné, il conserve toute l'énergie de sa contractilité et n'admet
qu'une petite quantité de sang. Au contraire, les
individus qui se trouvent dans les circonstances qui
rendent chez eux l'érection fréquente, présentent,
à mesure qu'ils avancent en âge, une verge plus
grosse parce que l'extension continuelle de sa trame
par le sang affaiblit de plus en plus sa contractilité,

Concluons de ce que nous venons de dire, que la proposition « ubi
« fluxus, ibi stimulus », est fausse, qu'on ne peut pas l'ériger en
principe dans aucun cas, et surtout dans l'application qu'on en fait
pour expliquer les inflammations qui se développent dans les organes
internes à la suite de l'impression du froid sur la peau ; car, ainsi que
nous venons de le voir, ces accidents pathologiques ont encore leur
cause dans la loi physiologique exprimée par l'aphorisme « ubi sti-
« mulus, ibi fluxus. »

qui, destinée à faire équilibre à l'impulsion des fluides, oppose alors une contractilité moins énergique. N'est-il pas également reconnu, qu'en général, les hommes renommés pour leur force, c'est-à-dire qui sont doués d'une contraction musculaire très-puissante, les athlètes en un mot, ont un membre viril peu développé, tandis qu'il l'est bien davantage chez d'autres individus qui sont faibles et délicats. Mais aussi chez les premiers l'érection est bien plus énergique que chez les seconds, et cela pour deux motifs : 1° parce que chez les hommes vigoureux la contractilité est infiniment plus énergique que chez les personnes énervées ou naturellement peu fortes ; 2° parce que la précipitation du sang dans le tissu érectile est aussi plus violente chez les uns que chez les autres.

L'érection du mamelon a lieu par un mécanisme identique à celui de la verge, mais la congestion des fluides ne s'y fait jamais par une action sympathique du cerveau, comme cela arrive le plus souvent pour les corps caverneux. Ici la cause de la stimulation doit être matérielle et directe. On peut dire qu'il en est de même pour toutes les autres parties molles du corps, surtout de celles douées d'une grande impressionnabilité ; toutes les fois qu'une cause excitatrice y appelle les liquides en grande abondance, leur volume, leur tension, leur *érection*, augmente visiblement ; et l'on serait tout aussi fondé à rapporter ce surcroît de volume à l'extensibilité active que le gonflement de la verge et du mamelon.

Quant à la dilatation de la pupile, qui est vérita-
blement le seul mouvement que l'on pourrait considérer comme l'effet d'une force active, elle n'est
également due qu'à un défaut de contraction. La
structure anatomique de l'iris est encore un problème à résoudre ; il n'est pas nécessaire pour expliquer sa dilatation d'admettre qu'elle est de nature
musculaire, ainsi que s'y oppose formellement Bichat, ni qu'elle est formée de deux ordres de fibres,
selon M. Maunoir, les unes internes radiées, qui,
en se contractant, produisent sa dilatation, les autres
orbiculaires formant sphincters autour de la pupile.
Dans cette dernière hypothèse, le mouvement de dilatation de la pupile serait un effet de la contractilité
et non de l'extensibilité; mais en n'ayant nul égard
à la structure anatomique de cette membrane, en
admettant même qu'elle n'est qu'un simple sphincter, si nous considérons les circonstances dans lesquelles elle se dilate et se contracte, nous voyons
que tous les muscles orbiculaires effectuent des
mouvements analogues, sans que pour cela on ait
attribué leur dilatation à l'extensibilité active, mais
à leur relâchement, à la faiblesse de leur contractilité.
Ainsi la pupile se dilate, c'est-à-dire le sphincter
formé par l'iris se relâche dans l'obscurité, et, en
général, sa dilatation et sa contraction est toujours
proportionnelle à la quantité de rayons lumineux
qui frappent la rétine. Plus la lumière est vive, plus
le sphincter se contracte ; d'où l'on est fondé à conclure que la lumière le stimulant soit directement,

(243)

soit sympathiquement, son degré de dilatation ou
de resserrement a toujours un rapport direct avec
l'activité de l'excitant. La pupile doit donc être plus
dilatée dans l'obscurité que sous l'influence d'une
vive lumière. Voyez la pupile d'un cadavre, elle est
à son maximum de dilatation, parce que la lumière
ne peut exciter la contractilité d'une partie qui a
cessé d'être impressionnable ; dans l'amaurose, qui
consiste dans l'insensibilité de la rétine, vous obser-
vez le même phénomène. Qui osera assurer que dans
ces deux circonstances, surtout dans la première,
la dilatation de l'iris est produite par une force active? Ces faits nous prouvent jusqu'à l'évidence que
la dilatation de l'iris que l'on observe dans le cadavre, et toutes les affections de l'œil caractérisées par
l'insensibilité de la rétine, constituent l'état naturel
de cette membrane lorsque les forces de la vie cessent
d'agir sur elle, qu'elle tend continuellement à y
revenir, même pendant la vie, par l'élasticité physique de son tissu ; qu'enfin elle est toujours le résultat d'un défaut de contractilité.

Concluons donc qu'il n'y a point de force inhérente à la fibre animale qui produise l'extension
des tissus ; que, dans tous les cas, ce mouvement est
passif de leur part, qu'il a toujours sa cause dans
un défaut de contractilité.

L'extension des organes, comme nous venons
de le voir, est toujours déterminé par une impulsion
étrangère à laquelle l'élasticité de leur trame ne fait
qu'obéir. Les causes de cette extension sont nom-

breuses ; sans parler des influences mécaniques qui agissent continuellement sur nos organes, telles que des compressions, des tiraillements, on doit mentionner l'introduction des aliments dans les voies digestives, l'accumulation des produits excrémentitiels et récrémentitiels dans leurs réservoirs respectifs, celle de l'urine dans la vessie, de la salive dans les canaux salivaires, de la sérosité dans les sacs formés par la pie-mère, la plèvre et le péritoine, etc. Mais l'action extensive qui joue le rôle le plus important dans la vie, est celle des fluides en circulation, et notamment celle du sang artériel chassé dans les divers organes avec une force qui n'a pu être calculée jusqu'à ce jour. L'extension cesse et se reproduit, d'après un rhytme régulier et non interrompu, depuis la naissance de l'animal jusqu'à sa mort. Les phénomènes de la vie paraissent étroitement liés aux changements qui surviennent dans cette extension des fibres organiques; la commotion que leur impriment les contractions ventriculaires du cœur, modifie d'une manière sensible leur vie végétative ; leur impressionnabilité, leurs mouvements, leur calorification, en reçoivent des changements manifestes. Ce fait devient évident pour quiconque prend la peine d'observer l'état des phénomènes primitifs et secondaires de la vie dans les organes, suivant que le sang rouge y est poussé avec une impétuosité et en quantité plus ou moins considérables. Toutes les fois que le ventricule gauche se contracte, il imprime une impulsion à toute la colonne de sang contenu dans l'arbre artériel, et un mouvement expansif se propageant jusque dans les fibres constitutives des organes, tend à les dilater. Cette distension des tissus vivants est proportionnelle à l'intensité de la contraction ventriculaire et à la masse du liquide qu'elle met en circulation. A diverses époques, des physiologistes ont cherché à évaluer la force avec laquelle se contracte le cœur; mais les conclusions auxquelles chacun d'eux est arrivé, offrent des différences si considérables, que nous devons voir par là que nous sommes dépourvus de moyens capables de nous faire apprécier, même approximativement, l'énergie de cette dynamie. C'est ainsi que Borelli a cru reconnaître qu'elle peut vaincre une pression de 180,000 livres ; Halès n'estime cette pression qu'à 5 livres 5 onces, et Keil à 5 livres 8 onces.

De ces résultats si éloignés l'un de l'autre, nous devons penser que celui obtenu par Borelli approche le plus de la vérité ; il suffit, en effet, de remarquer que l'impulsion imprimée au sang artériel est suffisante pour vaincre la pression de l'atmosphère, évaluée par le calcul des physiciens à 33,600 pour la surface d'un homme de moyenne grandeur. Lorsque dans la systole les artères sont revenues sur elles-mêmes, la pression de l'atmosphère tend à les maintenir dans cette condition ; pour que le sang chassé par le cœur opère de nouveau la diastole, il est obligé de surmonter d'abord cette pression, en second lieu, la contraction physiologique des artères. L'atmosphère qui enveloppe de toutes parts la surface du corps est donc soulevée dans la partie qui correspond à chaque artère ; on ne peut donc révoquer en doute que les contractions du cœur sont assez énergiques pour vaincre cette énorme pression. Chez les animaux qui habitent le fond des mers, la force du cœur déplace une colonne d'eau de soixante à quatre-vingt fois plus lourde que l'atmosphère. Il y a des poissons de mer vivant à une très-grande profondeur, à deux ou trois mille pieds au dessous de sa surface, et supportant, en conséquence, une colonne d'eau soixante-dix-huit fois plus lourde que l'atmosphère ; le poids de cette colonne a été évaluée à 2,620,800 livres. Ce fait semble tenir du merveilleux, et l'on serait porté à n'y pas croire, si des chiffres rigoureux n'en demontraient la vérité. Mais si on considère que la pression s'exerce partout également; en second lieu, que des liquides incompressibles entrent au moins pour les $\frac{9}{10}$ dans la composition de l'organisme, alors ce merveilleux disparaît.

Lorsqu'on place un animal sous la machine pneumatique, et qu'on fait le vide, on ne tarde pas à voir le sang ruisseler par les yeux, la bouche, le nez et toutes les muqueuses ; l'application d'une ventouse sur la peau détermine une congestion très marquée dans cette partie, et si le vide était un peu plus parfait, le sang s'échapperait par les pores. Ces faits nous prouvent jusqu'à l'évidence, 1° que l'atmosphère exerce une pression continuelle sur la périphérie des organes, pression qui fait équilibre au mouvement expansif des fluides de l'économie, et surtout à celui du sang rouge ; 2° qu'aussitôt que cette pression diminue, les liquides en circulation éprouvant une résistance moindre, leur expansion agit plus énergiquement sur la force élastique et la contractilité vitale des solides qui les contiennent, et ferment les ouvertures intersticielles par lesquelles les liquides s'échappent alors.

Ces simples considérations peuvent nous donner une idée approximative de la puissance avec laquelle s'opèrent les contractions du cœur et des artères. La suspension d'un poids assez lourd, pour qu'une jambe appuyée sur l'autre ait peine à le soutenir, est soulevée à chaque pulsation. Cette expérience répétée souvent par les physiologistes, et par laquelle ils ont cherché à évaluer la puissance de la diastole artérielle, ne nous en donne pas même une idée approximative ; elle ne prouve qu'une chose, c'est que l'impulsion du cœur est supérieure à toutes les pressions que nos organes sont capables de supporter, et que nous sommes dépourvus de moyens pour déterminer son degré de puissance.

La présence des fluides dans les organes tend donc continuellement à les dilater, et cela en raison 1° de leur pression qui s'exerce dans tous les sens ; 2° de la force élastique qu'ils doivent à leur chaleur naturelle. On sait qu'au delà de 29 à 30ᵃ au-dessus de zéro, ils se volatilisent, pénètrent les tissus et se dégagent au-dehors sous forme de vapeur plus ou moins condensée ; 3° de l'impulsion qu'ils reçoivent de la systole ventriculaire et artérielle.

Une grande quantité de fluides est donc destruc-
tive de la force en vertu de laquelle les tissus se resserrent et conservent un état donné de cohésion, qui
fait équilibre à l'extension que ces fluides tendent
continuellement à leur faire éprouver. C'est, en
effet, ce que l'on observe chez les animaux qui ont
beaucoup d'embonpoint ; chez ces êtres, la trame cellulaire qui forme l'élément des solides est distendue
outre mesure par la graisse et la sérosité. Ce fait paraît dépendre de ce que les excrétions ne sont plus
en rapport avec les absorptions. Dans ce cas, les vésicules cellulaires ne se vidant pas suffisamment pour
faire place aux nouveaux éléments importés dans
l'économie, elles sont obligées de loger un surcroît
de liquide ; or, elles ne peuvent se distendre qu'autant que l'élasticité de leurs parois cède à l'action
expansive d'un liquide incompréhensible. Il en est
de même à l'égard des vaisseaux dans lesquels s'o-
père la circulation du sang. La pression continuelle
de ce fluide fait que leur calibre augmente à mesure que nous avançons en âge, parce que, ne pouvant opposer perpétuellement la même énergie à
une force considérable dont l'action est incessante,
leur élasticité s'affaiblit de jour en jour. Les veines
surtout subissent cette dilatation excessive, car la
faiblesse de leurs parois offre peu de rénittence à
l'action expansive du sang veineux ; et beaucoup d'entre elles étant placées à la périphérie du corps, sous
la peau, la force élastique de ce tissu s'oppose seule
à cette dilatation, tandis que dans les vaisseaux

situés entre les muscles la circulation des fluides y
est favorisée par la compression qu'exercent ces organes ; aussi observe-t-on que la dilatation morbide
des veines qui constitue la varice , se rencontre surtout aux jambes , et, en général, dans les parties où,
obligé d'effectuer un mouvement d'ascension pour
arriver au cœur , le sang noir exerce une pression
plus active. La masse des liquides contenus dans l'é-
conomie déterminant continuellement la dilatation
des solides , chaque jour elle diminue la force en
vertu de laquelle les tissus , les vaisseaux tendent à
revenir à un état donné de contraction. Cette diminution graduelle dans l'énergie de la contractilité est
toujours accompagnée d'une faiblesse relative qui
survient dans l'activité des phénomènes primitifs et
secondaires de la vie. En vous parlant des rapports
qu'ont entre eux les divers états des phénomènes
primordiaux, l'impressionnabilité , la contractilité
et la caloricité , j'aurai occasion de vous démontrer
ce fait.

Le degré d'extension normale que peuvent supporter les organes n'est pas le même à toutes les époques de l'existence. A mesure qu'ils s'éloignent de
leur nature mucoso-gélatineuse , pour se charger
d'autres principes qui leur donne une plus grande
consistance, on voit diminuer cette faculté négative,
l'extensibilité. Elle est d'autant plus prononcée que
nous sommes plus jeunes ; aussi dans les premiers
temps de la vie les tissus peuvent-ils être soumis ,
sans danger, à des extensions , à des flexions qui,

à un âge plus avancé , détermineraient chez eux un état pathologique.

Parmi les diverses constitutions, on en voit chez qui la puissance expansive des fluides , et spécialement l'action du cœur, est relativement plus énergique que la contraction des solides ; et réciproquement il en est qui , n'ayant en propre qu'un sang peu abondant et une circulation peu active , sont doués de solides dont la contractilité l'emporte de beaucoup sur la force expansive des liquides. Une heureuse proportion dans l'intensité de ces deux dynamies antagonistes , constitue le tempérament le plus favorable à la santé. Je ne vous parlerai point ici , mon ami , des effets et des prédispositions morbides qui résultent du défaut d'équilibre entre la puissance expansive des liquides et leur contractilité; cette question rentre dans le domaine de la pathologie.

ARTICLE II.

Du mouvement contractif des organes.

Toutes les fois qu'une partie vivante reçoit l'action de ses modificateurs stimulants , elle opère aussitôt un mouvement de contraction , c'est-à-dire qu'elle se resserre sur elle-même , sans pour cela diminuer de volume , ainsi que M. Barzoletti l'a expérimenté par rapport aux muscles. Pour nous rendre compte

de la cause directe de toute contraction organique ,
nous croyons nécessaire de rappeler qu'il n'est pas
d'instrument vivant dont les fonctions générales et
particulières ne soient subordonnées aux mouvements physiologiques des centres nerveux qui distribuent leurs ramifications dans ces parties ; la
physiologie expérimentale et l'observation des faits
pathologiques ont suffisamment prouvé ce fait pour
ne laisser aucun doute à son égard. Tous les phénomènes de la vie de rapports sont évidemment sous
la dépendance du système cérébro-spinal ; il n'est
pas de sensation , de mouvement possible, dès que
l'on a coupé les filets nerveux qui se rendent dans les
organes. Il est également reconnu que l'hématose et
le mouvement respiratoire cessent d'avoir lieu, sitôt
que le nerf pneumo-gastrique n'établit plus une
communication directe entre l'appareil respiratoire
et l'encéphale.

Les expériences sur les différentes parties du système nerveux ganglionnaire étant plus difficiles, on
ne pourrait établir, par des faits aussi positifs que
pour les phénomènes de la vie de relations, la dépendance des viscères de ce système; mais l'analogie
d'action qui existe entre le système nerveux ganglionnaire et celui appelé cérébro-spinal , nous au-
torise suffisamment à croire que les plexus hépatique, splénique, stomachique, rénaux, etc., exercent
sur le foie, la rate, l'estomac et les reins une influence semblable à celle des nerfs de la vie extérieure sur les organes dans lesquels ils se distribuent.

Le développement successif des organes, qui tous semblent n'être qu'une expansion du système nerveux, nous explique cette propagation des modifications éprouvées par les centres nerveux aux organes qu'ils tiennent sous leur dépendance. Quand on consulte l'organisation d'un animal déjà pourvu de toutes les parties qui doivent le former, il est certain, comme le dit Hippocrate, qu'il est impossible de distinguer l'origine de ces parties, que toutes paraissent être également le commencement et la fin, ainsi que dans un cercle tracé on ne peut découvrir ni commencement, ni terminaison (1).

Quoique cette opinion soit vraie quand on considère l'animal dont tous les organes sont déjà formés, il est constant, d'une autre part, que si on l'examine dès le principe de son développement, on conviendra que cet être ne consiste que dans une petite masse de matière nerveuse, qui est incontestablement l'origine de toutes les parties qui doivent, dans la suite, constituer l'organisme. Jusqu'au vingt-deuxième jour, l'œuf humain présente la forme d'une massue et la consistance d'une globule de gélatine, sans distinction d'aucune partie; ce n'est qu'après cette époque que l'on reconnaît deux petits points séparés, dont l'un est destiné à la formation de l'encéphale, et l'autre du rachis : alors la consistance de l'embrion est encore gélatineuse. Cette partie

(1) « Mihi quidem videtur principium corporis non esse, sed omnia « similiter principium et omnia finis; circulo enim scripto, princi- « pium non invenitur. » (*Lib. de Loc. in Homi.*)

élémentaire du système nerveux adhère par son centre, qui paraît correspondre entièrement à l'abdomen, à l'enveloppe externe de l'œuf (membrane amnios). C'est sur ce point que se développent successivement les vaisseaux destinés à apporter à l'embrion les fluides devant servir à sa nutrition et à son développement, jusqu'à son entière formation.

Du quarantième au cinquantième jour, la tête constitue la moitié du corps, la face est à peine développée, il n'y a pas encore de nez; deux points noirs indiquent l'origine des yeux et une fente transversale celle de la bouche. Deux petits mamelons sur les côtés du tronc présentent la naissance des membres torachiques; l'abdomen est déjà formé, il adhère par toute sa surface inférieure à l'œuf, adhérence qui constitue la naissance du cordon ombilical. L'extrémité inférieure du rachis se termine en saillie caudale, recourbée en avant; sur les côtés de cette saillie on remarque deux petits bourgeons, indices du développement des membres pelviens, etc.

En suivant ainsi la formation progressive des organes et en remontant à leur origine première, on voit que dans le principe il n'existe réellement que cette matière homogène, présentant l'aspect et la consistance de la pulpe nerveuse; matière qui pousse, qui croît en différents sens, et dont chaque production offre des transformations particulières, qui toutes aboutissent à des foyers communs d'origine et d'action, c'est-à-dire aux centres nerveux. Un grand nombre de physiologistes célèbres, tels que

Bordeu et Bichat, s'accordent, en effet, à considérer tous les organes comme formés par une même trame élémentaire, le tissu cellulaire qui présente divers modes d'organisation dans chacun d'eux ; de là leurs différences d'aspect, de consistance et de fonctions. Mayow, et ensuite Baglivi, ont depuis longtemps indiqué les meninges du cerveau comme l'origine des membranes et la cause de leur résistance à l'action expansive du cœur. Sans vouloir ressusciter ici leurs idées fécondes sur le principe des solides et de leurs mouvements, reconnaissons seulement que le système nerveux est l'origine de la trame cellulaire dont on voit le rudiment dans les meninges, qui, après avoir fait partie de l'encéphale, concourent à la formation des filets nerveux qui vont se diviser et subdiviser à l'infini dans les organes, pour se terminer enfin par ces expansions fibreuses et lamelleuses croisées et rapprochées en divers sens, laissant entre elles, par cette disposition, des espaces plus ou moins grands et irréguliers qui communiquent les uns avec les autres, offrant enfin tous les caractères du tissu cellulaire qui est l'élément de tous les autres tissus. Semblable aux feuilles des végétaux, dont l'ensemble forme une surface et un volume considérable, lorsqu'on compare ce volume et cette surface à la surface et au volume des tiges qui les fournissent, la trame cellulaire est vastement répandue dans l'organisme, dont elle constitue, sous différentes formes, toutes les parties solides ; puis elle se termine en filets, puis en branches, en troncs qui vont se rendre à leurs foyers d'origine, c'est-à-dire à l'encéphale, à la moëlle épinière et aux divers ganglions du grand sympathique.

Tous les solides peuvent donc être considérés comme une expansion des nerfs qui s'y rendent, et tout mouvement actif de leur part est déterminé, ainsi que le démontrent les faits fournis par la pathologie et l'expérimentation, en vertu d'une action spéciale du système nerveux. Les influences excitatrices ou narcotiques qui stimulent ou ralentissent les phénomènes de la vie dans une organe, agissent donc d'abord sur les centres nerveux avant de produire un effet physiologique sur cet organe, car cet effet résulte directement de la réaction des centres nerveux sur la partie qui leur a transmis une impression.

Par exemple, le mouvement respiratoire et l'oxigénation du sang ne s'opèrent dans les poumons qu'autant que l'air ayant provoqué par l'intermédiaire du pneumo-gastrique l'excitation de l'encéphale, celui-ci réagit sur les poumons et les muscles qui servent à la respiration pour les faire fonctionner.

Toutes les fois que les impressions stimulantes agissent sur l'organisme, elles produisent le resserrement de ses tissus ; les impressions narcotiques déterminent un effet contraire, c'est-à-dire qu'elles opèrent le relâchement des solides. En effet, toutes les fois qu'un modificateur impressionne un organe, il ne peut agir que de deux manières sur les mouvements de ses fibres constitutives ; il ne peut produire que le *resserrement*, la *contraction*, ou, au contraire, le *relâchement* ou diminution dans l'intensité et la fréquence de la contraction.

Parmi les contractions organiques, les unes sont latentes et les autres sensibles ; les premières appartiennent spécialement à la vie organique, les secondes à la vie de rapports.

ARTICLE III.

De la contraction insensible, ou du ton des organes.

De tout temps les physiologistes ont été frappés du contraste remarquable qui existe entre la consistance, l'élasticité, la rénittence des tissus pendant la vie, et la mollesse, la flaccidité qu'ils offrent après la mort. On observe aussi à cet égard de grandes différences, lorsqu'on compare le même individu à lui-même, à diverses époques de son existence, et plusieurs animaux de la même espèce ou d'espèce différente. Dans l'enfance et la puberté, dans l'âge adulte, dans la vieillesse, dans l'état de santé et de maladie, la consistance des chairs ne se ressemble pas ; on voit encore le sexe, le tempérament, le régime, la nature de l'atmosphère dans laquelle respire l'animal, influer sur cette condition organique. L'enfant et le vieillard ont les solides moins denses que l'adulte ; les personnes délicates et les convalescents que l'homme robuste (1) ; on rencontre encore à cet égard des dissemblances entre les tempéraments dits sanguin, lympathique, bilieux, etc. Une alimentation plus ou moins tonique ou relâchante, un air plus ou moins sec ou humide, chaud ou froid, sont autant de causes qui peuvent modifier la rénittence des organes. Généralement les animaux sauvages ont les chairs plus fermes, plus dures que les animaux domestiques, l'homme de la campagne que le citadin, l'Africain, l'Espagnol quo lo Français, le Français que les peuples situés plus au nord de l'Europe. Cette consistance relative des chairs chez un individu donné est toujours l'indice de la puissance avec laquelle s'effectuent, en général, les fonctions de son organisme. Cette élasticité plus ou moins prononcée des solides a été appelée *ton, contraction insensible;* et l'école de Stahl, ainsi que beaucoup de physiologistes modernes, ont considéré, comme cause directe de phénomènes d'un ordre secondaire,

(1) On doit établir une différence entre l'homme *fort* et l'homme *robuste*, choses que l'on confond ordinairement dans le langage, mais qui, pour le physiologiste, doivent exprimer deux faits très distincts. L'homme *fort* est celui dont les muscles de la vie de relations sont susceptibles d'une contraction énergique, et l'homme *robuste* est celui qui supporte, sans en être incommodé, l'action des modificateurs naturels ou morbides la plus énergique. L'athlète n'est pas toujours robuste. Certaines conditions de la vie moléculaire des tissus font l'homme robuste. Parmi ces conditions on doit placer en première ligne l'action nerveuse, ainsi que la richesse du sang et l'activité de sa circulation. La *force* est la conséquence d'un développement plus ou moins prononcé de certaines parties de l'encéphale, qui tiennent sous leur dépendance les muscles dits volontaires.

la circulation capillaire, la chaleur animale, les sécrétions, etc.

Mais le phénomène du *ton*, de la tension de la fibre, doit-il être rapporté à une force spéciale appelée *tonicité?* Il importe peu qu'on le rapporte à une seule abstraction ou à plusieurs, qu'on le considère comme produit directement par le principe de la vie ou par une faculté subordonnée à ce principe, et qu'on appelle *tonicité, contractilité, force organique.*

§ I.

Causes présumées de la contraction insensible.

La contraction insensible, de même que toutes les autres contractions des organes, a sa cause directe dans l'action des modificateurs stimulants qui impressionnent les solides de l'économie. Ainsi que je vous l'ai déjà dit, mon cher A. B., toutes les fois qu'une impression excitante agit sur une partie vivante, ses fibres se resserrent, se contractent aussitôt d'une manière plus ou moins manifeste. Un liquide astringent, âcre, acide, mis dans la bouche, détermine aussitôt la crispation des papiles, des cryptes de la muqueuse qui tapisse cette région; introduit dans l'estomac, ce liquide, ainsi que la plûpart des aliments dont on fait usage, produit le même effet. Un corps froid ou incandescent appliqué sur la peau, détermine aussitôt la crispation du derme ; les vésicants donnent lieu dans ce tissu et autres à un résultat identique. La plûpart des impressions qui agissent sur les centres de perceptions, opèrent la contraction du cerveau et celle du tissu de tous les organes qu'il tient sous sa dépendance. C'est de cette manière que le strictum de la fibre cérébrale produit consécutivement celui des viscères, tels que du cœur et du système artériel, de l'estomac, du foie, et qu'il modifie en bien ou en mal leurs fonctions particulières, suivant l'intensité de la contraction qu'il leur fait subir. Voilà comment les sensations externes produisent la constriction spasmodique du diaphragme, du cœur, de l'estomac, que l'on observe constamment dans les affections pénibles, ou, au contraire, déterminent le relâchement de leurs fibres dans les affections d'une autre nature.

Mais parmi les modificateurs externes, celui qui joue le rôle le plus important sur le ton organique est sans contredit l'air vital qui pénètre dans les poumons. Je n'entends point parler ici de la nécessité de ce fluide en tant qu'il opère l'oxigénation du sang noir, mais seulement de son simple contact sur la muqueuse pulmonaire. Toutes les fois que ce fluide pénètre dans les bronches, il enlève une quantité plus ou moins considérable de calorique animal (1), et produit la contraction insensible de tous les solides de l'économie. Les expériences si connues de Legallois sur la respiration artificielle, ont démontré

(1) Voyez le chapitre qui traite de la calorification.

jusqu'à l'évidence que le ton de la trame cellulaire est déterminé par le contact de l'air vital sur la muqueuse pulmonaire. Rendez la respiration impossible par la section de la moëlle épinière au niveau du trou occipital, la flaccidité, le relâchement de toute l'habitude extérieure succèdent immédiatement ; mais déterminez alors la respiration artificielle, l'animal est rappelé à la vie, et les parties affaissées ont bientôt récupéré leur ressort, leur expansion première. D'une autre part, c'est un fait également hors de doute que l'encéphale et la moëlle épinière exécutent un mouvement évident de contraction toutes les fois que l'air vital pénètre dans les poumons. Ce mouvement a été appelé *respiratoire* par les physiologistes, pour le distinguer de celui imprimé à ces parties par la contraction du ventricule gauche. Le mouvement respiratoire du grand système nerveux est le plus apparent ; il est isochrone à la respiration, c'est-à-dire que le cerveau et la moëlle épinière s'affaissent, se contractent pendant l'inspiration, au moment où l'air opère son contact sur la muqueuse bronchique, et ensuite se dilatent, se gonflent pour revenir à leur premier état pendant l'expiration.

Willis et Mayow, puis Baglivi, sont les premiers qui ayent appelé l'attention des physiologistes sur le mouvement propre du cerveau (1) ; et l'on sait le

(1) Quod nos autem movet, ut eam (duram matrem) cor cerebri nominemus, præter allatas ejus structuræ considerationes, præ cæteris ejus continuus ille, fortisque motus systoles ac diastoles qui, nudis etiam oculis et satis evidenter, in eâ conspicitur ; deque ipsius meca-

rôle essentiel qu'ils lui ont assigné dans la vie (1); mais ils n'avaient pas observé, comme on l'a fait plus tard, que ce mouvement est en rapport avec ceux de la respiration ; ils l'attribuaient à l'action essentielle de la dure-mère, qu'ils considéraient comme l'origine d'une partie des solides, et comme leur communiquant les mouvements qui leur sont propres.

M. Magendie s'exprime ainsi à l'égard du mouvement respiratoire du cerveau . « Sur les enfants nou-
« veaux-nés dont le crâne est encore membraneux,
« et sur les adultes à la suite des plaies et des mala-
« dies qui ont mis le cerveau à nu, on observe qu'il
« éprouve deux mouvements distincts : le premier
« généralement obscur est isochrone au mouvement

nice et analogiâ cum motu cordis, pluribus validisque rationibus et experimentis, suo tempore disseremus. Qui tamen velit hâc de re certior fieri, partem anteriorem cranii in puero recens nato inspiciat atque consideret ; ejus enim ossa cùm mollia sint, applicatâ super eis volâ manûs, vehementem ac ordinatum systolis atque diastolis motum, ibidem qui à durâ matre subsistente excitatur, observabit. Summâ tamen cum admiratione, elapsis annis, ejusmodi pulsationem nos vidimus in puero hydrocephalo recens nato..... Quo puero viso, statim suspicari cœpimus, quod dura mater fortes eos atque ordinatos motus non efficeret per *arterias*, quæ in ipsâ disseminatæ sunt, verum *per suam præcipuam texturam*, quæ cum texturâ cordis contendit.

(Baglivi, de fibrâ motrice specimen, lib. 1.)

(1) Baglivi reconnaît deux principes moteurs dans l'économie, le cerveau et le cœur.

« Duos esse principes omnium partium motores, *cerebrum* nempè
« et *cor* probare curabimus.....

« Quamvis supremum omnes movendi partes imperium *cerebro* da-
« tum sit, immediata tamen potestas partim ad *ipsum* spectet, partim
« ad *cor*. »

« du cœur et des artères, le second, beaucoup *plus*
« *apparent, est en rapport avec la respiration,* c'est-
« à-dire que l'organe semble s'affaiser, revenir sur
« lui-même dans l'instant de l'inspiration, tandis
« qu'il présente un phénomène opposé dans le mo-
« ment de l'expiration ; selon que les mouvements
« de la respiration sont plus ou moins étendus, ceux
« du cerveau sont plus ou moins manifestes. Ces
« deux espèces de mouvements sont très-faciles à
« voir sur les animaux, et l'on ne conçoit pas com-
« ment ils ont pu être révoqués en doute dans ces
« derniers temps. On pense qu'ils doivent être très-
« peu sensibles quand le crâne est intact, et qu'ils
« sont nécessaires à l'intégrité des fonctions céré-
« brales ; mais rien n'est démontré à cet égard. Ce
« genre de gonflement et d'affaissement alternatifs
« existe dans le cervelet et la moëlle épinière. »

Le système cérébro-spinal exécute donc un mouvement de contraction et de dilatation qui suit toutes
les vicissitudes des mouvements de la respiration ;
mais cette alternative d'affaissement et de gonflement n'est-elle qu'un effet purement mécanique, déterminé par la congestion du sang artériel et veineux
au moment de l'expiration, puis par le retour du
sang noir dans la veine-cave supérieure et le ventricule droit pendant l'inspiration? Les travaux de Haller, de Lorry et de M. Magendie, nous apprennent
1° que dans l'inspiration, le sang contenu dans les
veines-caves supérieure et inférieure se vide dans
l'oreillette droite, et que celui contenu dans les

autres veines tend à suivre le même mouvement;
2° qu'au contraire , le mouvement d'expiration comprimant les organes contenus dans la poitrine , fait
refluer le sang noir dans les viscères d'où il sort
pour arriver au cœur , et favorise en même temps
l'arrivée du sang artériel dans ces viscères. Suivant
quelques physiologistes, il résulterait de ces phénomènes que le cerveau , comme les autres parties, se
gonfle dans l'inspiration, tandis qu'il se vide et s'af-
faisse pendant l'expiration , en sorte que son mouvement respiratoire ne serait qu'un effet mécanique,
déterminé par la quantité relative du sang qu'il
contient.

Mais en calculant approximativement la quantité
de sang noir que le cerveau fournit, pour sa part,
à l'oreillette droite dans chaque inspiration , elle est
si faible qu'il est impossible d'admettre que son
affaissement , si marqué lors des mouvements inspirateurs , est le résultat de la soustraction de quelques gouttes de sang de sa substance. En effet, le
sang versé dans l'oreillette droite à chaque inspiration , est fourni par toutes les parties du corps, et
cela en raison de leur volume et de leur vascularité.
Or, si, d'une part, nous considérons quelle est la
quantité de sang qui arrive au cœur à chaque mouvement inspirateur; si, d'un autre côté, nous comparons le volume du cerveau, le nombre et l'importance de ses veines avec le volume et les vaisseaux
du reste de l'organisme , nous reconnaîtrons facilement que le cerveau ne donne pas cinquante ou

soixante gouttes de sang à l'oreillette droite dans chaque inspiration. J'ai reconnu par plusieurs expériences que l'oreillette droite chez les adultes ne contient jamais plus de deux cuillières à bouche de liquide dans sa plus grande dilatation ; la cuillière contient entre 350 et 360 gouttes, le sang que peut renfermer l'oreillette est donc d'environ 700 gouttes. Or, quelque soit la prédominance du cerveau comparé au reste du corps, il est certain qu'il ne peut jamais composer le dixième du corps, même chez le nouveau-né, où cette prédominance est la plus marquée. Le cerveau d'un adulte d'un poids de cinquante et quelques kilogrammes, ne pèse guère qu'un kilogramme ; mais pour prévenir toute contestation sur notre évaluation, exagérons considérablement ce poids comparatif : supposons, contre toute évidence, que le cerveau pèse cinq kilogrammes (dix livres) chez un individu dont le reste du corps est de cinquante kilogrammes ; il ne résulterait encore de ce calcul que la substance du cerveau ne donne que 70 gouttes de sang à la veine-cave dans chaque inspiration. Maintenant nous demanderons si la soustraction de soixante et quelques gouttes de liquide (d'après un calcul rigoureux cette quantité ne s'élèverait pas au-delà de quinze ou vingt gouttes), est capable de produire l'affaissement, le rapetissement du cerveau ? Non ; cette hypothèse n'est point admissible. La soustraction de liquide serait trois et quatre fois plus considérable, qu'elle ne produirait pas encore cet effet. Les hémorrhagies abondantes à la suite des plaies qui enlèvent spontanément une grande quantité de sang à un organe, déterminent-elles en lui un rappetissement notable? Remarquons, de plus, que le cours du sang contenu dans les capillaires étant sous la dépendance de leur contraction organique, ce sang ne s'écoule jamais spontanément, mais d'une manière progressive et insensible ; en sorte que le rappetissement de l'organe serait inaperçu, lors même qu'une nouvelle quantité de sang artériel ne viendrait pas remplacer le sang veineux à mesure qu'il est versé dans le ventricule droit. Enfin si la soustraction de quelques gouttes du sang noir du cerveau était la cause de son affaissement, pourquoi les autres organes, qui se déchargent également d'une partie de leur sang veineux pendant l'inspiration, n'offriraient-ils pas le même phénomène?

L'écoulement du sang noir qui se fait du cerveau dans la veine-cave supérieure, ne peut donc nous rendre compte de son affaissement au moment des inspirations, de même que le rappetissement du cœur, quand ses cavités se contractent, ne saurait être rapporté à l'absence du sang qui était contenu précédemment dans ces cavités, mais à un mouvement actif propre à ces parties. Considérons en outre que les mouvements inspirateurs et l'hématose sont produits par une action directe de l'encéphale sur l'appareil respiratoire, ainsi que je vous l'ai déjà fait voir, mon cher A. B. ; donc, dans toute inspiration, il y a un mouvement de l'encéphale qui précède celui de la poitrine. D'une autre part, l'observation des faits nous démontre que la respiration cesse subitement d'être possible, aussitôt que le contact d'un air vital sur la muqueuse pulmonaire n'a plus lieu; donc, le mouvement du cerveau par lequel il détermine les phénomènes respiratoires est un effet direct de l'action de l'air sur les poumons. S'il est reconnu qu'il y un mouvement de l'encéphale qui précède celui de la respiration, on ne peut admettre que le premier de ces mouvements soit produit par le second; de même si le mouvement du cerveau qui tient la respiration sous sa dépendance n'est lui-même qu'un résultat de l'action de l'air sur les poumons, on ne peut rapporter ce mouvement qu'à cette action elle-même, et non à un phénomène qui n'est qu'un de ses effets secondaires. Or, quel peut être ce mouvement du cerveau déterminé par l'action de l'air vital, si ce ne sont ces contractions, puis ces dilatations qui se manifestent régulièrement toutes les fois que ce fluide porte son influence sur la muqueuse pulmonaire, et dont nous ne pouvons voir nulle autre part la cause.

Ainsi que le cœur, le système nerveux cérébro-spinal exécute donc une série de contractions et de dilatations non interrompues; le premier par suite du contact du sang sur les oreillettes et ses ventricules; le second par l'influence de l'air vital sur les poumons. Les mouvements de l'encéphale offrent la plus grande analogie avec ceux de l'organe central de la circulation; aussi Baglivi appelait-il la dure-mère (à laquelle il rapportait les mouvements

de l'encéphale), cœur du cerveau, au lieu de diaphragme du cerveau, dénomination qui avait été
donnée aux meninges par Mayow (1). Le but direct
des mouvements actifs du cœur est évident, c'est d'o-
pérer l'irradiation de la masse du sang dans tout l'organisme et d'y porter avec ce fluide l'animation. Mais
quel est l'effet immédiat des contractions du système
cérébro-spinal? Au premier aperçu, cet effet paraît
moins sensible que celui des mouvements du cœur;
cependant lorsqu'on voit le relâchement des fibres
constitutives des organes, et l'impuissance relative de
leurs mouvements qui se manifestent aussitôt qu'on
empêche l'action de l'air vital sur les poumons; lorsque par là on paralyse plus ou moins complètement le
mouvement respiratoire du grand système nerveux,
on est autorisé à conclure que les mouvements de
contraction de ce système se propagent dans tous
les organes où se distribuent ses ramifications, et
produisent ainsi en eux le phénomène du ton ou
contraction insensible.

La contraction respiratoire des centres nerveux
et de leurs annexes déterminés par les modificateurs
excitants, et spécialement par l'air vital sur les

(1) « Consideratis itaque in durâ matre particulari hâc fibrarum
« lacertorumque structurâ, quæ tota, uti cordis fibræ, ad constrin-
« gendum, exprimendumque facta videtur, nec non ejus sinibus,
« cavitatibus et modo, quo cerebrum amplectatur ac stringit; proin-
« dè sequitur quod ipso jure quodam *dici potest cor cerebri* villis
« membranosis compositum, qui villi cùm crispantur et contrahun-
« tur, totum id quod positum eis ad contractum, exprimunt atque
« constringunt; ac proptereà *cerebri cor* vocabimus, potiùs quàm
« *diaphragma* cum Mayow.   (*De fibrá motrice.*)

poumons, constitue pour nous le fait de l'innervation, fonction célèbre dans la science, et à laquelle
on rapporte la plûpart des phénomènes secondaires
de la vie. Le système nerveux sécrète-t-il un fluide
particulier appelé *nerveux*, et par ces contractions
ce système n'aurait-il d'autre effet que d'exprimer,
de chasser ce fluide dans les organes, ainsi que le
cœur y envoie le sang artériel? Ensuite la présence
de ce fluide, dont l'existence est encore probléma-
tique, devient-elle dans les tissus la cause de leur
ton, de leur contraction insensible et évidente (1)?
Sans qu'il soit nécessaire d'admettre un fluide insaisissable par nos moyens ordinaires d'investigation,
on peut facilement concevoir que toutes les parties
du corps ayant un rapport direct avec les centres
nerveux qui leur impriment l'impulsion vitale, ces
parties éprouvent des modifications semblables à
celles de leurs foyers d'action, en sorte qu'elles sont
dans un strictum ou un laxum relatifs, suivant que
les nerfs et leurs centres d'origine sont eux-mêmes
dans l'une ou l'autre de ces conditions.

D'après les expériences de Legallois, il est donc
vrai que le ton de la trame cellulaire est sous l'influence directe de l'action de l'air vital sur les poumons. En rapprochant les faits fournis par la phy-

_____

(1) Nous verrons plus loin, en parlant de la calorification, que ce
fluide ne peut être autre chose que le calorique animal, qui a évidemment sa source dans le système nerveux, et non point dans l'hématose, ainsi que l'avaient avancé les chimistes : la digestion de l'air
dans les poumons, loin de développer du calorique, est une cause de
réfrigération.

siologie expérimentale de ceux que nous observons
journellement, soit sur nous-mêmes, soit chez les
autres, dans les diverses circonstances qui modifient
les qualités de l'air que nous respirons, nous voyons
que toutes les influences qui apportent des changements sensibles dans l'atmosphère ambiante, modifient pareillement l'énergie du ton organique et des
contractions volontaires. Lorsqu'on passe d'une atmosphère froide dans un appartement dont l'air est
raréfié par un poële ardent, ou chargé de principes
impropres à la respiration, on ne tarde pas à éprouver
une faiblesse plus ou moins prononcée, qui, chez
les personnes délicates, peut aller jusqu'à la syncope ; alors on sent que la vie nous abandonne à
mesure qu'un air non suffisamment vital continue à
exercer son influence sur la muqueuse bronchique;
la contraction volontaire s'affaiblit insensiblement,
la peau se relâche, et une sueur froide s'échappe,
comme chez le moribond, par ses pores dilatés non
suffisamment contractés ; enfin l'action du cœur ne
tarde pas elle-même à se ralentir : de là des vertiges,
des étourdissements, et, en dernière analyse, la
syncope, lorsque les contractions ventriculaires n'ont
plus l'énergie suffisante pour chasser assez fortement
le sang artériel dans l'encéphale. Placez la personne
qui éprouve ces accidents dans une atmosphère naturelle, on les voit se dissiper aussitôt ; le contact
d'un air frais et d'une composition normale sur les
poumons et sur la peau a bientôt rendu aux organes
leur ton primitif, et dès lors leurs fonctions s'exécu-

tent comme précédemment. Pendant l'hiver, surtout lorsque règne un vent sec du nord, la contraction des tissus augmente sensiblement d'énergie ; je
n'exagérerais peut-être pas en disant que ce surcroît
de puissance organique est une fois plus considérable
qu'en été, pendant ces chaleurs suffocantes qui nous
rendent incapables de faire une longue course d'un
pas rapide, ou tout autre travail qui exige une contraction musculaire énergique et longtemps conti-
nuée. Lorsque l'atmosphère est raréfiée par un soleil
ardent, la digestion est lente et l'estomac ne peut
élaborer que des aliments légers ; une sueur abondante couvre la peau par suite du relâchement de
ses pores, lors même que l'on est dans le repos et
que le jeu des muscles n'active point la circulation
générale (1) ; le cerveau lui-même est dans un état
d'impuissance relative, manifeste, ainsi que l'at-
teste le ralentissement de toutes ses fonctions particulières. Le contraste est frappant lorsqu'on compare
cette indolence des mouvements pendant les chaleur s avec leur activité et leur énergie, lorsque la
température est moins élevée. Pendant les froids
secs de l'hiver, l'estomac digère une quantité d'aliments double de celle qu'il peut élaborer dans les
chaleurs ; les organes extérieurs ont diminué sensiblement de volume par suite d'une fluxion moins
active des fluides dans leur trame et d'une diminution dans la force expansive de ces fluides ; mais leur

(1) Les physiologistes expérimentateurs ont prouvé que les contractions musculaires activent la circulation du sang.

contractilité s'est accrue dans les mêmes rapports,
parce qu'elle a à vaincre de moindres résistances.
Le pouls est moins développé qu'en été, mais il est
plus dur, signe d'une contraction plus puissante
des artères, et d'un effort plus grand que fait le
cœur pour surmonter une systole plus puissante
du système artériel dans lequel il projette le sang.
Enfin lorsque le froid n'est pas porté au-delà de certaines bornes, les phénomènes intellectuels, dépendant tous de la vitalité actuelle de la fibre cérébrale,
s'effectuent avec une intensité et une continuité qui
ne font éprouver aucune fatigue, et dont nous serions incapables pendant les temps chauds. Si d'une
atmosphère froide nous passons subitement dans
une autre dont la température est très-élevée, cette
grande énergie des contractions organiques cesse
aussitôt.

Dans ces diverses circonstances, on ne peut donc
révoquer en doute 1° que la seule différence appor-
tée dans la nature de l'air inspiré est la cause directe de cette faiblesse ou de cette énergie particulière qui survient dans les contractions des solides ;
2° que le ton (1) ou contraction latente des tissus
est produit par l'action de tous les modificateurs
stimulants en général, et spécialement par celle de
l'air vital sur les poumons. Sans l'impression de ce
dernier modificateur, celle des autres excitateurs
serait insuffisante pour déterminer des mouvements

______

(1) Ton, venant du grec τείνω, je tends.

organiques capables de maintenir l'action de la vie; 3° que les poumons étant sous l'empire direct de l'encéphale, et n'ayant aucun rapport immédiat avec les autres parties du corps, l'influence que l'air vital exerce sur l'appareil respiratoire ne peut donc modifier ces parties que par l'intermédiaire du système cérébro-spinal, qui les tient sous sa dépendance.

§ II.

Dans l'asphyxie le cerveau est influencé par le contact morbide de l'air non vital, avant d'éprouver l'action d'un sang non oxigéné.

Voyons maintenant si l'influence exercée par les poumons sur l'encéphale consiste entièrement dans les changements qu'ils impriment au sang noir en l'oxigénant, ainsi que l'avance Bichat; et si, dans l'asphyxie, les modifications apportées dans les fonctions du cerveau, lorsqu'un air impropre à la respiration s'introduit dans les poumons, ne sont dues qu'à un vice de l'hématose. En passant en revue une foule de faits sensibles, il doit demeurer démontré que le sang artériel n'est pas l'unique modificateur physique de l'encéphale, et la mort les désordres qui peuvent survenir dans ses fonctions subordonnées aux seuls changements imprimés à la composition chimique et au cours de ce liquide.

Nous avons déjà vu, mon ami, que des essais de Dupuytren, de Legallois, de MM. Breschet et Magendie, il résulte que les mouvements respiratoires, ainsi que l'hématose, sont soumis à l'encéphale par l'intermédiaire du nerf pneumo-gastrique. Or, si l'encéphale tient sous sa dépendance toutes les fonctions de l'appareil respiratoire, il est constant que l'influence que le sang artériel exerce à son tour sur le cerveau n'est que consécutive à celle que ce viscère a exercé lui-même, en premier lieu, sur ce fluide. Eh bien ! qu'est-ce qui provoque, *à priori*, l'action du système cérébral, en vertu de laquelle l'air est décomposé dans les poumons, si ce n'est la modification que ce fluide a produite lui-même sur la muqueuse des bronches, et secondairement sur l'encéphale? L'opinion de Bichat sur l'hématose, invalidée par les travaux de la physiologie moderne, est aussi en contradiction avec le mécanisme connu de toute excitation. Pour que ce phénomène s'opère, ne faut-il pas, d'abord, impression portée sur les centres nerveux pour provoquer leur fonction particulière, et ensuite réaction de leur part sur l'organe qui leur a transmis l'impression? C'est cette réaction nerveuse qui donne lieu aux phénomènes organiques secondaires, l'hématose, la digestion, la circulation des fluides et les diverses sécrétions, etc. En méconnaissant l'action de l'encéphale dans la transformation du sang veineux en sang artériel, il en résulte que Bichat assimile ce phénomène à une simple combinaison chimique, telle qu'elle s'opère entre des corps inorganiques, entre un acide et un oxide ; et que, dans ce cas, l'influence nerveuse étant niée, le simple contact de l'oxigène doit suffire pour transformer du sang noir en sang rouge. Vouloir soustraire l'hématose de la dépendance de l'encéphale, est contraire aux résultats obtenus par une série d'expériences qui offrent tout le degré de démonstration désirable ; de plus, cette opinion est aussi peu physiologique que les digestions artificielles de Spallanzani, dont Montègre a démontré la fausseté. Si l'air n'influence le cerveau que par l'action qu'il exerce, *à priori*, sur le sang veineux, il s'en suit que pour que les mouvements de cet organe soient paralysés, comme cela arrive dans l'asphyxie, il est nécessaire que le ventricule gauche ait projeté du sang non oxigéné dans sa substance, ou bien les principes léthifères qui se sont mêlés au sang dans les poumons. Alors comment expliquer ces morts instentanées qui ont lieu par l'aspiration de gaz délétères qui tuent évidemment l'animal avant d'opérer aucune modification ni dans le cours, ni dans la composition du sang artériel ? Comment concevoir ces syncopes qui se manifestent subitement chez certaines personnes très-impressionnables, lorsqu'elles respirent une odeur forte de fleurs ou d'autres substances non délétères ? Cette odeur n'ôte certainement pas à l'air qui la véhicule ses qualités vitales, car d'autres animaux y respireront sans en être incommodés ; ce qui ne pourrait avoir lieu si cette odeur empêchait l'oxigénation du sang. Dans cette atmosphère brûlante, renfermée dans une salle bien close, pourquoi cette personne délicate tombe-t-elle en syncope, tandis que cet homme robuste y respire sans en être sensiblement incommodé? Peut-on dire que chez cette personne qui perd connaissance il y a asphyxie par défaut d'air vital , c'est-à-dire que la cessation des phénomènes cérébraux est due à la non oxigénation du sang veineux dans les poumons? Non ; cette supposition n'est point admissible. En effet , dans cette circonstance , l'air est raréfié par la chaleur d'un ou plusieurs poëles , mais il ne contient aucun principe délétère qui s'oppose à l'oxigénation , et il renferme encore assez d'oxigène pour que l'hématose se fasse , puisqu'un grand nombre d'individus y vivent pendant plusieurs heures sans éprouver de troubles apparents dans les fonctions de leur économie. Or , si l'absence d'une quantité suffisante d'oxigène était la cause réelle de l'anéantissement subit des fonctions de l'encéphale chez cette personne affaiblie , énervée par des causes quelconques, cette même condition de l'air devrait produire un effet semblable sur les autres individus, car il est loin d'être prouvé que le sang veineux d'une personne délicate exige plus d'oxigène pour contracter les qualités du sang rouge que celui d'une personne forte , jouissant d'une bonne santé. Or , c'est néanmoins ce qu'il faudrait démontrer, pour arriver à prouver qu'un air chaud et raréfié doit produire plutôt l'asphyxie chez l'individu malade que chez celui qui est vigoureux, en supposant que l'anéantissement des fonctions cérébrales a constamment sa cause directe dans la non oxigénation du sang veineux. Considérons enfin qu'il est impossible d'admettre que, dans une syncope spontanée qui a lieu au bout de quelques inspirations seulement d'un air ou raréfié, ou trop chaud, ou véhiculant des principes odorants, le sang veineux n'a pu contracter, par suite de ces conditions particulières de l'atmosphère, les qualités du sang artériel; en second lieu, qu'il a eu le temps d'aller du tissu pulmonaire dans la veine du même nom, ensuite de cette veine dans le ventricule gauche, enfin de cette cavité dans le cerveau. Le sang ne peut évidemment parcourir tout ce trajet dans le temps nécessaire à deux ou trois inspirations.

Quant à moi, mon ami, je pense que l'asphyxie plus ou moins subite qui se manifeste lorsqu'un animal est plongé dans une atmosphère impropre à la respiration, a sa cause première dans une atteinte portée à la contraction respiratoire de l'encéphale et de la moëlle épinière; mouvement qui doit avoir un certain degré d'intensité pour que les fonctions soumises au grand système nerveux soient possibles. Tant que l'air que l'on respire détermine dans le cerveau et la moëlle épinière un mouvement respiratoire suffisamment intense pour donner lieu à la série de phénomènes qu'il produit, il n'y a pas de trouble bien apparent dans la vie; ce n'est que lorsque la contraction du grand système nerveux est arrivée à un certain degré de faiblesse, qu'on voit survenir les accidents de l'asphyxie. Or, comme l'énergie de la contraction cérébro-spinale n'est pas la même chez différents individus sous l'influence du même air, il en résulte qu'il en est qui éprouveront plutôt que d'autres les accidents de la suffocation. En effet, supposons, d'une part, que cette contraction doive avoir une force, au moins comme vingt, pour que la vie soit possible ; admettons, d'une autre part, deux individus chez qui le mouvement respiratoire n'a pas la même puissance ; chez le premier il a une énergie comme 25 lorsqu'il respire dans une atmosphère naturelle, chez le second cette énergie est comme 40 dans la même condition. Si maintenant ces deux individus entrent dans une atmosphère raréfiée ou trop chaude qui détermine une contraction cérébro-spinale de dix degrés moins énergiques que l'air naturel, chez le premier de ces individus la contraction respiratoire n'aura plus que 15 degrés au lieu de 25 ; et comme elle doit être portée au moins à 20 pour que les phénomènes organiques déterminés par ce mouvement s'effectuent, il en résulte qu'ils ne tardent pas de s'affaiblir au point que les fonctions deviennent impossibles : de là les accidents qui sont une conséquence de la respiration d'un air non suffisamment vital. Chez le second des animaux dont nous parlons, le mouvement cérébro-spinal étant encore comme 30, il n'éprouve pas de dérangement bien notable dans ses fonctions, néanmoins elles ont déjà perdu un quart de leur intensité ; et si la condition de l'air qui le rend impropre à la vie était plus prononcée, on verrait également survenir les phénomènes de l'asphyxie. Voilà comment il arrive que le même air peut produire la suffocation et les désordres de l'asphyxie chez certains individus, sans déterminer les mêmes accidents chez d'autres ; par là nous voyons encore que la cause directe de la non oxigénation du sang veineux dans les poumons consiste dans le ralentissement apporté par l'air vicié dans les mouvements de l'encéphale, qui tient l'hématose sous sa dépendance.

§ III.

Comment la contractilité organique est modifiée par les influences excitatives.

On ne peut obtenir la contraction d'un tissu que sous la condition qu'une cause stimulante exerce son action sur ce tissu. Cette proposition est vraie pour toute espèce de mouvement actif, quel qu'il soit. D'une autre part, la force de l'excitant étant la même, on n'obtiendra pas toujours un effet identique ; il sera tantôt plus fréquent et plus intense, d'autres fois il perdra de son intensité pour acquérir seulement de la fréquence, et réciproquement la fréquence sera moindre et l'intensité plus considérable. Ce fait paraît dépendre de l'état actuel de l'impressionnabilité qui se trouve toujours dans des rapports déterminés avec l'énergie de la contractilité (1). La doctrine des Méthodistes, dont Thémison fut le chef, reposait entièrement sur les degrés comparatifs de

(1) Voyez l'article qui traite des rapports respectifs des phénomènes primitifs de la vie.

puissance avec laquelle s'opére le ton ou contraction insensible des tissus, degrés que ces médecins rattachaient à trois types, appelés par eux *strictum, mixtum* et *laxum*.

La constitution élémentaire de la fibre, c'est-à-dire celle qui est due à l'hérédité, détermine d'abord l'énergie de la contractilité organique. Il est reconnu que des père et mère vigoureux, dont la fibre est énergique, donnent généralement l'existence à des enfants chez qui la contractilité est plus puissante que chez ceux qui naissent d'individus énervés, de race abâtardie. Mais si on considère l'animal avec une organisation déterminée, la force relative avec laquelle ses tissus se contractent dépend de plusieurs circonstances qui modifient incessamment leur énergie. Toutes ces circonstances augmentent ou diminuent l'aptitude contractive de la fibre, suivant qu'elles sont plus ou moins favorables à la nutrition, puisque c'est de cette fonction générale que dépendent consécutivement les phénomènes primitifs qui leur ont donné lieu, *à priori*. Ainsi la nature de l'air, des aliments, les habitudes, l'exercice qui dérivent des goûts, de la profession, le régime, etc., sont autant de causes qui modifient l'assimilation et la désassimilation. La contractilité est donc entièrement subordonnée aux conditions vitales de la fibre; on peut la comparer à l'élasticité des corps inorganiques, avec cette différence que la force tonique étant intimement liée à l'état des phénomènes primitifs, comme eux elle subit des changements

continuels, en un très-court laps de temps, sous
l'influence des divers agents qui modifient l'action
vitale. Pour vous donner une idée de la manière
dont je conçois la force contractive, je dirai qu'elle
représente l'élasticité d'un arc ; l'action excitante des
modificateurs est la puissance qui tend cet arc, et la
contraction organique le mouvement réactif résultant de la tension de l'instrument élastique.

Plus un ressort est puissant, c'est-à-dire moins son
élasticité est facile à émouvoir, à éprouver l'action
de la force tensive, plus son mouvement réactif est
énergique, mais plus aussi la puissance qui sollicite
son exercice doit être considérable pour produire
son effet ; de même, plus la contractilité est susceptible de fonctionner énergiquement, sans sortir des
limites naturelles, plus le mouvement organique
est puissant, et plus également la force des stimulants doit être prononcée pour opérer son effet, parce
qu'alors l'impressionnabilité est moins susceptible.
Une contractilité très énergique avec une action
stimulante suffisamment forte pour la faire fonctionner, produit le mouvement organique le plus puissant. Dès que les influences excitatives ne sont plus
en rapport avec l'énergie de la contractilité, elles
déterminent des mouvements anormaux ; si elles
sont plus violentes que le comporte l'état de la puissance contractive, le mouvement sera plus fréquent,
tout en conservant d'abord une certaine intensité ;
mais bientôt la fréquence seule subsistera, elle aug-
mentera même, et alors la contraction sera moins

énergique, parce que la force qui produit ce mouvement s'use, s'épuise rapidement lorsque la cause qui sollicite son action agit trop activement et d'une manière trop continue. Telle une verge élastique qu'on soumet à la flexion, plus cette flexion est prononcée, plus les vibrations sont rapides et intenses, mais plus aussi l'exercice de l'élasticité du corps est violent et prolongé, et plutôt cette dynamie s'épuise et perd de son ressort. A mesure que ce ressort s'use, la verge cède de plus en plus facilement à l'impulsion qui détermine son mouvement, mais aussi ses vibrations sont de moins en moins énergiques ; en second lieu, si l'action de la force motrice n'a pas d'interruption, il est reconnu que la verge exécutera un plus grand nombre de vibrations dans un temps donné, lorsqu'elle offre une moindre énergie à la dynamie qui la fait mouvoir, que dans le cas où son élasticité est plus difficile à mettre en jeu. Voilà pourquoi les vibrations sont alors plus fréquentes et moins intenses. De même, si un organe éprouve des impressions trop excitantes, ses contractions augmentent d'intensité et de fréquence (période d'irritation) ; mais si cette action est longtemps prolongée, la puissance contractive s'use par suite de son exercice immodéré ; alors l'impressionnabilité devenant plus susceptible à mesure que s'opère cet épuisement, l'influence des stimulus détermine plus facilement le mouvement organique : de là le surcroît de la fréquence, et, en même temps, l'affaiblissement de son intensité. La faiblesse survenue dans la contraction des systèmes vasculaires, a pour conséquence directe le ralentissement de la circulation des liquides ; et lorsque l'épuisement de la contractilité est arrivé à un certain degré, les fluides distendent, congestionnent les vaisseaux qui les renferment, et ne peuvent les faire progresser. C'est alors la période d'inflammation.

L'action stimulante est-elle plus faible que le comporte la contractilité pour donner lieu à des mouvements ayant une intensité naturelle ? alors il n'y a production que de contractions lentes et faibles. C'est encore l'arc qu'une main impuissante veut tendre ; elle obtient à peine, par un effort lent, quelques degrés de tension, et le mouvement réactif de l'arc est aussi faible que l'effort qui le produit. Tel est le motif pour lequel les mouvements fonctionnels sont affaiblis lorsqu'on ne soumet pas l'organisme à un régime suffisamment excitateur, inconvénient aussi fâcheux que l'habitude des moyens trop stimulants, parce que ces deux extrêmes prédisposent également aux irritations et aux inflammations.

Nous avons dit que plus la contractilité est prononcée, plus les mouvements ont d'intensité lorsque l'exercice de cette force est sollicité par un stimulus assez énergique, et qui alors doit être plus violent que lorsque cette dynamie est faible. On doit donc reconnaître, en principe général, « que l'énergie du « ton fixe celle des stimulus dont l'organisme peut « supporter l'impression sans éprouver de modifi- « cations morbides. »

La puissance contractive (ou , si l'on veut, l'élément vital considéré en tant qu'il produit la contraction), s'épuise sous l'influence des agents excitateurs qui la mettent en jeu , et cela d'autant plus rapidement que leur action est relativement plus violente. Comme cette dynamie dépend directement de la nutrition, c'est-à-dire de son propre effet, le ralentissement des fonctions qui a nécessairement lieu lorsque les influences stimulantes n'agissent pas assez énergiquement, l'affaiblit donc aussi. De ces deux dernières considérations découlent les conséquences suivantes : 1° que l'exercice de la contractilité doit être renfermé entre certains degrés d'intensité; 2° que s'il est trop violent, cette dynamie organique est bientôt épuisée, et qu'alors la fibre tombe dans le relâchement qui succède à son état d'irritation ; 3° que si, au contraire , cet exercice n'est pas assez énergique, les mouvements fonctionnels n'ayant pas une intensité suffisante, la nutrition languit et la contractilité s'affaiblit elle - même consécutivement. De là naît le laxum organique par défaut d'excitation suffisamment énergique.

Ainsi, en supposant que les divers degrés d'intensité qu'on peut établir dans la puissance contractive soient au nombre de 150, si la force des stimulus ne produit le mouvement organique qu'au 30° ou 40° degré , ce mouvement est trop faible pour l'entretien de la vie. Au contraire , la force de la contraction est-elle portée jusqu'au 90° ou 100° degré ? les fonctions s'exécutent avec toute l'intensité convenable, sans sortir de l'état naturel. Mais si la violence des excitateurs produit une contraction portée au 140e ou 150e degré d'intensité, la fibre est dans une tension spasmodique, convulsive ; c'est la contraction irritative, c'est le strictum qui précède l'inflammation ; alors les sécrétions, les absorptions, etc., sont nécessairement troublées par ce jeu insolite des solides. Les degrés qu'on peut établir dans l'énergie de la contractilité sont relatifs à ceux qui existent dans la force des modificateurs stimulants qui sollicitent son action, et l'activité des stimulus ne peut être calculée que d'après les modifications qu'ils impriment à l'impressionnabilité ; de là les rapports étroits qui existent entre les manières d'être de la contractilité et celles de la modifiabilité vitale.

En basant les degrés de la force contractive sur ceux que l'on peut établir dans l'activité relative des stimulus sur l'impressionnabilité, et en supposant que ces degrés sont au nombre de 150 à 200 degrés, l'observation nous démontre que pour que la contraction organique s'opère chez certains individus, il faut le modificateur dont l'énergie est comme 30 ou 40, et que chez d'autres l'influence stimulante au 10e ou 15e degré est suffisante. Il résulte de là que, pour que chez les premiers la contraction organique soit portée à un degré déterminé d'intensité, il faudra un stimulant dont la force est de 80 ou 100 degrés, tandis que chez les seconds, la force excitative au 30e ou 40e degré sera suffisante ; et s'ils se soumettaient à l'action de stimulus dont la puissance est portée au 80e ou 100e degré, il y aurait chez eux contraction irritative de la fibre. Comparé à lui-même en diverses circonstances, un individu présente des différences marquées quand on le considère sous le rapport de l'énergie de la contractilité de ses organes, c'est-à-dire que chez lui cette dynamie s'accroît ou s'affaiblit, suivant les conditions particulières où il se trouve, et qu'alors il peut et doit se soumettre à des influences plus ou moins stimulantes.

La contractilité est suffisamment énergique pour que la vie s'effectue normalement, lorsqu'elle se trouve en rapport avec la puissance stimulante des modificateurs qui agissent habituellement sur l'économie, tels que l'air, les aliments, la température ambiante, les impressions tactiles et figuratives qui agissent sur les sens. Si ces agents déterminent une contraction ou trop énergique ou trop faible, ils donnent lieu aux états physiologiques anormaux dont j'ai parlé, et qui constituent la maladie, soit de l'irritation de la fibre, qui ne tarde pas à être suivie de son relâchement, parce que sa contractilité s'épuise par un exercice immodéré, soit de l'atonie des tissus par simple défaut d'excitation, sans qu'il y ait eu auparavant de strictum, ce qui est plus rare.

On peut réduire à trois types bien tranchés toutes les manières d'être de la contractilité organique.

A. La contractilité se trouve en rapport avec l'intensité des stimulus qui la font fonctionner ; alors elle produit les mouvements naturels qui ont lieu pendant la santé.

B. Contractilité mise en jeu par des stimulants trop actifs, et donnant lieu à la contraction organique portée au-dessus du type normal ; c'est l'irritation des solides.

C. Contractilité donnant lieu à des mouvements trop faibles pour l'exercice des fonctions. Cet état peut provenir 1° d'un épuisement subit à la suite d'une contraction immodérée, comme cela arrive après la période d'irritation ; 2° d'un épuisement lent, comme celui qui survient chez les vieillards ou chez les personnes avancées en âge qui se sont énervées, usées par des excès quelconques ; ou bien encore chez celles qui sont mal nourries, qui respirent un air insalubre, qui n'éprouvent pas des stimulations assez toniques, ou enfin qui sont soumises à des influences débilitantes. Moins le ton est prononcé, plus un excitateur donné a d'action sur la contractilité ; de là vient qu'un organe s'irrite d'autant plus facilement qu'il est plus relâché. Chez les individus énervés la période de l'irritation est de courte durée ; celle de l'atonie énergique ne tarde pas à la remplacer, tandis que chez les individus dont la contractilité est très énergique, l'existence de l'irritation est longtemps prolongée, parce que l'épuisement de la force contractive se fait plus difficilement ; de là vient que, dans la première circonstance, il ne faut pas continuer trop longtemps l'emploi de la médica-

tion relâchante, énervante, et que parmi les moyens
thérapeutiques capables de produire cet effet physiologique, on ne doit faire usage que de ceux dont l'action est la moins prononcée ; on doit, au contraire,
insister davantage sur l'emploi des moyens débilitants
lorsque l'irritation de la fibre a plus de persistance.
La tonicité peut enfin avoir peu d'énergie, non parce
qu'elle est usée, épuisée, mais par une condition particulière de la constitution des tissus, qui est due ordinairement à l'hérédité ; ce sont les individus qui
ont cette constitution en partage, dont la fibre est,
comme on le dit vulgairement, molle, lâche.

La contractilité est mise en jeu, avons-nous dit,
par l'action des excitants, et elle donne lieu à une
contraction portée à un degré plus ou moins élevé
d'intensité, ou descendant à des degrés plus faibles
à mesure que s'accroît ou que diminue l'énergie des
stimulus. Ainsi, par exemple, le maximum de la
puissance contractive étant fixé à 60 degrés, cette
dynamie opérera une contraction comme 60, si elle
est sollicitée par un stimulant assez fort ; mais à mesure que l'action du stimulus s'affaiblira, l'énergie
de la contraction diminuera dans les mêmes proportions, et descendra, par exemple, de 60 degrés
au 20ᵉ ou au 30ᵉ degré. Mais quand le ton s'est
abaissé à ses plus faibles degrés d'énergie, il faut
employer, pour le faire remonter aux degrés les plus
élevés, une force stimulante dont l'intensité soit
graduée, c'est-à-dire s'accroisse insensiblement ; si
alors la contractilité est mise en jeu par une im-

pulsion qui la fait fonctionner normalement lorsqu'elle est montée à son 50ᵉ ou 60ᵉ degré, cette
impulsion produit, en cette circonstance, un ébranlement trop considérable et tous les phénomènes
de la contraction irritative. C'est ainsi que pour faire
valoir toute l'élasticité d'un arc, d'un ressort, sa tension doit se faire par gradation ; de cette manière
l'élasticité est susceptible d'être portée beaucoup plus
loin que si l'effort qui le met en jeu est brusque.
Lorsque l'effort porté à son plus haut degré de force
est produit instantanément, le ressort peut se briser,
et le mouvement réactif qui résulte de cette tension
est plus précipité, sans avoir la même énergie que
si la tension a été graduée. Nous verrons dans la suite
que les différentes manières d'être de la contractilité,
résultant de l'action des modificateurs sur les organes, s'expliquent par les rapports qui existent entre
les états de cette force et ceux de l'impressionnabilité.

§ IV.

De la contraction organique dans les vaisseaux capillaires.

La contraction insensible ou le ton s'opère dans
tous les tissus, sans exception, dans la peau, dans
la trame cellulaire, dans les membranes séreuses,
dans les muscles, les nerfs, le cerveau, les divers
systèmes vasculaire, etc. Il est certain que ce phénomène joue un rôle essentiel et direct dans la nutrition ; mais on ne saurait indiquer quels sont tous
ses effets particuliers dans cette circonstance. La

seule action de sa part qui soit probable pour nous ,
c'est que dans les différents genres de vaisseaux capillaires il opère la progression des fluides qu'ils
contiennent. Je vais entrer dans quelques détails ,
mon cher ami , pour vous démontrer cette dernière
proposition, parce qu'elle est niée par quelques physiologistes mécaniciens, qui prétendent que la circulation du sang rouge dans les capillaires artériels
n'est déterminée que par les contractions ventriculaires, et que les absorbants et les exhalants ne jouent
aucun rôle actif dans les phénomènes de l'absorption
et de l'exhalation vitale, qui ne doivent être considérés que comme un simple fait de la capillarité
physique et de l'imbibition.

Deux opinions partagent maintenant les physiologistes sur les causes de la circulation capillaire ;
c'est, d'une part, celle d'Harvey qui attribue la progression du sang dans les extrémités des arbres artériel et veineux à la seule contraction du cœur
gauche : selon lui, les capillaires sont entièrement
passifs dans ce phénomène. D'une autre part, Bichat
a soutenu qu'une fois arrivé dans les capillaires artériels , le sang n'est plus sous l'influence de la force
impulsive du cœur, qui se trouve anéantie par suite
des obstacles qu'elle a eu à vaincre , et qu'alors
c'est une action spéciale des capillaires qui détermine
sa progression dans leur intérieur (1).

Telles sont, en résumé, les deux opinions qui

______

(1) Borelli et Baglivi avaient déjà admis la contraction des systèmes
capillaires.

divisent les physiologistes de nos jours ; un des plus distingués d'entre eux , M. Magendie, adoptant les idées du médecin Anglais à cet égard , a cherché à les justifier par une série d'expériences qu'il regarde comme concluantes. Voici comment il s'exprime à ce sujet dans son traité de physiologie (*tome* II, *page* 374) :

« Mais admettons pour un instant l'action des
« capillaires , en quoi la fait-on consister? Est-ce
« une contraction plus ou moins forte par laquelle
« ils chassent le sang qui les remplit? En se serrant,
« ils chasseront , je veux le croire , le sang ; mais
« il n'y a aucune raison pour qu'ils le dirigent plu_
« tôt du côté des artères que du côté des veines.
« Ensuite le petit vaisseau vide , comment se rem-
« plira-t-il de nouveau? Ce ne peut-être qu'autant
« que le cœur y poussera de nouveau le sang , ou
« bien qu'en se dilatant il attirera le liquide placé
« dans les vaisseaux voisins ; dans cette supposition,
« il attirera tout aussi-bien celui des veines que celui
« des artères. Ainsi, en admettant, ce qui assurément
« est une supposition gratuite, que les vaisseaux
« capillaires se dilatent et se resserrent alternative-
« ment, on n'aurait pas encore une explication de
« la fonction qu'on lui attribue. Pour qu'ils puissent
« avoir cet usage, il faudrait que chaque capillaire
« fût disposé d'une manière analogue au cœur, qu'il
« fût composé de deux parties, dont l'une se dilaterait
« pendant que l'autre se contracterait, et qu'entre
« elles il y eût une valvule analogue à la mitrale. »

Telle est l'argumentation soulevée contre l'opinion de Bichat ; mais elle est fort éloignée d'avoir toute la valeur qu'on lui suppose. En effet, comment ne voit-on pas d'abord qu'en se contractant les capillaires doivent chasser le sang dans les veines plutôt que dans les artères ? La raison en est cependant facile à saisir ; la colonne du sang artériel presse avec plus de force sur l'ouverture des capillaires que celle du sang veineux, car 1° cette colonne agit de tout son poids, tandis qne la colonne de sang contenu dans les veines est coupée de distance en distance par des valvules qui supportent le poids des petites colonnes de liquide qui résultent de cette disposition anatonique ; en sorte qu'à sa base la colonne totale est loin d'exercer une pression en rapport avec la quantité de liquide qui la forme ; 2° les contractions du cœur et des grosses artères impriment à la colonne du sang rouge qui aboutit aux capillaires, une force de résistance qui manque au sang contenu dans les troncs veineux. On sait que toutes les veines dépourvues de valvules se trouvent à la partie supérieure du corps, et que loin d'exercer une pression sur les ouvertures par lesquelles il arrive, le sang contenu dans ces vaisseaux se précipite en bas vers le ventricule droit ; dans ce cas il est encore évident que le sang artériel presse seul sur les ouvertures des capillaires par l'impulsion qu'il reçoit du cœur. Il est donc tout naturel que le sang, comprimé par la contraction des capillaires, s'échappe par l'ouverture où il rencontre le moins de résistance, et s'achemine par les veines plutôt que par les artères.

La seconde objection est-elle plus fondée? Assurément non ; supposons même qu'il n'y a pas de valvules dans les ramuscules veineuses, ce qui n'est pas probable, puisqu'on les trouve toujours dans les grosses veines toutes les fois qu'elles sont nécessaires pour s'opposer au reflux du sang, en accordant même l'avantage de cette hypothèse, on peut concevoir encore pourquoi le vaisseau capillaire, en se dilatant, se remplira de sang artériel plutôt que de sang veineux. La pression du premier de ces liquides est bien plus puissante que celle du second ; si, au moment de la dilatation du capillaire il n'y a pas de raison pour que l'un y pénètre plutôt que l'autre, on admettra donc qu'ils y arrivent ensemble. Mais alors qu'arrive-t-il? Le sang rouge étant chassé par une impulsion plus énergique, s'y précipite avec plus de force et de promptitude, envahit un plus long espace, et fait refluer devant lui le sang veineux dont la résistance cède à une puissance supérieure. Il est facile de voir que les objections soulevées contre l'opinion qui admet le rôle actif des capillaires dans la circulation du sang, sont loin d'avoir l'importance qu'on leur prête, et qu'il n'est nullement nécessaire que les capillaires ayent une forme semblable à celle du cœur pour expliquer le cours du sang dans leur intérieur, au moyen du resserrement de leurs parois.

Maintenant si nous examinons l'expérience qui,

selon M. Magendie, infirme la théorie de l'action spéciale des capillaires dans la circulation, doit-elle nous paraître concluante? « Après avoir passé une « ligature autour de la cuisse d'un chien, dit-il, « sans comprendre ni l'artère ni la veine crurales, « appliquez une ligature séparément sur le veine, « près de l'aine, et faites ensuite une légère ouver- « ture à ce vaisseau ; aussitôt le sang s'échappera « en formant un jet assez élévé. Pressez ensuite l'ar- « tère entre les doigts pour empêcher le sang arté- « riel d'arriver au membre, *le jet du sang vei-* « *neux ne s'arrêtera pas pour cela, il continuera* « *quelques instants,* mais il ira en diminuant et « finira par s'arrêter, quoique la veine soit pleine « dans toute sa longueur. Si pendant la production « de ces phénomènes on examine l'artère, on verra « qu'elle *se resserre peu à peu,* et *qu'elle finit par* « *se vider complètement;* c'est alors que le sang « de la veine s'arrête. A cette époque de l'expé- « rience, cessez de comprimer l'artère, le sang « poussé par le cœur s'y précipitera aussitôt qu'il « sera arrivé dans les dernières divisions, le sang « recommencera à couler par l'ouverture de la « veine, et le petit jet se rétablira comme aupara- « vant. »

La seule conclusion que l'on puisse tirer de cette expérience consiste à dire que la circulation vei- neuse éprouve consécutivement toutes les modifica- tions imprimées à la circulation artérielle ; mais on n'y trouve rien qui prouve que les capillaires ne se contractent pas. Il n'y a rien d'étonnant que le sang cesse de couler quelques temps après qu'on a arrêté celui des artères, et que, dans les premiers vaisseaux, sa quantité soit en rapport avec celle qu'on laisse arriver du cœur. Ce serait trop exiger de vouloir que le sang coulât continuellement dans les tubes veineux, quand il n'y a plus de circulation artérielle ; de vouloir qu'après s'être vidés du sang qu'ils contenaient, les capillaires en fournissent encore aux veines. En considérant les phénomènes qui s'offrent dans cette expérience, je dis même qu'elle est probante contre l'assertion d'Harvey. Si on presse l'artère pour empêcher le sang artériel d'arriver, *le jet du sang veineux ne s'arrétera pas pour cela*, dit M. Magendie, *mais continuera quelques instants, et ce n'est que lorsque l'artère s'est vidée complètement que le sang de la veine s'arréte.* Je demanderai quelle est la cause qui détermine le passage du sang des capillaires artériels dans les veines, *qui continue encore quelques instants après qu'on a comprimé l'artère*, et qui ne cesse que lorsque la portion d'artère qui se trouve au-dessous de la compression s'est vidée complètement? Ce ne peut être l'impulsion du cœur, puisque vous avez empêché cette impulsion en comprimant l'artère. Il y a donc une autre cause qui fait cheminer le sang dans la partie du vaisseau qui est au-dessous de la partie comprimée ; car, s'il en était autrement, la circulation devrait cesser instantanément aussitôt que cessent les contractions du ventricule gauche, si ces contractions étaient l'u-

nique cause de la progression du sang dans les capillaires. J'ai dit précédemment que probablement il
existait une disposition anatomique qui s'opposait
au reflux du sang dans les ramuscules artérielles,
lorsqu'il était arrivé dans les capillaires veineux et
des veines dans ces capillaires ; n'en avons-nous pas
la preuve dans cette plénitude de la veine qui per-
siste lorsque l'artère est entièrement vidée. Si le
sang pouvait faire un mouvement rétrogade, il est
évident qu'il prendrait un niveau égal dans les deux
vaisseaux, dans l'artère et la veine correspondante.

La dernière objection contre le mouvement actif
des vaisseaux capillaires, est celle-ci : « Si ce mou-
« vement est insensible, qui en a révélé l'existence?
« Ne compliquons pas une question simple par des
« suppositions vagues et dénuées de preuves, et ad-
« mettons l'explication qui se présente naturelle-
« ment à l'esprit, savoir que la cause principale qui
« fait passer le sang des artères dans les veines
« est la contraction du cœur. »

Au lieu d'appeler hypothèse dénuée de preuves
l'admission du mouvement contractif des capillaires,
ne doit-on pas plutôt dire : Ces vaisseaux ont la
même organisation que les artères principales, dont
ils ne sont que la continuation ; ils exécutent une
fonction identique à la leur, pourquoi n'auraient-
ils pas les mêmes moyens pour son accomplissement ? Pourquoi le mécanisme de la circulation
changerait-il tout-à-coup ? Quel point assignera-t-
on dans l'arbre artériel où doivent cesser ses sys-

toles? Est-ce à la troisième, est-ce à la quatrième, à la cinquième, à la sixième subdivision, etc.? N'est-ce pas plutôt une supposition gratuite que d'avancer que le sang circule d'une autre manière dans les artérioles que dans les grosses artères, lorsqu'il y a similitude absolue dans leur disposition et leur texture anatomique, dans leur but fonctionnel? Qui vous a dit aussi que ces petits vaisseaux sont dépourvus d'un mouvement actif de contraction?

Mais outre que toutes les probalités militent en faveur de l'opinion de Bichat, je dis même que celle d'Harvey est inadmissible, vu que le mouvement circulatoire du sang dans ces petits vaisseaux amènerait nécessairement et promptement leur rupture, s'il n'y avait pas réaction active de leur part pour faire équilibre à l'extension permanente que le liquide qu'ils contiennent tend à leur faire subir. En effet, ces petits vaisseaux sont très délicats et facilement dilatables : or, peut-on supposer que leurs parois supporteraient la pression d'un liquide qui y aborde sans interruption, et qui tend à les écarter non seulement par son poids, mais encore par l'impulsion si violente qu'il reçoit du cœur et des grosses artères, s'il n'y avait chez elles une force de résistance qui les rapprochent continuellement toutes les fois qu'elles ont subi une dilatation. Voyez comme les plus grosses veines, qui sont dépourvues d'une réaction aussi active contre le liquide qu'elles contiennent, se dilatent facilement lorsqu'on tient un membre dans une position qui s'oppose au retour du

sang au cœur droit ; voyez comme leur élasticité organique est bientôt vaincue, comme elles deviennent variqueuses à mesure que nous avançons en âge;
et cependant dans ces tubes le sang est loin d'exercer une action expansive aussi énergique que dans
les artères, car le mouvement d'impulsion qui lui
est communiqué dans ces derniers vaisseaux lui
manque ici. Combien faudrait-il de temps à une
veine pour acquérir un volume extraordinaire, si le
sang y arrivait directement du cœur gauche, la texture de ses parois offrît-elle encore deux fois plus
de résistance? Cet accident a constamment lieu toutes
les fois que la blessure simultanée d'une artère et
d'une veine produit le passage du sang artériel dans
la veine ; alors a lieu une dilatation plus ou moins
considérable de ce dernier vaisseau, suivant l'importance de l'artère qui lui fournit le sang ; la tumeur
qui en résulte constitue l'anévrisme variqueux ou
par anastomose. La varice est un accident très-com-
mun, il n'est pas de personne arrivée à l'âge de trente
ans qui n'en présente plusieurs sur elle ; l'anévrisme
ou dilatation anormale des artères est, au contraire,
un fait très-rare comparé à la fréquence des varices;
la plûpart des animaux périssent sans en offrir de
traces. Cependant cette affection devrait être très-
commune si les artères se trouvaient dans la condition des veines, c'est-à-dire si elles étaient dépourvues d'une réaction active contre l'impulsion du sang
rouge, et si, comme les veines, elles n'avaient à lui
opposer que la simple élasticité physique de leur tissu.

Si on refuse aux capillaires artériels les mouvements de contraction propres aux branches qui les
fournissent, on voit qu'il est impossible qu'ils ne
subissent pas , au bout d'un temps assez court,
une dilatation morbide qui finirait par produire leur
rupture. Considérons enfin qu'il existe beaucoup
d'animaux qui n'ont pas de cœur et chez lesquels la
circulation se fait néanmoins ; donc cet organe n'est
pas d'une absolue nécessité pour déterminer la progression du sang. De plus, ces mouvements oscilla-
toires et rétrogrades des globules du sang, observés
d'abord par Spallanzani et Haller , et plus récemment par MM. Prevost et Dumas , ne seraient pas
concevables si on admettait que le sang est chassé
dans les capillaires avec toute l'énergie que peuvent
lui imprimer les contractions ventriculaires ; c'est,
en outre , dans leur intérieur que s'opèrent tous les
phénomènes de l'organisation , toutes ces compositions et décompositions successives de la nutrition ;
il faut un certain temps pour que ces phénomènes
s'opèrent , et l'on ne peut croire que l'intervalle
d'une systole à l'autre soit suffisant pour cela. Reconnaissons donc que toutes les présomptions militent en faveur de l'opinion qui admet que les capillaires artériels sont doués d'un mouvement actif,
identique à celui des grosses artères.

§ V.

**Les vaisseaux absorbants exécutent des mouvements actifs
pour opérer leur fonction spéciale.**

Le mécanisme par lequel les vaisseaux dits *absorbants* opèrent leur fonction spéciale , est trop mi-
croscopique pour être saisissable par les sens ; son
résultat seul , c'est-à-dire l'absorption et la circulation des fluides qu'ils renferment est évident et
nous annonce son existence. Mais dans l'absorption
les vaisseaux absorbants sont-ils inerts , c'est-à-dire
ne jouent-ils que le rôle des pores de la matière
brute , ou , en d'autres termes , l'absorption vitale
n'est-elle due qu'à la simple imbibition à la capillarité physique des tissus , ainsi que M. Magendie a
tâché de le prouver par des expériences qu'il croit
concluantes à cet égard ?

Voici le résultat analytique des expériences tentées par ce physiologiste sur des animaux vivants et
morts.

A. Si l'on met un poison en contact avec la plèvre d'un animal vivant, son absorption se fait en
raison inverse de la plénitude de ses vaisseaux , que
l'on augmente ou qu'on diminue à volonté par des
injections d'eau dans les veines et par la saignée.
De ce phénomène on tire la conclusion qu'on ne
doit voir en lui que le fait physique commun à
tous les corps sans exception , chez qui l'absorption
est d'autant plus prompte et plus active , qu'ils sont

plus éloignés de leur maximum de saturation ; donc l'absorption consiste dans la simple attraction capillaire des vaisseaux.

B. Plongez la veine d'un animal mort dans un acide, et remplissez-la d'eau tiède, l'acide pénétrera à travers les parois du vaisseau et viendra se mêler à l'eau.

C. En dénudant la veine jugulaire d'un jeune chien vivant, et en plaçant un poison sur la partie externe du vaisseau, ce poison est absorbé et produit son effet.

D. En remplissant un péricarde d'eau acide et en faisant une injection d'eau tiède par l'artère coronaire, de manière à ce que le liquide arrive par la veine du même nom au ventricule droit du cœur, l'acide traverse l'épaisseur du ventricule et se mélange à l'eau.

Tels sont les faits dans lesquels on a cru voir la preuve du rôle passif des vaisseaux absorbants dans leur fonction. Mais, d'abord, de ce que les bouches des absorbants aspirent moins rapidement lorsque ces vaisseaux sont déjà remplis, distendus par un liquide, peut-on en conclure qu'ils doivent être assimilés aux pores d'une substance inorganique où les liquides pénètrent par la simple capillarité ? N'est-ce pas le fait caractéristique de tous les mouvements de l'organisme de se ralentir, de cesser même, lorsque la fonction qu'ils sont appelés à remplir est accomplie ? En effet, l'action des organes est sollicitée par les besoins directs de la vie, et ces

besoins se réduisent à deux genres : ceux du premier
genre portent l'animal à introduire dans l'économie
des matériaux de nutrition ; ce sont ceux de la faim,
de la soif, de l'aspiration d'un air vital, etc. ; les
besoins du second genre excitent, au contraire,
chez lui des mouvements qui ont pour but d'élimi-
ner de l'organisme les parties devenues impropres à
l'action de la vie. Il y a donc des organes dont la
fonction consiste à importer dans l'économie les éléments de la nutrition, et d'autres, au contraire,
dont les mouvements ont pour but de rejeter du
corps les produits excrémentitiels ; en sorte que,
d'un côté, le besoin ne cesse de se faire éprouver
que lorsque certains organes ont acquis un certain
degré de plénitude : tels sont l'estomac, les intestins, et consécutivement les différents genres de
vaisseaux qui portent les aliments déjà modifiés dans
l'intérieur de l'économie, c'est-à-dire les lymphatiques chylifères, les radicules veineuses qui tapissent
la muqueuse gastro-intestinale, enfin ceux qui opèrent la résorption des liquides récrémentitiels, et,
en un mot, tous les organes qui importent quelques
matériaux dans l'économie, qui exécutent une fonction *afférente*. D'une autre part, les organes qui
sont chargés de rejeter les produits excrémentitiels
font éprouver à l'animal un besoin particulier, non
pas lorsqu'ils sont vides comme les premiers, mais,
au contraire, quand ils ont subi un certain degré
de distension par l'accumulation dans leur intérieur
des matières qui doivent être éliminées de l'écono-

mie. La vessie, le rectum, les canaux salivaires de Sténon et de Warthon, etc., font éprouver le besoin d'exonération sitôt que ces réservoirs contiennent une certaine quantité d'urine, de fecès, de salive, et ce besoin cesse dès qu'ils sont vidés.

Ces simples considérations déduites de faits inconstables, nous expliquent naturellement la cause du ralentissement de l'absorption dans les vaisseaux absorbants quand ils sont remplis, et pourquoi l'activité de cette fonction est proportionnelle à leur vacuité. Passez en revue toutes les fonctions afférentes, et vous reconnaîtrez partout ce fait. Le besoin de manger, toujours concommittant de la vacuité de l'estomac, sollicite de la part de l'animal les mouvements qui doivent y effectuer l'introduction des aliments ; quand une fois l'organe a acquis un certain degré de plénitude, le sentiment appelé la faim ne se fait plus éprouver, parce qu'on cesse d'avoir lieu dans l'estomac les mouvements organiques qui sont la cause déterminante de ce mode de sentir (1). Cependant de ce que les mouvements de prension, de mastication et de déglutition cessent lorsque le besoin de la faim est satisfait, en concluerez-vous que la réplétion du ventricule digestif n'est qu'un fait mécanique analogue à l'imbibition, parce que les actions organiques qui l'opèrent cessent dès que l'organe est saturé d'aliments ? Une fois

____

(1) Le sentiment de la faim est généralement rapporté à la contraction de l'estomac, qui, lorsque ce viscère est vide, détermine le frottement de ses parois l'une contre l'autre.

l'estomac rempli, le chyle étant plus abondant, ce liquide gonfle les vaisseaux lactés, dont la fonction n'est que la continuation de celle des intestins ; les autres parties liquides des aliments non converties en chyle, sont absorbées par les ramuscules des veines mésentériques. Le système vasculaire afférent fournit incessamment les éléments destinés à l'assimilation, et l'activité de sa fonction est toujours en rapport avec celle du travail assimilateur et désassimilateur. Quand les vaisseaux absorbants sont remplis, leur fonction doit donc nécessairement se ralentir. C'est un fait à la connaissance de tous les physiologistes, de tous les médecins, que la résorption des matières recrémentitielles prend un surcroît d'activité dans le jeûne, c'est-à-dire lorsque les chylifères et les veines méséraïques ont déjà absorbé tous les aliments contenus dans les voies digestives ; dans ce cas, la nutrition ne pouvant s'opérer qu'au détriment des parties intégrantes de l'organisme, les lymphatiques, dont la fonction est essentiellement afférente, absorbent les liquides intersticiels, et de cette manière suppléent à l'absorption momentanément interrompue des éléments ordinaires de nutrition (1). Si, dans cette condition, on introduit dans l'estomac des aliments, il est évident que leur absorption sera beaucoup plus rapide que si les vaisseaux afférents sont déjà remplis. Chez les conva-

____

(1) C'est par cette résorption des liquides intersticiels, que plusieurs rats de la famille des rongeurs se nourrissent pendant plusieurs mois de l'année sans prendre de nourriture.

lescents amaigris, l'absorption se fait beaucoup plus rapidement qu'avant la maladie ; aussi la faim est-elle alors et plus prononcée et plus fréquente? Il paraît que les besoins de manger, de boire, n'ont pas d'autre cause que le rapprochement des parois des vaisseaux absorbants ouverts dans l'estomac et le pharynx ; quand ces vaisseaux sont vidés, leurs contractions continuant d'avoir lieu, leurs parois respectives exercent les unes sur les autres un frottement qui augmente leur excitabilité à tel point, que l'impression qu'elles reçoivent alors de ce frottement agit jusque sur les centres de perceptions, et donne lieu au sentiment particulier appelé faim ou soif. Chez les personnes très-irritables, ce sentiment est plus prononcé que chez les individus dont le système nerveux est moins impressionnable ; il devient même douloureux si on ne satisfait promptement le besoin, car alors surviennent les contractions convulsives du gaster, désignées communément sous la dénomination de crampes d'estomac.

Il est également reconnu qu'une alimentation trop abondante, ainsi que toutes les circonstances qui ralentissent les excrétions, sont un obstacle à la résorption des liquides récrémentitiels, et donnent lieu à un embonpoint excessif, au boursoufflement du tissu cellulaire, aux engorgements chroniques des viscères, à leur hépatisation. Si les personnes qui boivent beaucoup de liquide dans un repas, urinent à mesure qu'à lieu l'ingestion du liquide, elles supportent d'autant mieux l'action de la boisson que l'excrétion urinaire est plus abondante, parce que l'activité de l'absorption est toujours subordonnée à celle de l'excrétion.

Concluons donc de tous ces faits 1º que les organes dont les fonctions ont pour objet d'introduire dans l'organisme les éléments de nutrition, exécutent ces fonctions avec une activité qui est dans un rapport inverse à leur degré de réplétion ; 2º que les absorbants veineux et lymphatiques ayant pour attribution de porter les produits de la digestion dans la circulation, exécutent une fonction de ce genre, d'où il résulte que la promptitude avec laquelle ils résorbent doit être en raison inverse de leur degré de plénitude ; 3º que l'observation faite par M. Magendie dans son expérience sur la promptitude de l'absorption des plèvres, comparée au degré de plénitude des systèmes vasculaires, n'exprime qu'un fait très ordinaire de l'absorption, et qui résulte de la loi dont je viens de vous parler, mon cher ami, mais qu'elle ne prouve nullement le rôle passif des absorbants dans ce phénomène.

Si l'absorption n'a aucun rapport avec l'impressionnabilité spéciale des organes qui l'opèrent, je demanderai pourquoi les vaisseaux chylifères n'admettent jamais que du chyle dans leur intérieur, et pourquoi, d'une autre part, les veines méséraïques n'absorbent que les autres liquides de la digestion, et jamais le chyle ? Ecoutons M. Magendie qui nous en explique ainsi le motif; nous en sommes encore aux théories mécaniques de Frédéric Hof-

mann et de Boerhawe : « Si les vaisseaux absorbants
« du chyle commencent par des orifices visibles,
« on peut comprendre comment le chyle s'y en-
« gage, tandis qu'il n'entre pas dans les vaisseaux
« sanguins. Le chyle, avons-nous dit, présente des
« globules ; or, ces globules seraient trop gros pour
« passer à travers des simples porosités des parois
« vasculaires, tandis qu'ils trouveraient toutes faci-
« lités pour entrer dans les ouvertures par lesquelles
« commencent les vaisseaux chylifères (1). » Plus
loin, ce même physiologiste nous dit, en parlant
de l'absorption veineuse dans les intestins :

« Ce sont les villosités intestinales, formées en
« partie par les radicules veineuses qui absorbent
« dans l'intestin grêle tous les liquides, à l'excep-
« tiòn du chyle. Il est facile de s'en convaincre en
« introduisant dans cet intestin des substances odo-
« rantes ou fortement sapides (2). »

Si vous considérez l'absorption comme un simple
fait de la capillarité, de l'imbibition physique, je vous
demanderai comment il se fait que les liquides absorbés par les bouches des radicules veineuses ne le
sont pas aussi par celles des chylifères, qui sont
beaucoup plus grosses, d'après votre propre affirmation ? Ici votre théorie mécanique est en défaut, car
je vous dirai : les villosités intestinales formées par
les radicules veineuses ont des ouvertures ou plus
grandes ou plus petites que celles des chylifères ; si

(1) Précis de physiologie, tome II, pages 181 et 182.
(2) *Idem*, tome II, page 258.

elles sont plus vastes , les globules du chyle y pénè-
treront comme les autres liquides ; si , au contraire, elles sont plus étroites , les parties qu'elles
admettent doivent s'engager aussi dans les bouches
des lactés. Or, vous avez reconnu vous-même que
tous les liquides de la digestion ne pénètrent pas
indistinctement dans ces deux genres de vaisseaux ; donc , 1° il existe une cause particulière
qui attire dans l'intérieur des absorbants l'un ou
l'autre modificateur, selon sa composition spéciale ;
2° que cette cause ne consiste nullement dans la
grosseur relative des bouches absorbantes et des globules des liquides en contact avec elles , mais dans
la nature de l'impressionnabité propre à chacun des
orifices veineux et chylifères qui se dilatent ou se
contractent, suivant qu'ils reçoivent l'impression du
chyle ou d'un autre liquide , pour l'admettre dans
l'intérieur du vaisseau ou lui en défendre l'entrée (1).

Que prouve encore l'expérience démontrant qu'un
liquide pénètre à travers les parois d'un vaisseau
pris sur un animal mort? Voilà un fait entièrement
dû à la simple capillarité , mais qui ne ressemble en
rien au phénomène de l'absorption physiologique.
Un tissu qui n'est plus soumis aux lois de la vie rentre
dans les conditions de la matière inorganique, et n'o-
béit plus qu'aux forces physiques. Personne, que je
sache du moins, a prétendu que des organes morts
sont soustraits à la loi de la capillarité, et qu'ils ne

(1) Voyez ce que nous avons dit de l'impressionnabilité spéciale de
chaque organe , *page 56 et suivantes.*

s'imbibent point des liquides dans lesquels on les plonge. Mais l'expérience de M. Magendie est incomplette ; il aurait dû mettre aussi un acide dans les ventricules du cœur et de l'eau dans le péricarde, et il aurait probablement vu que ce liquide se serait également mélangé avec l'eau, quoique les vaisseaux absorbants par lesquels s'opèrent principalement alors les phénomènes de la capillarité, doivent avoir une conformation qui favorise l'arrivée des liquides de la circonférence des organes à leur centre, plutôt que de leur centre à leur périphérie. De plus, un corps poreux s'imbibe de tout liquide assez subtil pour le pénétrer, quelle que soit d'ailleurs sa nature, tandis que dans l'absorption vitale les vaisseaux, les pores qui l'effectuent, ne se remplissent pas indistinctement de tous les fluides mis en rapport avec leurs orifices ; ils ne se laissent pénétrer que par ceux dont le mode d'action est en rapport avec leur impressionnabilité spéciale.

L'absorption d'un poison appliqué sur la jugulaire d'un chien vivant mise à nu, n'est pas davantage un fait de l'imbibition physique. Dans un tissu où la vie a cessé d'exercer son empire, la seule imbibition est possible. Quand vous dénudez une partie vivante, vous déchirez tous les instruments qui y portent la vie, les nerfs, les vaisseaux de tous genres; et quoique éprouvant une altération importante, ces organes exécutent encore leurs fonctions respectives pendant un certain temps. Parmi les liquides qui circulent dans les systèmes vasculaires qui entrent dans la composition des organes , les uns exécutent un mouvement excentrique, et les autres un concentrique ; ainsi les capillaires artériels qui entrent dans les parois de la veine dénudée, dont parle M. Magendie, exécutent un mouvement qui porte le sang rouge dans le tissu de ce vaisseau , et les capillaires veineux qui rapportent ce sang dans les grosses veines le versent soit dans la veine même dont ils font partie , soit dans les veinules qui se trouvent dans le tissu cellulaire ambiant ; mais il est probable que tout le sang artériel destiné à la nutrition des parois d'une veine est versé dans ce vaisseau même , ainsi que l'on voit les veines cardiaques antérieures et postérieures ramener dans le ventricule droit tout le liquide qui est apporté dans le tissu du cœur par les artères coronaires. D'une autre part , il y a des veinules très grosses qui rapportent le sang rouge et les liquides récrémentitiels dans les jugulaires ; ces vaisseaux qui constituent les ramifications des veines principales du cou , sont pour la plûpart très fortes : telles sont les veines maxillaire interne , temporale superficièlle , cérébrales supérieures, cérébrales inférieures , cérébelleuses supérieures et inférieures, et encore la veine du corps strié.

En dénudant la jugulaire d'un chien, voilà donc deux sortes de vaisseaux que l'on coupe, les artères nourricières qui se rendent dans les parois du vaisseau, et les veinules qui rapportent le sang des organes ambiants dans ce vaisseau principal. Il résulte de ce fait que la dénudation produit des ouvertures

plus ou moins vastes qui établissent une communication directe avec l'intérieur de la jugulaire : or ,
si, après cette opération, vous appliquez un liquide,
un corps quelconque susceptible d'être absorbé , sur
la surface externe du vaisseau dénudé , il s'engage
naturellement dans les ouvertures pratiquées ; et
comme dans les vaisseaux coupés , déchirés , l'action qui fait progresser les fluides qu'ils contiennent
n'est pas encore anéantie , les artériolles exécute-
ront encore leurs systoles et leurs diastoles , mouvements qui favoriseront l'introduction du corps
étranger dans la veine ; ce corps pénétrera encore
dans la veine principale par les veinules déchirées ,
il sera attiré dans ces vaisseaux par cette attraction
intra-vasculaire qui , dans les tubes *efférents* , sollicite la progression des fluides de leurs extrémités au
réservoir où ils se rendent. Ce fait est presque celui
de l'injection d'une substance quelconque dans le
système circulatoire. Ainsi l'absorption de l'extrait
alcoolique de noix vomique qui eut lieu par la veine
jugulaire dénudée de plusieurs chiens , ne prouve
nullement que ce liquide a pénétré dans le vaisseau
par la simple imbibition , ainsi que l'a conclu l'auteur de ces expériences ; car l'imbibition est un phénomène interstitiel dans lequel les liquides pénètrent dans la substance des corps à travers les inters-
tices que laissent entre elles les molécules qui entrent dans leur composision , tandis qu'ici l'introduction du liquide à lieu et doit nécessairement
s'opérer par les ouvertures des vaisseaux sanguins

que l'on a déchirés par la dénudation de la veine.

Il n'y a donc aucun rapprochement à faire entre l'absorption opérée par une plaie saignante et celle que peut faire un organe soustrait à l'empire de la vie. D'un côté, il y a absorption vitale faite par les vaisseaux rompus, de l'autre, imbibition, simple phénomène de capillarité.

De même entre l'absorption qui a lieu par une plaie et celle qui s'effectue par les voies digestives, par les membranes séreuses, il n'y a encore aucun rapport. Dans le premier cas, quelle que soit la nature de la substance, elle se rend toujours dans le torrent de la circulation, parce qu'elle y pénètre nécessairement par les ouvertures béantes des vaisseaux déchirés ; et l'on ne peut pas dire que ce soit là le fait de l'absorption physiologique, car ici l'importation de la matière étrangère dans l'économie se fait même par des vaisseaux, tels que les artères, dont la fonction n'est point d'opérer l'absorption. De plus, cette fonction, quand elle se fait par les orifices naturels, est subordonnée à l'état physiologique des vaisseaux qui l'opèrent; ainsi, elle est tantôt plus active, tantôt plus lente, selon les besoins actuels de l'économie. Au contraire, l'absorption qui se fait par les vaisseaux sanguins déchirés, s'effectue mécaniquement par des ouvertures qui ne peuvent se fermer comme les orifices des absorbants. Considérons, en outre, que la bouche des absorbants qui s'ouvrent dans les réservoirs où ces vaisseaux puisent les liquides qu'ils importent dans l'économie, est pour eux un véritable sens par lequel ils différencient les modificateurs qui se trouvent en rapport avec eux , et faisant un choix de ceux qui conviennent à la nutrition, les laissent pénétrer dans leur intérieur , tandis qu'ils refusent leur entrée aux éléments qui ne conviennent point. Ce dernier fait est démontré à l'égard de l'absorption intestinale. Il résulte des expériences faites par plusieurs physiologistes que le chyle, mélangé aux autres parties des aliments non digérés, est seul absorbé par les vaisseaux lactés, et que ces vaisseaux n'admettent point dans leur intérieur d'autre élément nutritif. Quant aux produits récrémentitiels , leur nature change peu dans l'état de santé ; néanmoins il faut croire qu'ils contractent , sous l'influence du régime, des qualités plus ou moins irritantes ou sédatives , qui , modifiant l'état physiologique des absorbants, influent sur leur fonction.

Lorsqu'une partie vivante est coupée, déchirée, les ouvertures artificielles que présentent alors les vaisseaux sanguins et lymphatiques ne peuvent être assimilées aux orifices naturels des absorbants, 1° parce qu'elles sont dépourvues de l'impressionnabilité particulière à ces orifices, impressionnabilité qui détermine la nature des modificateurs qui doivent les pénétrer ; 2° parce que la constitution anatomique n'étant pas non plus la même, elles n'ont pas, comme les bouches absorbantes, les moyens de s'opposer à l'introduction des substances mises en rapport avec elles , en sorte que cette introduction se fait nécessairement.

(313)

Enfin si l'absorption vitale n'était qu'un phénomène semblable à la simple imbibition , telle qu'elle
s'opère dans les organes privés de vie , il en résulterait que les liquides contenus dans les vaisseaux
devraient se porter de leur centre à leur circonférence, aussi bien que de leur périphérie à leur intérieur. De plus , comme les vaisseaux contiennent
plus de liquide que les tissus qui les enveloppent, il
résulterait encore de cette manière de concevoir
l'absorption , que ce liquide devrait , d'après les lois
de l'équilibre , se répandre dans la trame de ces
tissus, plutôt que de voir les fluides contenus dans
les solides se porter dans les vaisseaux. Par suite de
ce mouvement excentrique des fluides , le sang artériel et veineux, le chyle et la lymphe , tous les
liquides excrémenteux et récrémentitiels se répan-
draient dans la trame des organes et se mélange-
raient ensemble ; de cette manière la circulation de
chacun de ces fluides deviendrait impossible. Il y
a donc dans les absorbants une cause active qui
non-seulement retient les fluides dans leur calibre ,
mais encore les y attire et les y fait progresser.

Concluons de toutes ces considérations 1° que
l'absorption vitale est opérée par un mouvement actif des vaisseaux chargés d'accomplir cette fonction;
2° que ce phénomène chez l'animal vivant n'a rien
de commun avec celui rapporté à la capillarité physique ; 3° que les expériences que l'on a faites pour
prouver que l'absorption physiologique ne diffère
point de l'imbibition des corps bruts ne sont point

applicables à ce que l'on a voulu prouver, parce qu'il n'y a point identité entre les corps vivants et ceux qui n'obéissent qu'aux forces physiques.

§ VI.

L'exhalation vitale ne peut s'expliquer par les lois physiques.

Nous venons de voir, mon ami, que c'est au moyen du ton ou contraction insensible que les capillaires sanguins et les absorbants effectuent la progression des liquides qu'ils contiennent ; les vaisseaux exhalants exécutent aussi des mouvements analogues dans leur fonction spéciale. Que ces vaisseaux consistent en des *bouches*, ou des *pores*, ou des *canaux*, peu importe à leurs phénomènes physiologiques.

Pour prouver que l'exhalation des corps organiques est un phénomène essentiellement subordonné à l'action de la vie, nous avons à combattre les mêmes physiologistes, qui, ne voyant dans l'absorption qu'un fait de simple imbibition, veulent encore expliquer l'exhalation par la physique. C'est encore sur une série d'expériences faites sur des organes morts et d'autres vivants, que ces physiologistes essayent d'appuyer cette idée capitale pour eux, mais essentiellement fausse, qui consiste à expliquer les phénomènes de la vie par les lois qui régissent la matière brute. Voici en résumé ces expériences :

A. Lorsqu'on injecte un liquide subtil, tel que

de l'eau tiède dans une artère qui se rend dans une membrane séreuse, il sort de cette membrane un grand nombre de gouttelettes. ·

B. L'injection est-elle faite sur un cadavre entier avec une dissolution de gélatine colorée avec du vermillon ? il arrive fréquemment que la gélatine est déposée autour des anfractuosités et des circonvolutions cérébrales, sans que la matière colorante se soit échappée par les vaisseaux ; l'injection entière se répand, au contraire, à la surface externe et interne de la coroïde. Si l'injection est pratiquée avec de l'huile de lin également colorée, on voit souvent l'huile, dépouillée de la matière colorante, se déposer dans les articulations à grandes capsules, tandis qu'il n'y a aucune transudation à la surface du cerveau ni à l'intérieur de l'œil.

C. La pression que supporte le sang dans les vaisseaux influe sur l'exhalation. Ce phénomène se voit aisément après la mort et même durant la vie. Quand avec une seringue on pousse avec force une injection d'eau dans une artère, alors toutes les surfaces où le vaisseau se distribue, ses branches et le tronc lui-même, laissent soudre de toutes parts le liquide injecté, avec d'autant plus d'abondance que l'injection est poussée avec plus de force.

D. Injectez dans les veines d'un animal assez d'eau pour doubler ou tripler le volume naturel de son sang, vous produirez une distension considérable des organes circulatoires, et par suite vous augmenterez beaucoup la pression que le fluide qui circule éprouve. Alors examinez une séreuse, le péritoine, par exemple, et vous verrez s'écouler rapidement de sa surface de la sérosité qui s'accumulera dans la cavité, et y produira, sous vos yeux, une véritable hydropisie ; on voit quelquefois même la partie colorante du sang s'échapper de la surface de certains organes, tels que le foie, la rate, etc. (1)

Encore des phénomènes cadavériques comparés à ceux de la vie ! Qu'y a-t-il d'étonnant de voir un liquide s'échapper par des ouvertures naturelles ? Les pores, les vaisseaux exhalants sont-ils obstrués, fermés dans les tissus morts ? Ne sont-ils pas, au contraire, plus faciles à pénétrer, puisque la contractilité en vertu de laquelle ils se fermaient avec plus ou moins d'énergie pendant la vie, est entièrement anéantie ? Quel rapprochement à faire entre cette stillation physique et l'exhalation vitale ? Ne voyez-vous pas les différences essentielles qui existent entre ces phénomènes ?

Dans la filtration d'un liquide à travers un tissu privé de vie, la quantité d'eau et la rapidité avec laquelle ce liquide sortira, seront toujours proportionnelles à la quantité de fluide injecté et de la force d'impulsion qui le projette. Pendant la vie il n'en est pas de même ; l'exhalation est subordonnée à plusieurs conditions entièrement vitales qui activent ou ralentissent par elles-mêmes ce phénomène, quelle que soit d'ailleurs la proportion de liquide en circu-

_____

(1) Précis de physiologie de M. Magendie, *tome* II, *page* 442 et *suivantes.*

lation. L'imbibition physique me dit-elle pourquoi
la transpiration cutanée s'active et ensuite se ralentit
spontanément, suivant que je passe tout-à-coup d'une
atmosphère froide dans une autre beaucoup plus
chaude , et réciproquement d'un lieu chaud dans
un autre dont la température est beaucoup plus basse?
Si vous poussez une injection dans un corps brut,
spongieux, cette même transition d'une atmosphère
à une autre est-elle capable d'amener aucun changement dans le phénomène de l'imbibition , et ensuite
de la transudation du liquide à travers ce corps?
Quand un animal est amaigri et affaibli, relâché par
une longue maladie, et que son économie contient
infiniment moins de liquide qu'en état de santé, la
transpiration est cependant plus facile et plus abondante que lorsqu'il était dans un embonpoint plus
développé, si il se soumet aux influences capables
de provoquer l'exhalation cutanée. Au contraire,
diminuez la quantité de liquide absorbé par un corps
spongieux, ce liquide sourde alors plus lentement
et en moindre abondance.

Il y a beaucoup de variations dans la quantité et
la nature des liquides qui s'exhalent des muqueuses,
selon que ces membranes sont dans la période d'irritation ou d'inflammation , ou qu'elles se trouvent
dans l'état naturel, et ces changements ne sont subordonnés en rien à la quantité de fluides renfermés
dans l'économie. Chez l'individu amaigri par une
lienterie chronique, la muqueuse intestinale sécrète
cinq et six fois plus que dans les conditions nor-

males ; ce serait cependant une mauvaise plaisanterie de prétendre que c'est à la trop grande abondance des fluides en circulation que doit être attribuée celle des exhalations. Dites-moi, avec votre
théorie mécanique de l'exhalation, pourquoi quelques grains de nitrate de potasse ou de scille introduits dans l'économie rendent tout-à-coup la sécrétion de l'urine trois ou quatre fois plus copieuse?
cependant ces substances n'ont rien ajouté à la
masse des liquides en circulation. Dites-moi aussi
pourquoi un manœuvre habitué à boire du vin à ses
repas, présentera le phénomène d'une transpiration
deux ou trois fois plus abondante en travaillant pendant les chaleurs, si il a été dans la nécessité de
faire usage d'une quantité égale d'eau, et surtout
d'eau tiède? Je ne multiplierai pas davantage les
citations de faits qui s'offrent journellement à l'observation, et qui nous prouvent que l'exhalation
physiologique est soumise à l'influence de toutes les
causes qui peuvent modifier l'action de la vie chez
l'animal. Il y a donc dans l'organisme fonctionnant
des conditions particulières qui déterminent et la
quantité et la nature des produits de l'exhalation,
conditions qui n'existent point dans un cadavre et
la matière inorganique, où les transudations sont
toujours dans un rapport rigoureux avec la quantité
de liquide injecté dans leur trame et avec l'intensité
de la force qui détermine la projection. Il n'y a donc
aucune analogie à établir entre ce phénomène et
l'exhalation physiologique.

De ce que la matière colorante d'une injection ne transpire pas à travers les tissus qui ont donné passage au liquide auquel était mêlée cette substance colorée ; de ce qu'un liquide gras, visqueux, pénètre dans certains organes et pas dans d'autres ; que veut-on conclure de ces faits physiques, que l'on voit se reproduire toutes les fois que des fluides de diverse nature sont mis en rapport avec des corps dont la porosité est plus ou moins prononcée ? Veut-on nous faire entendre par là que ces expériences nous retracent le phénomène de la décomposition du sang dans le travail sécréteur qui enlève à ce liquide sa partie colorante ? Veut-on encore nous expliquer, par ces faits, pourquoi les divers liquides exhalés présentent de si grandes différences dans leur consistance et leur nature ?

Faites filtrer à travers du papier gris, ou tout autre corps poreux, une liqueur plus ou moins colorée, la couleur se dépose dans le papier, et la liqueur s'égoutte d'autant plus dépouillée de son principe colorant, que le corps qu'il traverse est plus épais et plus dense ; en second lieu, qu'il est de telle ou telle nature. Un liquide gras, visqueux, ne filtre à travers une toile qu'autant que celle-ci offre une texture assez lâche pour permettre aux molécules de la pénétrer ; de plus, qu'elle est constituée de telle substance plutôt que de telle autre. Si le corps poreux n'a aucune affinité pour les graisses, les huiles, la filtration ne se fera pas ; de même quand on injecte un liquide coloré dans les artères d'un cadavre, ce liquide filtre à travers tous les tissus qui présentent les conditions physiques requises pour que la transudation s'opère, quelle que soit d'ailleurs sa fonction spéciale pendant la vie; en sorte que des organes dont la fonction n'est point d'exhaler, présenteront celui de l'exsudation physique à des degrés plus prononcés que ceux qui, pendant la vie, fournissent des exhalations abondantes.

Mais quelles différences essentielles n'y a-t-il pas entre la décomposition du sang par les glandes salivaires, par les séreuses, par les muqueuses, la peau, les reins, etc. Le sang fournit des produits d'exhalation qui sont différents pour la couleur, pour l'odeur, la saveur, la consistance, etc.; le même fluide exsudé de diverses substances inorganiques ou de tissus morts, présentera constamment les mêmes caractères; il n'y aura de différence que dans les degrés qui, selon que le filtre sera plus ou moins poreux, seront eux-mêmes plus ou moins prononcés. Si le liquide est coloré, la décoloration sera plus ou moins complette, suivant les conditions dont nous venons de parler; et lorsqu'elle sera entière, ce liquide présentera toujours le même aspect. Les sécrétions, au contraire, contractent chacune une couleur que l'on ne saurait retrouver dans aucun des principes constitutifs du sang d'où ils émanent; c'est la couleur verte de la bile, la couleur jaune, rouge, noire de l'urine; c'est l'aspect tantôt transparent, vitré, tantôt opaque et jaune, ou vert, ou noir, ou sanguinolent des exhalations muqueuses. Le liquide qui a

transsudé à travers plusieurs organes privés de vie,
conserve toujours, à des degrés plus ou moins prononcés, la saveur et l'odeur qui lui sont inhérentes
avant sa filtration. Si ce liquide est amer ou sucré,
ayant une odeur de musc ou de rose, il conservera
toujours, jusqu'à un certain point, ces qualités sans
en contracter d'autres de ce genre, à moins que les
tissus ne soient corrompus. Examinez, au contraire,
l'urine, la sueur, le liquide des séreuses, celui des
muqueuses olfactive, gastrique, de l'intestin grêle,
des diverses portions du colon, de la salive, etc.,
tous ces produits, sous le rapport de leur odeur et
de leur saveur, n'ont point de rapprochements avec
le sang d'où ils émanent. La consistance d'un liquide
filtrant à travers plusieurs corps qui offrent les mêmes
conditions de porosité, sera toujours identique ; celle
des exhalations vitales est fort différente, quoique
s'opérant dans des organes dont la texture présente
une égale densité, et souvent même une disposition
qui, semblant concourir à augmenter ou à diminuer
l'épaisseur des liquides exhalés, ne fait pas qu'ils
soient ni moins subtils, ni moins consistants. C'est
ainsi que nous voyons le tissu dense, serré des reins
et de la peau, sécréter un liquide aussi ténu que
celui des séreuses, membranes lâches, facilement
extensibles, dont la porosité est très-prononcée. Plus
denses que le péritoine et la plèvre, les glandes salivaires et les muqueuses bronchique et intestinale
fournissent cependant un liquide plus visqueux
que celui des séreuses. Faites filtrer successivement

vingt et trente doses d'un même liquide à travers le même corps , le même organe pris sur un cadavre, vingt et trente fois vous obtiendrez une filtration absolument identique, n'offrant aucun caractère différentiel ; au contraire , le même organe vivant fournit, dans un très-court laps de temps , des exhalations qui présentent des dissemblances frappantes. Par exemple, la bile, les mucus du nez, de l'estomac, des intestins, les urines, la sueur, offrent des changements nombreux dans leur couleur, leur odeur, leur saveur, leur consistance, suivant l'état présent de l'atmosphère, suivant l'exercice, le genre d'occupation auquel on vient de se livrer, selon qu'on a vécu dans le repos ou qu'on a fatigué, qu'on a dormi ou veillé plus que d'habitude, suivant qu'on est en état de santé ou affecté de telle ou telle maladie, etc. Pour ne parler que des urines, qui, à toutes les époques, ont fixé l'attention des médecins dans les maladies, on observe que cette exhalation varie beaucoup sous le rapport de sa couleur, qui peut offrir toutes les nuances suivantes : blanche, jaune d'épi, jaune de citron , jaune d'or , jaune de safran, rouge, verte, couleur d'azur, livide, noire (1). La consistance de ce liquide excrémenteux varie également beaucoup ; elle est tantôt ténue, limpide, sans dépôt; d'autres fois elle est graisseuse, huileuse, comme cela arrive dans la colliquation

---

(1) Urinarum hi maximè colores observandi ; albus, spiceus, citrinus, qui omnium verè medius est aureus, croceus, ruber, veridis, cœruleus, lividus et niger. (*Fernel , de urinis*).

du corps déterminée par la phthisie, la fièvre hectique, l'hydropisie; tantôt l'urine est mêlée à un
dépôt plus ou moins abondant dont l'aspect varie,
suivant la cause particulière qui y donne lieu, et si
c'est pendant une maladie, suivant la nature et l'é-
poque de cette affection (1).

On observe des changements semblables dans les
exhalations des muqueuses. Considérez les sécrétions
des bronches rendues par l'expuition, vous les verrez tantôt blanches et spumeuses, tantôt visqueuses
et transparentes; d'autres fois, tout en conservant
la même consistance, elles prennent l'aspect d'un
pus jaune, ou verdâtre, ou sanguinolent; vous les
verrez aussi, dans certaines circonstances, moins
consistantes, beaucoup plus séreuses, etc. En examinant ainsi successivement toutes les sécrétions, on
remarquera que toutes sont susceptibles de contracter d'un jour à l'autre des qualités qui changent
presque entièrement leur nature : or, c'est ce qui
n'arrive jamais dans les liquides qui ont filtré à travers une substance privée de vie. Il y a donc dans
les organes vivants une action spéciale qui imprime
aux exhalations ces caractères particuliers qui varient si rapidement, selon que leur cause est elle-
même modifiée par les diverses circonstances qui ont
de l'empire sur elle. La filtration des liquides à travers une matière brute n'offre rien de semblable.

(1) On peut consulter les considérations tirées des caractères des
urines dans Fernel, dans Duret : commentaria in coacas Hippocratis ;
dans Quesnay, miroir des urines, etc.

Au lieu de rapporter à la pression qu'éprouve le sang dans les vaisseaux l'exhalation physique qui a lieu à travers leurs parois, on doit plutôt considérer ce phénomène comme l'effet des changements que cette pression détermine elle-même sur ces parois, que comme agissant sur les conditions physiques et chimiques du fluide qu'elles contiennent. Il est reconnu que les liquides sont à peu près incompressibles; et quelle que soit l'énergie de la pression exercée sur eux, il n'en peut jamais résulter aucun phénomène de composition ou de décomposition. La pression faite sur un liquide et son propre poids, n'exerce donc d'action que sur les parois du vaisseau qui le renferme; et plus cette pression est violente, plus ces parois, si elles sont élastiques, doivent céder à son action, et plus, en même temps, leurs pores doivent s'agrandir. L'injection d'eau faite dans une artère privée de vie, et à la suite de laquelle on voit que la transudation du liquide à travers ses parois est en rapport avec la puissance de l'impulsion imprimée au liquide, n'est donc qu'un fait physique très ordinaire; d'ailleurs la fonction des artères n'est point d'exhaler. Qui a jamais révoqué en doute la perméabilité des tissus morts? Qui a jamais soutenu qu'un liquide contenu dans un vaisseau poreux (privé de toute contractilité qui puisse faire équilibre à l'action expansive qu'il éprouve), ne s'échappe de ses ouvertures avec une énergie proportionnelle à son poids et à la force qui presse sur ses surfaces?

Quant au surcroît d'activité observé dans la sécrétion du péritoine, lorsqu'on a doublé ou triplé le volume du sang, doit-on conclure de ce fait autre chose si ce n'est qu'il y a toujours proportion exacte entre les excrétions et les fonctions efférentes (1)? Outre les motifs que j'ai fait valoir en parlant de l'absorption vitale, et qui tous sont applicables à l'excrétion active, on doit concevoir que plus un vaisseau est rempli par un liquide incompressible, plus sa contraction devient difficile ; en sorte que cette diminution dans l'énergie de la systole l'assimilant plus ou moins à un tissu mort , distendu par la pression du liquide, sa porosité est plus prononcée. De même, plus il arrive de sang dans les exhalants , moins leurs orifices se contractent activement pour s'opposer à la sortie du liquide récrémenteux ; et lorsque la congestion est considérable , la modification vitale que subit le sang dans chaque sécréteur n'ayant pas le temps de s'opérer , ce fluide s'échappe sans avoir éprouvé une élaboration convenable : de là cet écoulement de sang qui a lieu dans les muqueuses et tous les organes sécréteurs , lorsqu'ils sont fortement congestionnés par ce liquide.

Dans toutes les expériences faites pour prouver que l'exhalation dans les corps organiques n'est qu'un phénomène purement physique, on ne tient aucun compte de la vitalité actuelle des excréteurs, on la suppose toujours identique ; cependant l'ob-

(1) Voyez ce que nous avons dit à cet égard en parlant de l'absorption.

servation nous démontre que les sécrétions présentent, à des époques très rapprochées, des différences notables sous le double rapport de leur quantité et de leur nature, selon que le ton des solides est plus ou moins prononcé, selon le développement comparatif du calorique animal, quelle que soit d'ailleurs la masse des liquides en circulation. Ainsi, considérez une surface exhalante dans l'état naturel, ensuite dans les périodes d'irritation, d'inflammation aiguë, puis d'inflammation avec défaut d'excitabilité (inflammation chronique), et vous serez forcé de reconnaître que les grandes différences présentées par les liquides exhalés dans les diverses conditions de vitalité des organes ne peuvent s'expliquer par la simple physique. Il y a évidemment dans la matière vivante des conditions particulières qui président à la production et à la conservation de son existence, et ces conditions ne se rencontrent point dans les corps inorganiques.

Concluons donc d'une manière générale que l'exhalation vitale, pas plus que l'absorption, ne saurait reconnaître pour cause de sa production les lois qui régissent les corps bruts ; qu'en conséquence on ne peut la rapporter qu'aux faits élémentaires de la vie, c'est-à-dire à l'impressionnabilité spéciale de chaque tissu, à leur contraction et au développement du calorique animal.

ARTICLE IV.

De la contraction organique sensible.

J'appellerai, mon cher A. B., contractions sensibles celles qui sont évidentes ; je les distinguerai 1° en *organiques*, c'est-à-dire appartenant essentiellement à la vie organique ou de nutrition ; 2° en *contractions des sentiments*, ou besoins de la nutrition ; 3° en *rationnelles*, ayant leur cause dans les sensations du même nom ; ce sont ces derniers mouvements que les physiologistes appellent *volontaires*. Je vais d'abord vous parler des contractions organiques.

Les mouvements organiques sensibles ont trois caractères qui les distinguent essentiellement de tous les autres : 1° ils sont continuels, ne supportent pas d'interruption comme les autres ; 2° ils sont indépendants des sentiments impulsifs, dont l'ensemble constitue la *volonté* ; 3° dans l'état naturel ils n'agissent pas sur les centres de perception de l'animal chez qui ils ont lieu. Pour s'assurer de leur production, il est obligé de faire usage de ses sens, de la vue, de l'ouïe et du toucher.

Les contractions organiques évidentes sont celles du cœur et des principaux troncs artériels. Nous avons déjà fait voir que tout mouvement actif des parties vivantes se réduit à la contraction, que l'extension est toujours passive de leur part. Dans l'appareil circulatoire ces deux mouvements prennent les noms de systole et de diastole; ils présentent tous les caractères que je viens de signaler comme essentiels à la contraction organique, c'est-à-dire continuation jamais interrompue, depuis la naissance jusqu'à la mort; en second lieu, indépendance de l'action des centres de perceptions, en tant qu'ils produisent la contraction rationnelle; troisièmement, non perception de leur existence sans le secours des sens. Les mouvements qui donnent lieu à la circulation du sang rouge dans l'intérieur des organes sont une des premières nécessités de la vie; l'état de l'impressionnabilité, de la chaleur animale et du ton des solides est intimement lié aux divers changements qu'ils présentent; leur cessation est le terme de l'existence.

Toutes les variations que présentent les mouvements du système circulatoire consistent 1° dans le nombre des systoles effectuées dans un temps donné, c'est ce qui constitue la fréquence du pouls; 2° dans la force avec laquelle s'opère la systole, c'est la dureté comparative du pouls; 3° dans le degré de développement qu'acquiert la diastole; d'après ce degré comparé à d'autres, on reconnaît que le pouls est plein, vaste, développé ou bien serré, dur, nerveux, annonçant un strictum très-prononcé des solides; 4° dans l'égalité ou l'inégalité qui existe entre l'énergie des systoles et l'étendue des dilatations du

vaisseau ; c'est en quoi consiste la régularité ou l'irrégularité du mouvement circulatoire ; 5° dans l'intermittence , c'est-à-dire qu'entre deux systoles on
observe un repos beaucoup plus prolongé qu'entre
les autres.

Telles sont les modifications capitales du mouvement organique sensible , et par lesquelles beaucoup
de médecins illustres ont cherché à déterminer le
siége des affections et le genre de crise qui doit en
être la terminaison. Je ne rapporterai point ici tout
ce qu'on a dit sur cet objet, depuis Galien , le premier qui ait bâsé , en Europe , la pratique médicale
sur le pouls , jusqu'à Solano , Jacques Nihel , Théo-
phile Bordeu , Senac , Henri Fouquet ; cette question rentre entièrement dans le domaine de la pathologie.

Doit-on mettre en question si les artères sont irritables , c'est-à-dire si leurs contractions ne sont
qu'un effet de leur élasticité physique, ou bien si elles
doivent être rapportées à la contractilité vitale? Doit-
on , à l'exemple de quelques physiologistes, penser
que ces vaisseaux sont placés dans l'organisme , absolument comme des tuyaux de matière privée de
vie et seulement doués d'élasticité? Dire que ces
parties vivent organiquement, qu'il entre dans leur
composition plusieurs tissus élémentaires, des nerfs ,
des lymphatiques , des veines , des artères , que la
nutrition s'y opère comme dans les muscles, les
tendons, la rétine , etc. , qu'elles sont susceptibles
de s'enflammer, c'est avouer qu'elles sont impres-

sionnables, et par conséquent irritables. On ne peut s'abuser plus complètement que de refuser l'irritabilité aux artères, parce qu'elles ne se contractent pas lorsqu'on leur fait éprouver l'action d'un instrument piquant ou d'un caustique. Rappelons ici ce que nous avons dit de l'impressionnabilité spéciale de chaque tissu, de chaque organe, c'est-à-dire que chacun d'eux n'est excité que par ses modificateurs particuliers, et qu'aucun d'eux n'est susceptible d'être impressionné par toute espèce de modificateurs indistinctement. C'est donc conclure faussement que de refuser l'irritabilité à une partie vivante, parce que toute espèce de stimulants ne l'excite pas, et ne peut conséquemment provoquer sa contraction. Comme les autres parties vivantes, les artères ont leurs agents particuliers d'excitement ; ces agents consistent dans les éléments du sang rouge qui stimulent leur membrane interne, et dans l'extension qu'elles subissent de la part de ce liquide. Par leur position anatomique, les artères sont soustraites à l'influence de tous les autres agents d'excitation ; il n'est donc pas étonnant qu'elles soient, par leur nature, insensibles à une piqûre, au contact d'un caustique. De ce que l'émétique, qui produit par son application sur la peau et les muqueuses en général une violente inflammation, est sans action sur la conjonctive, devrait-on en conclure de ce fait que cette membrane séreuse est insensible ?

Les contractions du cœur et des artères sont sollicitées par l'action des différents modificateurs ; l'un, local, agissant constamment sur la surface interne et dans la trame de ces organes : ce sont les sangs veineux et artériel ; les autres, beaucoup plus nombreux, comprennent tous ceux qni impressionnent directement l'organe central de la vie de rapports (l'encéphale), ainsi que ceux qui produisent une excitation excessive sur tout autre point de l'organisme. Tous ces genres de stimulus influencent sympathiquement le système circulatoire ; or, ces moyens excitateurs impriment une infinité de modifications à la contraction organique sensible, suivant leur intensité relative d'action, suivant que l'impressionnabilité du cœur et des artères est plus ou moins susceptible, suivant que la contractilité fonctionne plus ou moins énergiquemént en eux.

Supposons d'abord la systole et la diastole avec un rhythme quelconque sous une influence excitante déterminée; si aux modificateurs actuels on en substitue de plus violents, les autres conditions organiques étant les mêmes, la stimulation qui résulte de leur action devient plus violente que précédemment, et par conséquent s'effectuent avec plus de précipitation et d'intensité. Voilà une cause manifeste qui augmente et le nombre et la force des systoles ventriculaires et artérielles; le résultat sera inverse dans l'hypothèse contraire, c'est-à-dire si l'animal est soumis à l'influence de stimulus plus faibles que de coutume. L'impressionnabilité vitale peut devenir ou plus ou moins susceptible à l'action des modificateurs qu'elle l'est naturellement; dans le premier cas, la force des modificateurs restant la même, l'effet physiologique sera identique à celui que l'on obtient toutes les fois que l'on soumet un organe à l'action de stimulants plus forts que ceux qui produisent habituellement son excitation, c'est-à-dire que les contractions qui en sont le résultat deviennent et plus fréquentes et plus intenses. Si, au contraire, la modifiabilité vitale arrive à un moindre degré de susceptibilité, on conçoit que pour obtenir la même puissance de contraction il faut des agents plus violents d'excitement ; les modificateurs ordinaires ne donneraient lieu qu'à des mouvements et plus lents et plus faibles. Lorsque les stimulations sont excessives, comme cela arrive dans les maladies dites inflammatoires, la contractilité fonctionne extraordinairement ; de là ces systoles nombreuses et puissantes, caractéristiques de la fièvre aiguë ; alors les parois des artères sont dans un état spasmodique tel, qu'elles deviennent comme tendues, presque semblables à des tubes solides ; aussi, dans ce cas, la diastole est-elle a peine sensible, et le pouls est *dur, serré, tendu, nerveux.* Le grand développement de la diastole et la mollesse de l'artère à la pression du doigt, annonce toujours un relâchement de la fibre de ses parois, mais que cependant les stimulations de l'économie conservent une intensité super-normale. Quand le pouls est plein et dilaté, quoique la systole soit encore très énergique, ce fait dénote que le strictum général des solides est moindre que lorsque le pouls est *concentré*, *nerveux* ; car , dans ce cas , le spasme est tel , que l'impulsion du sang artériel ne peut distendre les parois du vaisseau. La fréquence des pulsations accompagnée de la mollesse et du grand développement de l'artère (pouls pectoral), est un signe de la grande impressionnabilité du système circulatoire , et en même temps de la faiblesse de ses contractions ; quant à l'intermittence et à l'irréguralité du pouls, il est beaucoup plus difficile d'en assigner la cause réelle. L'afflux insuffisant du sang veineux dans les cavités droites du cœur, par lequel Fleming a cherché à expliquer l'intermittence , ne me paraît pas capable de produire ce phénomène (1). Ce médecin pense que les cavités du cœur ne se contractent que lorsqu'elles ont subi une distension déterminée de la part du liquide qui y arrive, et qu'elles restent dans la diastole jusqu'à ce que la quantité de sang nécessaire pour produire la contraction y soit arrivée. Il est constant que pour opérer ses mouvements de systole , l'organe central de la circulation doit contenir dans ses cavités une dose déterminée de sang ; mais en admettant même que la masse générale du sang est diminuée, il est

(1) Dans sa dissertation sur les découvertes de François Solano , relatives aux modifications du pouls , Fleming prétend que le pouls intermittent, qui annonce dans les maladies aiguës une crise par les selles, n'est dû qu'à la soustraction des humeurs fournies par le sang, et qui doivent s'écouler par les voies basses ; en sorte que la masse du sang veineux se trouvant diminuée par la formation de ces liquides excrémentitiels, arrive en moindre quantité dans les cavités droites du cœur, et ensuite dans les cavités gauches.

impossible d'y voir le motif de la suspension momentanée des systoles. Cette circonstance ne peut expliquer que leur lenteur, qu'une diminution dans leur fréquence ; encore ne faut-il pas , comme le fait Fleming , l'isoler des autres conditions qui concourent à modifier les mouvements du système circulatoire , tel que l'état présent de son impressionnabilité et de sa contractilité , et l'énergie relative des stimulus qui agissent sur l'économie. Dans l'hectisie, par exemple , quoique la masse des liquides soit moins considérable qu'en santé , et que le cœur recoive moins de sang dans un temps donné , cependant on n'observe pas pour cela d'intermittence dans le pouls ; au reste , le pouls intermittent est propre à beaucoup d'individus chez qui toutes les fonctions sont très régulières, chez qui, par conséquent , une interruption plus ou moins prolongée des contractions ventriculaires ne peut être rapportée à une soustraction quelconque de fluides. On n'observe pas non plus que les saignées abondantes ni les super-purgations rendent le pouls intermittent. La cause directe de l'intermittence du pouls n'est donc point dans une soustraction plus ou moins considérable de liquide de l'économie ; je crois qu'on devrait bien plutôt la chercher simplement dans l'irrégularité de l'arrivée du sang noir ou du sang rouge dans leurs ventricules respectifs. Depuis les expériences de Haller, de Lorry et de M. Magendie sur la circulation du sang, il ne reste aucun doute sur la manière dont ce liquide arrive au cœur ; on sait que le sang noir se précipite des veines-caves supérieure et inférieure dans les cavités droites du cœur pendant l'inspiration , et que le mouvement expirateur le chasse des poumons dans les cavités gauches. On conçoit qu'il peut survenir un obstacle momentané qui retarde l'afflux de ce liquide dans l'organe central de la circulation. Le tissu pulmonaire , par exemple, peut éprouver des resserrements spasmodiques , comme cela arrive dans l'asthme ; et dès-lors l'arrivée du sang veineux dans son intérieur étant très difficile, le temps qu'exige une, deux ou trois contractions pour s'effectuer, peut s'écouler avant que le sang noir puisse y pénétrer. Le sang artériel sortant des poumons par la veine pulmonaire pour arriver au ventricule gauche, éprouve nécessairement aussi , dans cette circonstance, un obstacle dans son cours naturel ; cet obstacle à la circulation peut se trouver toute autre part que dans les poumons , dans les veines, par exemple , qui versent directement le sang noir dans le ventricule gauche.

Il est encore une autre cause présumable de l'intermittence du pouls. L'innervation qui produit directement les contractions du cœur étant sujette à de nombreuses modifications, peut bien ne pas s'effectuer régulièrement ; par une disposition particulière des nerfs qui établissent la communication du cœur avec les centres nerveux qui lui impriment le mouvement contractif, il est possible que ce mouvement soit momentanément empêché dans les filets conducteurs, ou qu'il soit par instant trop faible pour parvenir qu'aux parois du cœur. Quant aux inégalités que présente l'énergie comparative des systoles dans un temps très rapproché, elles ont évidemment leur cause dans la différence d'intensité avec laquelle s'opère l'innervation sur le système circulatoire, et spécialement sur le cœur. Une plus grande quantité de sang projetée par intervalle dans les artères par le ventricule droit, peut produire accidentellement quelques diastoles plus développées que les autres.

ARTICLE V.

De la contraction déterminée par les besoins de la nutrition.

Nous avons vu précédemment, mon ami, que ce sont les sentiments que nous avons appelés de la nutrition, qui constituent la connaissance que nous avons de nos besoins d'absorption et d'exonération ; ce sont eux aussi qui ont leur cause dans la contraction des viscères creux destinés à loger les *injesta* et les *excreta*. Les contractions de cette espèce ressemblent aux mouvements dits volontaires ou de la vie de rapports, en ce qu'elles donnent conscience de leur existence ; d'une autre part, elles se rapprochent des contractions de la vie organique, en ce qu'elles sont indépendantes des impulsions dont l'ensemble est désigné sous l'expression générique de *volonté*. Remarquons que parmi les organes qui concourent à l'accomplissement des fonctions ayant pour objet d'opérer l'ingestion des aliments dans les viscères chargés de les élaborer, et ceux qui effectuent les exonérations principales, il en est qui sont sous l'empire direct de la volonté, tandis que les mouvements des autres dépendent entièrement des conditions organiques dans lesquelles ils se trouvent. Il résulte de ce fait que lorsque la contraction de ces organes est simultanée, ils agissent dans un sens antagoniste.

Les sentiments qui constituent les différents besoins ont cela de particulier, que sans être réellement bien douloureux, ils sollicitent des mouvements qui ayant pour objet l'accomplissement d'une fonction essentielle à la vie, effacent les sentiments qui se font éprouver, en premier lieu, pour en faire naître d'autres qui sont agréables. C'est ainsi que le plaisir est attaché à la satisfaction des besoins, et qu'au contraire l'angoisse et même la douleur sont un aiguillon qui forcent l'animal à effectuer les actes nécessaires à cette satisfaction, lorsqu'il veut résister à l'impulsion qui le porte à les accomplir.

Le mouvement respiratoire, sollicité par le besoin d'air vital, est soumis à la volonté par l'empire qu'elle exerce sur le diaphragme, les intercostaux et les scalènes; en cela ce mouvement appartient à la contraction de la vie de rapports. D'une autre part, il a lieu pendant la cessation des phénomènes intellectuels, dans le sommeil, l'apoplexie et toutes

22

les affections comateuses : voilà en quoi il tient des
mouvements de la vie organique. La respiration est
continuelle comme les systoles du cœur et des artères ; l'intermittence et les diverses modifications
qui lui sont imprimées accidentellement par la volonté pour empêcher le contact d'un air insalubre
sur la muqueuse pulmonaire, ne sont que des exceptions qui ne constituent point un mode de son
rhythme naturel, lequel est entièrement subordonné
à certaines conditions de la circulation du sang dans
les poumons, à leur degré d'impressionnabilité, à la
nature de l'air vital, enfin aux affections déterminées par les sensations externes, et qui ont leur
siége dans le diaphragme, dans le centre sphré-
nique.

Quoiqu'il y ait impossibilité physique d'observer
dans l'état ordinaire les mouvements du tube digestif, la physiologie expérimentale nous apprend
qu'il exécute plusieurs contractions évidentes. Ainsi,
on a reconnu que le pharynx et la moitié supérieure
de l'œsophage ne se contractent et ne se dilatent
que lorsque les aliments passent de la bouche dans
l'estomac, mais que le tiers inférieur de l'œsophage
présente un mouvement alternatif de contraction et
de relâchement qui existe d'une manière continue.
Cette contraction commence toujours par le haut, et
se propage assez rapidement jusqu'à l'estomac ; alors
cette portion de l'œsophage est dure et élastique
comme une corde tendue, et la durée de la contraction est de plusieurs secondes. L'état de plénitude

ou de vacuité de l'estomac influent sur la durée et l'intensité de la contraction. Le relâchement qui succède à cet état actif des fibres œsophagiennes se manifeste tantôt dans chacune d'elles en même temps, d'autres fois il a lieu des fibres supérieures vers les inférieures. L'estomac et tout le reste du tube intestinal offre un autre mode de contraction ; celle-ci est lente et irrégulière, et reste quelquefois longtemps sans se manifester. C'est dans la portion pylorique du ventricule digestif et dans l'intestin grêle que ce mouvement, appelé *vermiculaire*, *péristaltique* par les physiologistes, s'observe le plus souvent; Bichat le classe parmi les mouvements organiques sensibles. On a reconnu qu'il devient plus actif par l'affaiblissement des animaux. Le sentiment de la faim a un rapport évident avec ces contractions propres aux voies digestives ; on en a la preuve dans ces tiraillements, ces resserrements plus ou moins pénibles, que beaucoup de personnes éprouvent dans l'estomac et les intestins lorsqu'elles se trouvent affaiblies par le jeûne, ainsi que dans le déplacement des gaz contenus dans l'estomac qui s'échappent alors par la bouche, ou qui, voyageant dans les intestins, donnent lieu à ces borborygmes concommittants de la faim ; souvent si l'on ne satisfait pas le besoin, la contraction de l'estomac acquiert assez d'intensité pour prendre le caractère spasmodique de la crampe, et faire éprouver une vive douleur dans ce viscère. Il est évident que dans la faim et la soif la volonté n'a aucune influence sur les mouvements des organes digestifs ; elle ne peut les modifier directement comme le mouvement respiratoire, mais considérées sous le rapport du sentiment qu'elles font éprouver, les contractions de l'appareil digestif appartiennent davantage à la vie de rapports que celles de la respiration. En effet, il n'est pas nécessaire pour que la respiration s'effectue, qu'il y ait perception du besoin d'air vital, tandis que les mouvements capables de satisfaire les besoins de la faim, de la soif, tels que ceux de la préhension des aliments, de la mastication et de la déglutition, sont impossibles si ils ne sont sollicités par les sentiments de la nutrition. Les sentiments de la faim et de la soif ayant un rapport étroit avec les sensations rapportées du goût et à l'odorat, sont souvent déterminés sympathiquement par l'excitation des muqueuses buccale et olfactive, et même par le simple aspect d'une substance alimentaire. Dans cette circonstance, les contractions du système digestif donnant lieu au sentiment qui constitue le besoin, ont évidemment leur cause dans les sensations externes.

L'accumulation des matières excrémentitielles dans leurs réservoirs respectifs provoquent, en excitant la surface interne de ces réservoirs, une autre espèce de contractions qui ont pour objet l'exonération en général, c'est-à-dire la défécation, l'émission des urines, l'expuition des mucosités bronchiques et stomachiques, de la salive, l'éjaculation du sperme. Tous les mouvements des réservoirs excréteurs donnent conscience de leur existence dans l'état naturel, quoique, dans certains cas morbides, ils peuvent s'effectuer indépendamment de cette condition. Une partie des viscères exonérateurs exécutent un mouvement complexe , que l'on peut généralement décomposer en deux mouvements essentiels qui agissent dans un sens opposé , l'un qui expulse les excréments, l'autre qui les retient dans leurs réservoirs jusqu'à ce que le besoin de les rejeter se fasse sentir. Toute partie entrant dans la constitution d'un appareil excréteur, exécute nécessairement l'un ou l'autre de ces mouvements. Si on basait une division des organes sur le but physiologique de leurs mouvements, cette division serait fort différente de celle qui repose sur des identités de forme, de couleur, de composition. Tel organe qui , considéré sous ses rapports physiques , semble former un tout homogène , doit réellement être divisé en plusieurs parties distinctes , si on envisage en lui le but fonctionnel des mouvements de chacune de ces parties. La vessie et le rectum, par exemple , sont composés de deux parties bien distinctes : l'une en forme de poche, de sac, constituant le réservoir qui reçoit les produits excrémenteux ; l'autre annulaire, se dilatant ou se contractant pour favoriser l'expulsion des excréments ou les retenir suivant le besoin. Telle est la fonction des sphincters.

En se contractant, la poche qui entre dans la composition des viscères exonérateurs diminue leur capacité, et comprimant les matières qu'elle contient , celles-ci tendent à s'échapper par leur ouverture naturelle ; mais comme l'étendue de cette ouverture consiste dans la dilatation relative du sphincter qui la forme , il s'en suit qu'il doit y avoir entre les mouvements propres aux deux parties dont se compose l'organe , ce *consensus* d'action que l'on remarque dans les mouvements volontaires. Pour que l'exonération s'opère, il est nécessaire que les muscles orbiculaires, qui ferment par leur contraction naturelle l'ouverture des organes creux , se relâchent en même temps que le fond du réservoir se resserre ; ces muscles doivent , au contraire, se contracter fortement pour retenir les excréments soit pendant l'intermittence des besoins, soit qu'il faille s'opposer plus énergiquement encore à leur sortie lorsqu'elle est sollicitée par la contraction du fond du réservoir quand le besoin d'exonérer se fait éprouver. Ainsi le sentiment qui constitue le besoin d'uriner se fait-il éprouver? il sollicite immédiatement la contraction du fond de la vessie , et le sphincter de son col tend aussitôt à se relâcher , parce qu'il cède à une impulsion assez forte pour vaincre la contraction ordinaire due uniquement à la tonicité. Mais si l'animal juge à propos de ne pas satisfaire le besoin dans le moment actuel , le sentiment rationnel qui tend à effacer le sentiment instinctif, ou du moins à empêcher l'effet du mouvement qu'il détermine, fait contracter le sphincter, organe qui appartient essentiellement à la vie de rapports. Voilà donc deux contractions dans le même organe qui agissent dans un sens opposé ; or, selon que la contraction du fond de la vessie sera plus énergique que celle col, ou, au contraire, que celle du col aura plus d'intensité que celle du fond de l'organe, l'urine sera expulsée ou bien retenue dans son réservoir.

Tant que les fonctions de la vie de rapports s'effectuent avec énergie, la contraction volontaire étant beaucoup plus puissante que dans l'enfance et la décrépitude, la contraction des sphincters contrebalance toujours avec avantage l'effort produit par celle du sac des réservoirs exonérateurs. Remarquons que la contraction n'a pas la même énergie relative dans tous les organes : ce sont tantôt les instruments de la vie de relations, tantôt ceux de la vie organique qui offrent une prédominance d'action. Ainsi on voit des individus très faibles en apparence, dont les mouvements des muscles volontaires sont peu énergiques, et dont les contractions de la vessie, de l'estomac et des intestins sont beaucoup plus intenses que celles des mêmes viscères chez des personnes plus fortes. Par un exercice fréquent des instruments de la locomotion, les mimes, les prestidigitateurs, les acrobates, et tous ceux enfin qui se livrent aux divers exercices de la gymnastique, finissent par acquérir sur certains organes volontaires un empire si absolu, qu'ils impriment à leurs mouvements une multiplicité de modifications dont serait incapable toute autre personne.

Lorsque l'exonération n'a pas lieu, les sphincters sont dans un état permanent de contraction indé-

pendante des sentiments rationnels , et dont l'é-
nergie est l'expression ordinaire de celle du ton
organique en général. Le relâchement est l'état habituel de la plûpart des muscles volontaires ; il n'est
qu'accidentel dans les sphincters, parce que la contraction insensible ne suppose pas d'interruption.
Les impulsions rationnelles ne font donc qu'ajouter
un surcroît d'énergie à la contraction des sphincters
soumis à leur empire, mais elles ne peuvent pas
produire leur relâchement en cessant d'agir sur eux,
comme cela arrive dans les autres muscles volontaires. De même que la dureté ou la mollesse relative
du pouls nous révèle l'état de *strictum* ou de *laxum* du système artériel et de tous les solides en
général , ainsi la contraction des sphincters comparée à elle-même à diverses époques, est également
pour nous l'expression du ton actuel des organes.
Dans la constipation , par exemple, il y a éréthisme
non-seulement dans le sphincter de l'anus , mais
encore dans la couche musculaire du gros intestin,
et , en général , dans tout l'organisme ; au contraire,
le relâchement des solides , conséquence directe
la prostration des forces , est toujours concommittant de la diarrhée non irritative , non inflam-
matoire, et alors on observe toujours aussi le relâchement manifeste du sphincter de l'anus et de
la partie inférieure du tube digestif. De là, l'adage
banal et trivial, lorsqu'on dit, en voulant désigner
un individu faible, timide, c'est *un foireux* , il
pisse dans ses culottes. Ce langage est bas, sans

doute, mais il n'exprime pas moins un fait très-vrai de physiologie, c'est-à-dire le relâchement des sphincters de l'anus et de la vessie chez les individus faibles, lorsqu'ils éprouvent une impression morale débilitante, narcotique (1).

Souvent des matières glaireuses, d'autres fois puriformes, ainsi qu'on l'observe dans l'inflammation chronique des muqueuses bronchiques, obstruent les canaux aëriens, et produisent un sentiment particulier qui sollicite le mouvement composé de la toux et de l'expectoration. Ce mouvement n'est qu'une modification du mouvement respiratoire ; mais, comme celui-ci, il ne peut pas avoir lieu sans que l'animal ait conscience de son existence.

Par un mouvement anti-péristaltique du duodénum, la bile reflue souvent dans l'estomac ; d'autres fois l'atonie de la muqueuse de ce viscère fait que ses bouches exhalantes ayant perdu de l'énergie de leurs contractions, laissent échapper beaucoup plus de glaires, de mucosités que dans l'état naturel : or, cette accumulation inaccoutumée de fluides excrémenteux dans le ventricule digestif produit sur cette organe l'effet des émétiques ; de là le vomissement symptomatique de l'embarras gastrique avec ou sans irritation. Les mouvements dont nous parlons ont souvent aussi leur cause déterminante dans l'action

(1) J'ai déjà dit que le cerveau éprouvait de la part du monde extérieur des impressions perçues, dont l'action consécutive sur l'économie est analogue à celle des qualités directes et physiologiques des modificateurs, c'est-à-dire qu'elles sont ou excitantes ou narcotiques, etc.

des corps extérieurs : tels sont la toux et l'éternuement produits par l'influence d'un air irritant sur les bronches, le vomissement provoqué par la plénitude portée trop loin, ou par des émétiques, etc.

La seule différence entre ces derniers mouvements et ceux déterminés par les besoins naturels, consiste donc uniquement dans le stimulus qui n'est pas le même ; du reste, ils offrent le même mécanisme.

ARTICLE VI.

Contractions de la vie de rapports.

Je vous ai déjà dit, mon ami, que les mouvements par lesquels nous réglons nos rapports avec le monde extérieur sont déterminés par les impulsions instinctives et rationnelles, impulsions désignées indistinctement par l'expression générale de *volonté*. De là vient que les physiologistes ont aussi appelé *volontaires* les mouvements ou contractions que l'on rapporte aux impulsions sympathiques et antipathiques.

Les mouvements volontaires ont pour caractères particuliers de n'être qu'accidentels, de n'avoir rien de régulier dans leur exercice, de pouvoir être suspendus fort longtemps sans compromettre l'existence générale, de n'être propres qu'à un système d'organes, tandis que les contractions de la vie organique appartiennent à tous les tissus indistinctement; enfin de n'être pas nécessairement déterminés par les impressions qui tendent à les produire. Les organes qui exécutent les mouvements de la vie de rapports sont donc doués de deux espèces de contractions : les unes, par lesquelles s'opèrent en eux les phénomènes de la nutrition, les autres n'ayant qu'une influence beaucoup plus éloignée sur leur vie organique, puisqu'elles ont pour attribution essentielle la locomotion et toutes ses conséquences. D'après les données fournies par l'état actuel de la science, il est impossible d'indiquer en quoi consiste la différence des modifications imprimées à la fibre dans ces deux espèces de contraction ; mais ce qu'il y a de positif, c'est que le mouvement volontaire a nécessairement sa cause dans une action particulière de l'encéphale ; tandis que les contractions qui concourent au phénomène complexe de la nutrition des instruments locomoteurs, sont sous la dépendance des causes qui influencent le ton général des solides.

Tous les muscles qui opèrent les divers mouvements des membres supérieurs et inférieurs, du col, de l'œil, ceux qui effectuent la mastication, la déglutition, l'expuition, sont doués de la contraction volontaire, et, en général, tous les organes qui exécutent des mouvements qui ont pour but un acte de la vie de rapports. Remarquons en passant, avec Bichat, que tous les instruments qui appartiennent à cette vie sont doubles, semblables et symétriquement disposés. Ce fait est évident pour les sens chargés de transmettre au cerveau les impressions du dehors, en second lieu, pour les parties exécutant les mouvements qui sont une conséquence de ces impressions. Ainsi donc, dans l'état naturel, toutes les impressions du dehors, ainsi que les mouvements volontaires, sont doubles et semblables; mais l'impression peut n'arriver au cerveau que par un seul sens, et la sensation est aussi parfaite, aussi violente que lorsque l'impression agit simultanément sur les deux sens semblables. De même, la contraction volontaire déterminée par l'action des corps extérieurs, peut n'avoir lieu que dans un seul des deux systèmes musculaires exécutant des mouvements semblables. J'entends ici par système musculaire l'ensemble des muscles, dont la contraction concommittante constitue un des mouvements volontaire : telle est, par exemple, celle du grand et du petit spinateur et du biceps brachial dans la flexion de l'avant-bras; car il faut observer qu'il n'y a point de mouvement, du moins je ne pourrais en citer aucun, qui ait lieu par l'action d'un seul muscle. Ainsi l'impulsion sympathique ou antipathique produit tel ou tel mouvement en général, c'est-à-dire qu'elle agit simultanément sur tous les muscles dont la contraction est nécessaire à la production de l'acte; mais cette impulsion ne peut solliciter la contraction isolée de chacun d'eux. Dans la flexion de la jambe sur la cuisse, les extenseurs de la jambe se relâchent d'abord, et ensuite le biceps crural, le demi-tendineux, le demi-

membraneux, le couturier, se contractent simultanément pour opérer la flexion; mais il serait impossible
de ne faire contracter qu'un seul de ces muscles en
effectuant ce mouvement, non que la contraction de
ce muscle soit insuffisante, mais parce qu'il ne nous
est pas donné de paralyser l'action d'une partie des
organes qui concourent au même mouvement général lorsque les autres sont en exercice. On peut
produire tel ou tel mouvement, mais la volonté
n'exerce pas son empire sur chaque muscle de la
vie de rapports isolément.

Pour en revenir aux mouvements doubles, je dis
qu'ils peuvent avoir lieu indépendamment l'un de
l'autre ou simultanément; un bras, une jambe, sont
dans la flexion ou dans l'extension, sans que le
membre semblable se trouve nécessairement dans
la même position ; ce membre peut même produire
un mouvement opposé ou rester dans l'inaction. On
peut reconnaître comme loi générale à cet égard,
que « *tout organe volontaire contribue pour sa*
« *part à chaque fonction de la vie de relations,*
« *et que son mouvement est réglé sur sa nécessité*
« *dans l'accomplissement du phénomène.* De cette
loi naît ce concensus admirable d'action qui existe
entre tous les mouvements des instruments locomoteurs, mouvements où tous les principes de la
mécanique trouvent une application parfaite à laquelle l'art n'a pas encore pu atteindre, et où, chaque jour, il peut puiser de nouvelles connaissances.
C'est d'après ce consensus que l'animal le moins

développé modifie tous ses mouvements avec une
précision vraiment mathématique.

Toutes les fonctions volontaires, la mastication,
la déglutition , la progression, la préhension , etc.,
s'opèrent par un mouvement complexe qui se compose toujours de deux mouvements simples et antagonistes qui s'exécutent alternativement, c'est-à-
dire qu'une partie des organes qui concourent au
mouvement général se contractent lorsque les autres
se relâchent, et réciproquement. Dans la mastication, par exemple, il y a contraction et relâchement
alternatifs des muscles élévateurs et abaisseurs de
la machoire inférieure; d'abord , les sterno-tyroï-
diens se contractent pour empêcher au corps tyroïde
de s'élever lorsque les tyro-hyoïdiens entrent en action pour fixer l'os hyoïde, et l'empêcher, avec
la contraction concommittante des sterno-hyoïdiens
et omoplat-hyoïdiens, d'être entraîné lui-même par
le mouvement réuni des digastriques , des gé-
nio-hyoïdiens et des mylo-hyoïdiens, lorsque ces
muscles se contractent pour abaisser la mâchoire
inférieure. Pendant cette série de contractions si-
multanées qui tendent toutes à produire le même
mouvement général , vous voyez les muscles antagonistes , les masseters, les crotaphites, les ptéry-
goïdiens, n'offrir aucune résistance, et même se relâcher pour faciliter l'abaissement de l'os maxillaire
inférieur. Une. fois le mouvement d'abaissement
effectué , les muscles qui l'ont opéré se relâchent,
et les élévateurs seuls se contractent. On rencontre

le même mécanisme dans la flexion et l'extension des membres et du tronc, et, en général, dans tous les mouvements qui tendent à l'accomplissement d'une fonction de la vie de rapports.

Un fait bien évident encore, c'est que l'énergie de la contraction se proportionne sur la résistance à vaincre ; en second lieu, que plus la contraction est violente dans les muscles qui exécutent un mouvement général, plus le relâchement est prononcé dans leurs antagonistes. L'énergie avec laquelle s'opère la contraction volontaire dépend de la vitalité du grand système nerveux ; en second lieu, de l'énergie de l'affection instinctive ou rationnelle constituant la volonté actuelle. C'est ainsi que dans les passions violentes les mouvements acquièrent une puissance qu'ils n'ont pas dans l'état ordinaire ; par la même raison lorsque nous voulons soulever un fardeau dont le poids est double de celui d'un autre, la contraction volontaire a également une puissance double ; c'est de cette manière que l'effort se proportionne à la résistance.

Tout mouvement de la vie de rapports a pour but la satisfaction d'un besoin ; et de même que l'animal ne peut éprouver qu'un sentiment impulsif dans le moment actuel, de même aussi ce sentiment ne peut produire qu'un seul mouvement. La contraction volontaire a lieu dans tous les muscles dont l'action est nécessaire à la production d'un acte ; et comme tout acte a lieu par le concours de plusieurs mouvements antagonistes, il s'en suit qu'il y a contraction alternative dans les muscles produisant des mouvements contraires. Dans la flexion et l'extension complète des membres , par exemple , la contraction s'opère tour à tour dans les fléchisseurs et les extenseurs ; mais dans beaucoup de circonstances elle s'effectue dans ces deux systèmes de muscles en même temps. Ainsi, dans la station , c'est par une contraction d'une énergie égale dans les fléchisseurs et les extenseurs de la jambe et de la cuisse, des muscles de l'abdomen et du dos, que le corps se maintient dans une rectitude parfaite. Si , dans cette circonstance, les droits antérieurs de l'abdomen , les psoas et les iliaques réunis , les adducteurs et les pectinés , cessaient tout-à-coup leur contraction, tandis que celle des sacro-lombaires et des fessiers resterait la même ; et réciproquement si les muscles du dos n'opposaient plus de contraction antagoniste à celle des muscles du ventre, on verrait le tronc se porter subitement en avant et en arrière , et les accidents de l'emprosthotonos et de l'opisthotonos se manifester. C'est ce défaut d'équilibre dans la contraction des sterno-mastoïdiens qui produit ce renversement assez commun de la tête sur une des épaules. Plus la contraction est faible dans un des antagonistes, plus elle a d'intensité relative dans l'autre. Si un seul système de muscles entre en action , sa contraction acquiert facilement le plus haut degré d'énergie, parce qu'elle n'éprouve aucune opposision ; si, au contraire , le mouvement général nécessite la contraction des deux systèmes antagonistes, l'intensité du mouvement contractif se partage entre eux. Comme le sentiment impulsif (volonté) cause des mouvements de la vie de relations, est toujours unique dans le moment actuel , ainsi il n'imprime jamais le mouvement qu'aux muscles dont l'action peut coopérer à la satisfaction du besoin actuel ; aussi cette impulsion change-t-elle de direction avec la rapidité que l'on observe dans la succession de nos modes de sentir ; elle met alternativement en jeu la tête , le bras, la main, la jambe, le tronc, etc. Nous courons et nous nous arrêtons subitement à la vue d'un obstacle , d'un danger ; nous chantons , nous crions , nous pleurons , nous opérons les mouvements de la mastication et de la déglutition , et dans toutes ces fonctions on voit la contraction des organes qui concourent à leur accomplissement, augmenter ou diminuer , cesser entièrement , puis se reproduire , selon le besoin , et cela avec une promptitude et une précision que l'on chercherait en vain dans les mécanismes sortis de la main de l'homme.

Dans beaucoup de maladies , telles que les crampes , les convulsions , le délire violent , le tremblement des membres et de la tête chez les vieillards et les personnes épuisées , affaiblies , tous ces mouvements de la vie de rapports , qui , dans l'état naturel , ont pour cause déterminante la volonté , s'opèrent alors indépendamment d'elle. D'une autre part, lors même qu'il y a impulsion contractive des muscles de la vie externe , ces organes n'entrent pas toujours en action, ou cette action est très faible, sans que pour cela il y ait l'altération organique qui constitue la paralysie. Par exemple, chez l'animal qui respire un air non vital, la contraction volontaire est tout à coup anéantie avant que les diverses espèces de perceptions aient cessé d'avoir lieu. Com_ parez l'énergie de vos efforts musculaires quand vous respirez dans une atmosphère raréfiée, à celle que l'on observe pendant les temps secs de l'hiver, vous reconnaîtrez une différence notable, lors même que le sentiment qui en est la cause déterminante est identique. L'individu affaibli par la maladie veut marcher ou lever un fardeau, mais ses muscles ne peuvent se contracter assez puissamment pour opérer la station et la progression. Après l'ingestion dans l'estomac d'aliments, de boissons stimulantes, la contraction acquiert un surcroît d'activité dont elle n'aurait pas été capable auparavant. L'énergie de cette contraction dépend en général des influences qui modifient l'impulsion cérébrale sur les instruments de la vie de rapports, c'est-à-dire qu'elle est relative 1° à la vitalité actuelle des parties de l'encéphale qui tiennent les mouvements volontaires sous leur dépendance ; 2° à l'état de la circulation artérielle et veineuse dans la substance de ces parties ; 3° à la violence des stimulus qui déterminent la sensation, et consécutivement l'affection ou impulsion motrice (volonté).

CHAPITRE HUITIÈME.

Du calorique animal.

Nous venons d'établir précédemment, mon cher A. B., que les animaux sont modifiés constamment dans leur état physiologique par les impressions du monde extérieur ; en second lieu, que leurs solides exécutent plusieurs espèces de mouvements. Outre ces faits évidents, on observe encore en eux un phénomène primitif non moins remarquable, je veux parler de ce développement continuel de calorique qui fait conserver à ces êtres une température toujours égale, quelle que soit celle de l'atmosphère dans laquelle ils vivent. De ce fait on peut déduire les conséquences suivantes, savoir : 1° qu'il y a dans les animaux une source de calorique qui fournit, sans interruption, ce fluide aux organes ; 2° que ces êtres sont pourvus de moyens refrigérateurs pour enlever l'excédent du calorique nécessaire à la vie ; 3° que la température propre à chaque animal est une condition essentielle pour que les phénomènes de la vie s'effectuent normalement ; que trop élevée ou trop basse, ces phénomènes en éprouvent également un trouble sensible. C'est sous ces divers rapports que nous allons considérer la calorification animale ; nous verrons encore qu'elle est étroitement liée à l'impressionnabilité et aux mouvements organiques.

Pour déterminer la source du calorique animal, nous ne nous arrêterons point à la théorie mécanique des frottements, par laquelle Boerhave, et ensuite Fabre, ont tenté d'expliquer le développement de la chaleur animale ; elle est justement tombée dans l'oubli. Celle de Lavoisier a pu en imposer un instant par sa nouveauté, sa simplicité, et plus encore peut-être par la grande réputation de son illustre auteur : mais l'examen un peu attentif des phénomènes de la vie n'a pas tardé à démontrer facilement le vice de cette théorie lorsqu'on a voulu en faire l'application, ainsi que de celle de Crawford, qui n'est qu'une modification de la première. En effet, si, comme on l'a déjà objecté, les poumons étaient le siége de la calorification, ces organes devraient avoir une température sensiblement plus élevée que celle des autres parties du corps ; ensuite, comment, avec cette théorie, expliquer ces variations subites dans la chaleur animale, qui se manifestent à la suite des diverses affections violentes et des stimulations non perçues ? Comment, au moyen de cette hypothèse, concevoir l'élévation de température qui se manifeste isolément dans une partie enflammée, ou bien encore son abaissement partiel dans un membre paralysé ? D'ailleurs, si la combinaison de l'oxigène avec le carbone du sang veineux est la source du calorique animal, il en résulte que le développement de ce fluide doit être en rapport

avec la quantité qui s'en trouve dans l'air ; car, plus
ce gaz sera abondant, plus il y aura d'acide carbonique enlevé au sang noir, plus la combinaison
chimique sera considérable, et conséquemment le
dégagement du calorique que l'on dit résulter de
cette combinaison. Or, quelles que soient, du reste,
les autres conditions de l'air atmosphérique, il est
évident qu'il contient d'autant plus d'oxigène dans
un volume donné qu'il est plus dense ; d'une autre
part, sa densité a des rapports directs avec sa température, c'est-à-dire que, comme tous les corps qui
se dilatent par l'action du calorique, il est d'autant
moins dense qu'il est plus chaud ; d'où il résulte que
l'hématose devant être plus active dans un air froid,
puisqu'il contient plus d'oxigène que dans celui
dont la température est plus élevée, l'animal devrait
développer plus de calorique dans la première circonstance que dans la seconde : en sorte que si,
d'un côté, il perd plus de calorique par le rayonnement, d'une autre part il en développe en proportion de cet excès de déperdition ; par conséquent il ne devrait pas plus se refroidir dans une
atmosphère dont la température est basse que dans
celle ayant une plus grande élévation. Cependant
l'évidence prouve le contraire.

Respirez, pendant plusieurs heures, étant à jeun,
dans un air glacial, et ensuite après avoir mangé,
surtout après avoir bu modérément quelques liqueurs stimulantes ; dans le premier cas, le développement du calorique sera faible, et bientôt il

sera insuffisant pour l'exercice normal de la vie ; dans la seconde circonstance, il y aura, au contraire, surcroît momentané d'activité dans la calorification. D'où vient cette différence, puisque l'action de l'air sur les poumons est identique dans les deux circonstances ? On ne peut nier que les aliments introduits dans l'estomac ont ici une action bien plus directe sur la calorification que l'air respiré. Pour se convaincre que la respiration enlève beaucoup de calorique au corps, bien loin d'en importer, il suffit de l'observation des faits les plus ordinaires de la vie. Personne n'ignore qu'un homme qui respire dans une atmosphère très-froide, quoique enveloppé de vêtements assez chauds pour rendre à peu près nulle la déperdition du calorique animal par la peau, ne tarde pas à sentir que la température de son corps baisse insensiblement, et que la refrigération peut être assez prononcée pour produire la cessation des phénomènes organiques. Pour expliquer cet abaissement de température, on ne peut arguer de la déperdition du calorique par la peau ; car, ayant employé tous les moyens capables de prévenir son rayonnement, celui-ci doit être nul ou presque nul. Or, s'il est vrai que le contact d'un air bien oxigéné avec le sang veineux soit la source d'un calorique abondant, l'air glacial doit provoquer une transpiration copieuse, puisque l'animal qui le respire doit développer plus de chaleur que si la température de l'atmosphère était plus élevée. Ce serait cependant une mauvaise plaisanterie de prétendre que l'oxigé-

nation du sang fournit à l'organisme de ce malheureux, qui respire un air glacial, une température
élevée, puisque vous allez le voir périr de froid dans
l'espace de quelques heures, et cet accident arrivera
d'autant plus rapidement que l'air est plus oxigéné,
c'est-à-dire plus dense ou plus froid, ce qui revient
au même. Alors si on lui fait prendre des aliments
excitants, surtout de ceux qui activent plus parti-
culièrement la circulation artérielle, il résistera bien
plus longtemps à l'influence du froid, parce que la
stimulation déterminée par l'action de ces modificateurs aura pour conséquence directe un surcroît
d'activité dans la calorification. Si, à l'action de ces
modificateurs, on ajoute celle d'une locomotion rapide, d'un exercice musculaire violent qui augmentent la puissance du mouvement circulatoire des liquides, cet individu n'éprouvera presque aucun
inconvénient de l'influence du froid.

Quant à la différence de capacité pour le calorique
qui existe entre les sangs veineux et artériel, et dans
laquelle Crawford a cru trouver la cause de la calorification, elle est également inhabile à nous rendre
compte des phénomènes qui se présentent à l'observation ; d'ailleurs, Vacca-Berlinghierri a fait crouler
ce système (1) en démontrant que la vapeur aqueuse

(1) Voici en deux mots la théorie chimique de Crawford sur le développement du calorique animal. Il établit 1° que la capacité du sang
artériel pour le calorique est à celle du sang veineux : : 11,5 : 10; que,
par conséquent, la plus grande quantité d'hydrogène carboné que contient le sang veineux diminue seule sa capacité pour le calorique ;
2° qu'en arrivant dans les poumons, l'hydrogène carboné ayant plus

qui sort des poumons à 47 fois plus de capacité pour le calorique que l'air vital ; qu'en conséquence, en admettant que le calorique latent et libre de l'air est absorbé par le sang artériel, il résulte des expériences du professeur de l'ise que $\frac{1}{47}$ de vapeur pulmonaire est suffisant pour absorber tout le calorique de l'air vital qui se mêle au sang artériel, et que le surplus du calorique que renferme la vapeur a été enlevé à l'économie.

L'abaissement de température qui a lieu chez un animal lorsqu'on gêne sa respiration, comme l'ont expérimenté MM. Brodie, Thillaye et Legallois, ne tient point, ainsi que l'ont avancé plusieurs physiologistes, au défaut d'introduction du calorique de l'air vital dans le sang artériel, mais plutôt à l'obstacle apporté à la circulation naturelle de ce fluide ; en second lieu, à ce que cette gêne de la respiration empêchant le contact de l'air avec le sang noir, ce sang arrive dans le ventricule gauche sans

d'affinité pour l'oxigène de l'air que pour les autres principes du sang veineux auxquels il est uni, et l'oxigène ayant aussi lui-même beaucoup plus d'affinité pour le gaz hydrogène que pour le calorique de l'air, ces deux éléments se séparent chacun de leur composé respectif pour se combiner ensemble et former l'acide carbonique qui se dégage dans l'expiration ; 3° que le calorique latent de l'air, rendu libre par cette décomposition, se combine avec le sang artériel, dont la capacité, pour le calorique, a été augmentée par la soustraction de l'hydrogène carboné ; 4° qu'à mesure que le sang artériel voyage dans les tissus, il se charge d'une nouvelle quantité de carbone, et sa capacité diminuant à mesure qu'il se sature de cet élément, il laisse échapper insensiblement le calorique qu'il avait puisé dans les poumons : de là le développement de la chaleur animale.

avoir été modifié, ou après l'avoir été imparfaite-
ment, et dès-lors il devient plus ou moins impropre à la stimulation de l'organisme. L'observation
et les faits fournis par la physiologie expérimentale
prouvent assez que toutes les causes qui modifient
le cours et la composition du sang artériel apportent des changements dans la chaleur animale.
Toutes les causes qui empêchent la calorification
ou qui favorisent la déperdition du calorique vital,
émoussent en même temps l'impressionnabilité et
diminuent l'intensité de la contraction latente et
sensible ; réciproquement toutes les influences qui
rendent l'excitabilité moins susceptible, sans augmenter en même temps le ton, diminuent aussi le
développement de la chaleur animale. On trouve
toujours entre les trois phénomènes primitifs l'impressionnabilité, le ton organique et la chaleur animale, des corrélations telles qu'on pourrait ne les
considérer que comme des modes d'un seul et même
fait.

Deux opinions sur le développement de la chaleur animale divisent actuellement les physiologistes, je veux dire celle de Chaussier et celle de
Bichat. Le premier considère la calorification comme
un phénomène primitif de la vie, et le rapporte à
une force particulière à laquelle il donne le nom de
caloricité, analogue à l'impressionnabilité et la
contractilité; Bichat ne voit, au contraire, dans le
développement du calorique vital qu'un phénomène d'un ordre secondaire, tel que celui de la

circulation, de l'absorption, de la sécrétion, etc.

Pour décider si le développement de la chaleur animale doit être rangé parmi les faits élémentaires ou subalternes de la vie, voyons quels sont les caractères qui distinguent ces deux ordres de phénomènes. Les phénomènes de premier ordre sont considérés comme l'effet direct des forces vitales; ils sont une condition indispensable de l'existence animale, ils la caractérisent essentiellement. On ne conçoit pas, en effet, la vie possible sans impressionnabilité et sans certains mouvements, tels que ceux du cœur et des artères, des poumons, etc., tandis que nous savons que la digestion peut être supendue, une sécrétion supprimée, ou tout autre fonction secondaire anéantie, sans entraîner immédiatement et nécessairement la cessation de l'existence. Entre les phénomènes primordiaux il y a coexistence nécessaire, on ne peut concevoir que l'un d'eux existe indépendamment de l'autre; l'idée de mouvement est inséparable de celle d'excitabilité. Il est donc vrai que la production des phénomènes primitifs est simultanée, que ces phénomènes sont dans une subordination réciproque les uns des autres; au contraire, les rapports qu'ils ont avec les fonctions subalternes sont beaucoup plus éloignés, on dirait souvent qu'il n'y a aucune relation entre eux, puisqu'on voit que la trop grande exaltation des faits élémentaires de la vie, aussi-bien que leur trop peu d'intensité, donne lieu également au ralentissement, et même à la suspension plus ou moins complette des fonctions secondaires : ainsi l'irritation et l'atonie du tube digestif le rendent également incapable d'opérer sa fonction ; dans l'une et l'autre de ces conditions physiologiques opposées , les aliments un peu difficiles à digérer ne peuvent être élaborés. De même l'absorption est ralentie dans les surfaces absorbantes frappées d'inflammation active (avec surcroît d'excitabilité), ainsi qu'on l'observe dans la péritonite et l'entérite aiguë. La péritonite chronique concommittante de l'ascite passive nous prouve également que la faiblesse de la vitalité dans les séreuses est un obstacle à leur résorption. On voit pareillement la sécrétion de l'urine se ralentir et cesser même entièrement, soit par défaut d'activité dans les phénomènes primordiaux, soit parce que leur intensité est trop prononcée. Dans le premier cas, on prescrit la scille et tous les diurétiques qui ont une action stimulante reconnue sur les reins; dans la seconde circonstance, on conseille les infusions aqueuses, émollientes, sédatives, dont l'action est opposée à celle des premiers médicaments , et qui néanmoins produit un effet identique, c'est-à-dire que ces deux genres de modificateurs ont pour but de ramener la sécrétion à son état normal , en rétablissant dans ces parties l'état naturel des phénomènes primitifs auxquels est subordonnée la sécrétion. Parmi ces agents qui modifient la vitalité des organes, les uns augmentent son action , tandis que les autres tempèrent son exercice immodéré : or, c'est par ces modes opposés d'action que les phénomènes orga-

niques peuvent être parfois ramenés à leur condition
normale. On ne trouve de corrélation parfaite entre
les phénomènes secondaires de la vie et ceux que
nous considérons comme leur cause active, qu'autant que l'intensité de ces derniers est suffisamment
énergique pour donner lieu aux seconds; et ensuite,
qu'ils n'ont pas dépassé le maximum de leur exaltation normale.

D'après ces faits évidents, on voit que, dans une
infinité de circonstances, il n'y a aucun rapport
entre les divers états des phénomènes primitifs de la
vie et ceux que nous considérons comme leur résultat. Les fonctions subalternes n'ont pas entre elles
cette identité de manières d'être, de rapport, que
l'on remarque entre les faits élémentaires ; une de
ces fonctions peut être ralentie et suspendue entièrement, et les autres avoir lieu cependant. Autre caractère : nous n'avons jamais conscience des actes
secondaires de la vie, de la chylification, des absorptions, des sécrétions, de la circulation du sang dans
la trame des organes, tandis que nous pouvons apprécier constamment l'état actuel des phénomènes
primitifs. Nous ne pouvons juger de l'activité des
premiers phénomènes que par la promptitude avec
laquelle s'opère leur résultat définitif. Par exemple,
nous apprécions l'énergie fonctionnelle des reins, ou
de tout autre organe sécréteur, par la quantité de
liquide qu'il élabore en un temps donné ; mais tous
les actes particuliers qui concourent à ce résultat
organique nous sont entièrement inconnus. Au con-

traire, nous avons conscience, en santé, du degré
d'impressionnabilité de la plûpart dé nos organes,
lorsqu'un modificateur stimulant porte son action
sur lui. Nous pouvons apprécier également l'énergie comparative avec laquelle s'effectuent chez
nous les différentes espèces de contractions, ainsi
que l'état présent de la calorification.

Pour que la vie soit dans son état naturel, tous
ces phénomènes primordiaux doivent avoir un degré déterminé d'intensité ; sitôt qu'ils sortent de
leurs limites naturelles, l'animal éprouve un sentiment particulier de douleur qui constitue le besoin
de les ramener à leurs conditions ordinaires. Cette
conscience de l'état présent des phénomènes primitifs
est encore un de leurs caractères distinctifs.

Si nous faisons l'application de ces caractères,
exclusivement propres aux phénomènes primitifs
de la vie, au développement de la chaleur animale,
il est impossible de ne pas le considérer comme un
fait élémentaire, analogue à la contraction organique et à l'impressionnabilité. D'abord, on ne suppose pas plus la vie dans un animal, sans sa température normale, que dépourvu des mouvements
essentiels à sa fibre. Tant qu'un homme respire,
qu'il y a chez lui impressionnabilité et contractions
physiologiques, il conserve sa température, lors
même que la plûpart des autres fonctions sont suspendues depuis longtemps. Nous devons croire aussi
qu'il y a vie organique dans les solides tant que la
chaleur animale n'est pas entièrement dissipée. La

production du calorique vital est donc aussi immédiatement indispensable que le mouvement organique et l'impressionnabité ; sous ce rapport, on ne peut donc l'assimiler aux actes secondaires de la vie.

Les divers changements qu'offre la calorification coïncident toujours avec des modifications déterminées, survenues dans les autres phénomènes élémentaires. Si ces phénomènes sont peu développés, le dégagement du calorique est également faible ; acquièrent-ils, au contraire, une intensité insolite ? le calorique animal se développe toujours, en raison de cette activité super-normale : en un mot, il y a constamment proportion exacte entre l'énergie des actes primitifs de la vie et la calorification. Nous avons vu que c'est un des caractères différentiels des faits organiques subalternes avec les actes primitifs; que leur activité ne correspond plus avec celle de ces dernières sitôt que ceux-ci sont hors des bornes de leur état naturel ; par ce caractère encore, la calorification n'appartient pas aux fonctions secondaires, mais aux phénomènes primitifs. Lorsque vous stimulez un organe vivant, il y a aussi-bien surcroît d'activité dans le dégagement du calorique animal que dans ses contractions tant latentes que sensibles ; de même toutes les impressions qui ralentissent l'action de la vie, qui émoussent l'impressionnabilité, qui paralysent les mouvements des solides, empêchent en même temps le développement de la chaleur animale. Ces trois phénomènes primitifs, inséparables l'un de l'autre, éprouvent nécessairement des variations identiques. Dire qu'un animal a sa température ordinaire, c'est énoncer qu'il est excitable, qu'il se meut, qu'il vit. L'animal a conscience de tous les changements qui surviennent dans sa calorification ; il éprouve un sentiment de chaud ou de froid, suivant que l'accumulation du calorique est trop considérable dans les organes, ou que sa déperdition est portée au-delà des bornes naturelles. Quant à l'influence que la chaleur animale exerce sur les fonctions secondaires, personne ne peut la révoquer en doute ; elle joue, en cela, un rôle égal à celui des autres actes primitifs de la vie. Pour ne parler que de la sécrétion des urines, il n'y a point de médecin qui n'ait observé les modifications particulières que le calorique vital leur imprime lorsqu'il est trop abondant, ou, au contraire, en trop faible quantité. On peut lire, à cet égard, les grands observateurs cliniques, tels que Duret, Baillou, Fernel, etc. (1). Il est constant que la chaleur animale joue un grand rôle dans les dé-

---

(1) Senum alba urina, tenuis, hypostasi pauca, cruditatis et imbecillæ coctionis nuncia, quòd in illis *paucus* et *imbecillis calor.*........ Excitatio vehemens, vigiliæ, animi excandescentia, inediæ, *calidorum* ciborum usus, ut *insitum calorem*, ità et urinas inflammant, easque bilis permixtione *coloratiores* reddunt. Contrà verò, otium, somnus multus ac profondus ; inertia, *frigidorum* ciborum esus, *albas*, *crassas urinas*, contenta multa, atque cruda proferunt ; quemmadmodùm et aër vel à regione, vel ex hyeme, vel quàvis ex causâ *frigidior*, etc.

(Fernel, *de urinis*).

C'est-à-dire, qu'en général, toutes les causes qui ralentissent le développement du calorique animal, et celles, au contraire, qui l'activent, changent la nature des urines.

décompositions chimiques que subissent les divers
éléments de la nutrition, et qu'elle joue un rôle
actif dans ces phénomènes, au lieu d'être un simple
effet organique, ainsi que l'a avancé Bichat.

Pour assurer que le développement du calorique
animal n'est qu'un résultat des phénomènes élémentaires de la vie, sur quoi fondera-t-on cette opinion?
Dira-t-on, par exemple, que si la chaleur animale
suit toutes les variations que présente l'intensité des
autres phénomènes primordiaux, cela n'est pas étonnant, puisqu'étant un de leurs résultats, l'activité
de son développement doit toujours correspondre à
celle de la cause qui lui donne lieu? On remarquera
d'abord, d'après ce que nous avons dit, que si ce
phénomène est d'un ordre subalterne, il diffère essentiellement des autres du même genre; en second
lieu, n'est-on pas également autorisé à dire que
lorsqu'un modificateur stimulant porte son action
sur une partie vivante, il y développe d'abord le
calorique vital, et que le développement de ce fluide
a pour conséquence immédiate l'impressionnabilité
et le mouvement organique. Dans cette hypothèse,
ces derniers phénomènes ne seraient eux-mêmes
que l'effet du calorique animal; mais la simultanéité
d'existence de ces trois actes primitifs de la vie, et
les rapports particuliers qui ont invariablement lieu
entre leurs diverses manières d'être, font qu'il est
impossible de dire lequel d'entre eux précède les
autres, et doit être considéré comme leur cause
efficiente. Tout ce que l'on peut objecter en faveur
de l'un d'eux est applicable aux autres.

(569)

La calorification n'est pas davantage le fait des combinaisons chimiques qui s'opèrent dans l'organisme, ainsi que l'a professé Bichat ; sa théorie n'est qu'une modification de celle de Crawford. Comme le physiologiste anglais et les chimistes, il admet d'abord l'introduction du calorique de l'extérieur à l'intérieur du corps ; seulement il considère toutes les voies d'absorption comme propres à importer ce fluide dans l'économie, telles que la respiration, la digestion, l'absorption cutanée. A l'exemple du professeur de Voolwich, Bichat suppose qu'une fois mélangé avec le sang, le calorique circule à l'état combiné jusqu'aux capillaires artériels où se fait la nutrition, et qu'alors il se dégage par suite des combinaisons chimiques qui ont lieu entre les éléments du sang. Bichat ne reconnaît donc aucun foyer calorifère spécial ; selon lui, ce phénomène est local, il a lieu partout où circule du sang artériel. Mais au lieu de ne rapporter la chaleur animale qu'à une simple combinaison chimique, telle qu'elle peut s'opérer entre des corps inorganiques, ce physiologiste l'a attribuée le premier à l'action de la vie ; seulement il place ce phénomène parmi les faits organiques secondaires, au lieu de le considérer comme un fait élémentaire. Cependant pour voir que cette opinion est erronée, il suffit de faire l'application de cette théorie aux diverses conditions qui accompagnent le dégagement du calorique animal.

La première erreur de Bichat, erreur qui lui est commune avec les chimistes, est de croire que le calorique vital arrive dans l'économie comme un autre fluide qui y pénètre par l'absorption des surfaces externes. Ces surfaces sont au nombre de trois: 1° la muqueuse des bronches, 2° celle des voies digestives, 3° la peau. Or, voyons si le calorique qui s'introduit par ces trois voies n'est pas de beaucoup inférieur à celui qui se dégage du corps. Si nous parvenons à démontrer cette proposition, il en résulte évidemment qu'on doit rejeter toute théorie basée sur l'introduction physique du calorique animal.

Si le calorique pénètre dans l'économie, ce ne peut être que combiné avec les différents corps absorbés pour l'entretien de la vie. Ces corps sont l'air atmosphérique et les gaz, les substances qu'il véhicule, ensuite les aliments tant solides que liquides. Tout modificateur absorbé ne transmet le calorique qu'à l'état libre ou à l'état combiné. L'air vital que nous respirons est généralement beaucoup plus froid que notre corps ; il est certains pays, dans les régions hyperboréennes, par exemple, où l'homme et plusieurs autres animaux vivent, pendant un hiver de six mois, dans une température habituelle de 25 à 30 degrés au-dessous de zéro. En Sibérie, on a vu le thermomètre descendre jusqu'à 70 degrés, et ses habitants ont pu le supporter. Dans ces circonstances, ce ne peut être le calorique libre de l'air qui entretient la température du corps de l'animal. Les aliments dont nous nous nourrissons sollicitent le développement de la chaleur vitale, mais il est constant aussi qu'elle ne provient pas de leur

calorique libre, quelque chauds que soient ces aliments lorsqu'ils sont introduits dans l'estomac. Ce
n'est donc point, d'abord, à l'état libre que les modificateurs du dehors nous cèdent le calorique suffisant pour suppléer à la déperdition que nous en
faisons continuellement, il faut alors que ce soit à
l'état latent ; c'est ce que nous allons examiner.

La muqueuse pulmonaire n'absorbe qu'une partie
très faible de l'air vital en contact avec elle ; d'une
autre part, cette muqueuse exhale à chaque expiration une vapeur chaude qui enlève beaucoup de
calorique au corps. Ici, il s'agit de savoir quelles
sont les proportions du calorique importé par les
principes absorbés, et celles de celui qui est enlevé
à l'économie par la vapeur pulmonaire. Si l'on s'en
rapporte au résultat des expériences tentées par les
chimistes et les physiologistes, il paraît que l'absorption des éléments de l'air qui se fait par les poumons
est extrêmement faible. En effet, ces expériences tendent toutes à prouver qu'il n'y a point d'azote absorbé
par les poumons, qu'au contraire, il s'en dégage
beaucoup du sang qu'ils contiennent (1). L'absorption
d'une partie de l'oxigène qui entre dans la composition de l'air inspiré est également un problême à
résoudre. Ainsi Tompson et Spallanzani pensent
que l'oxigène employé à former l'acide carbonique
de la respiration, plus l'oxigène restant, représentent
tout celui qui entre dans la composition de l'air in-

____

(1) On peut voir à cet égard les travaux de Berthollet, Dulong, de
MM. Despretz et Magendie.

troduit dans les poumons. D'autres chimistes ont reconnu cependant la disparition d'une très-faible portion de ce gaz dans l'oxigénation du sang ; ainsi Davy la porte à $\frac{1}{82}$, Bostoch a $\frac{1}{80}$, Hallen et Pepys à $\frac{1}{120}$. En adoptant l'expérience la plus favorable à l'absorption, il en résulte que sur un volume donné d'air, il n'y a que $\frac{1}{80}$ de son oxigène qui soit absorbé. L'air pur, comme on le sait, se compose, sur 100 parties, de 79 d'azote et de 21 d'oxigène ; or, en réduisant le volume total de l'air en la fraction $\frac{400}{80}$, nous avons à soustraire de ce nombre, pour l'oxigène qui se mêle au sang, $\frac{1}{80}$: d'où la proportion, oxigène absorbé : volume total de l'air inspiré : : 1 : 400.

Le volume d'air qui entre dans les poumons est d'environ quatre centimètres cubes ; car, d'une part, on estime celui qui reste dans ces organes, après l'expiration, de deux à quatre centimètres et demi cubes. Il n'y a rien de fixe à cet égard, puisque cette quantité d'air dépend de la capacité relative des poumons et de leur état physiologique ; mais prenant un terme moyen, elle serait d'environ trois centimètres cubes. D'un autre côté, Davy porte à un centimètre cube la quantité d'air expiré, quand l'inspiration et l'expiration sont ordinaires, et jusqu'à o m. o3113 cubes, quand ces deux mouvements sont forcés. Dans l'état naturel, les poumons contiennent donc environ quatre centimètres cubes d'air ; s'il n'en sort qu'un centimètre cube à chaque inspiration, il s'en suit qu'il ne doit rentrer dans ces organes qu'un

volume égal d'air, et conséquemment celui qui
reste dans les poumons étant de trois centimètres
cubes, il n'y a que le quart de ce fluide qui se re-
nouvelle à chaque inspiration. La quantité renouvelée exprime celle qui est décomposée dans l'intervalle d'une inspiration et d'une expiration : or, sur
cette quantité il n'y a d'absorbé que $\frac{1}{80}$ de son oxigène, c'est-à-dire quatre dix-millimètres cubes.

D'après les observations qui ont été faites par plusieurs physiologistes sur la respiration, il paraît que
le nombre des inspirations et des expirations varie
de 14 à 27 dans une minute, dont le terme moyen
serait de 20 environ. Vingt inspirations donnent
donc vingt centimètres cubes d'air renouvelé par
minute, lesquels, évalués en grammes, équivalent à
douze ou treize centigrammes ; la quantité d'air vital qui se mêle au sang est donc la quatre centième
partie de ce poids.

Si, à cette portion extrêmement faible d'air qui
se mêle au sang par les muqueuses bronchiques,
on compare la quantité de vapeur qui s'en dégage,
on voit qu'il n'y a aucune comparaison à établir ;
Goodwyn la porte à soixante centigrammes, Lavoisier à trente-cinq centigrammes, Menzies à dix centigrammes seulement par minute. Ici encore, il
n'y a rien de constant dans cette exhalation ; elle dépend de l'état physiologique des poumons, de la
masse des liquides en circulation, l'état hygromé-
trique de l'air, etc. En adoptant le résultat obtenu
par Lavoisier, qui est le terme moyen et qui est

celui qui doit généralement se présenter, on voit qu'un homme, dans les circonstances ordinaires, exhale entre trente-cinq et quarante centigrammes de vapeur pulmonaire dans une minute. Ce poids égale donc approximativement trois fois celui de tout l'air inspiré dans le même temps, et douze cents fois celui de l'oxigène absorbé. Je pense qu'il est inutile de parler de l'atôme d'acide carbonique et de la faible quantité de vapeur aqueuse tenue en suspension dans l'air : en supposant même que ces principes sont entièrement absorbés par les poumons, ils n'ôteraient rien à la rigueur de notre calcul.

En résumé, je viens de vous faire voir, mon ami, que la somme des principes étrangers qui pénètrent dans l'économie par les voies aériennes, est beaucoup moins considérable que celle de ceux qui s'en exhalent. Lors même que l'on supposerait que le calorique libre et latent se trouve dans un rapport rigoureusement identique dans la molécule de la vapeur pulmonaire et dans celle des parties de l'air absorbé, il n'y aurait déjà aucune proportion entre la chaleur que nous perdons par les poumons et celle qui peut s'introduire par cette voie d'absorption ; d'ailleurs, tant qu'on n'aura pas démontré que les expériences de Vacca-Berlinghierri sont inexactes, nous sommes autorisés à considérer la vapeur pulmonaire comme contenant 47 fois plus de calorique latent que l'air vital. Nous devons donc premièrement tenir pour démontré que les absorp-

tions qui s'opèrent par la muqueuse bronchique
ne sont point une des sources de la calorification.

N'étant point dans les organes respiratoires, cette
cause de la chaleur animale se trouve-t-elle dans
l'absorption des aliments qui s'opère par les voies
digestives? Ici, nous manquons de résultats obtenus
par l'expériment pour fonder une opinion sur des
calculs aussi rigoureux que ceux par lesquels nous
avons vu qu'il n'y a aucun rapport entre la quantité
de calorique absorbé par les poumons et celle de
celui qui s'en dégage ; mais à défaut d'expériment,
nous nous appuyerons sur des faits sensibles, facilement appréciables , et qui prouvent évidemment
qu'il est impossible de croire que le calorique animal qui se dégage continuellement des organes ,
dont les variations sont si subites, dont le développement n'a souvent aucun rapport avec la quantité
d'aliments ingérés dans l'estomac , s'introduise mécaniquement dans l'économie avec les modificateurs
naturels.

Si il est vrai que ce soit le calorique latent des
aliments absorbés qui donne lieu à la calorification
animale, et que son dégagement ne se fait que dans
les capillaires sanguins, on doit reconnaître qu'avant
que ce phénomène ait lieu , il faut 1° que ces aliments aient subi les modifications qui leur sont
imprimées avant l'absorption gastro - intestinale ;
2° que cette absorption soit effectuée ; 3° que ces
éléments calorifères soient arrivés dans le torrent
de la circulation artérielle ; 4° que les décomposi-

tions moléculaires, qui en sont la cause immédiate, s'opèrent. Mais l'observation attentive des faits nous prouve que les variations dans l'état de la chaleur animale se font instantanément, et n'attendent pas que tous ces phénomènes soient accomplis quand on prend des aliments. Après une diète un peu prolongée, on remarque un ralentissement notable dans le développement de la chaleur animale et dans tous les autres mouvements fonctionnels ; si alors on introduit dans l'estomac une substance excitante, un verre de liqueur alcoolique, par exemple, on sent que le développement de la chaleur animale prend un surcroît spontané d'activité dans tout le corps. D'où vient cet accroissement subit de température ? Si il est vrai qu'il ait sa cause dans le calorique latent des éléments du sang en circulation, ainsi que le dit Bichat, pourquoi a-t-il lieu plus promptement et d'une manière plus sensibles pour nous lorsque nous sommes à jeun et que nous prenons un aliment stimulant, que lorsque nous avons l'estomac déjà rempli, c'est-à-dire quand le sang déjà appauvri, en fournissant toujours des matériaux aux sécrétions sans se réparer, est sensé contenir moins de principes calorifères ? D'une autre part, le développement plus actif de la chaleur animale a lieu aussitôt après que la liqueur stimulante est en contact avec la muqueuse gastrique ; une seconde auparavant il était beaucoup moindre ; on ne peut donc nier que l'excitation de l'estomac par le modificateur est ici la cause immédiate du phénomène. En

bonne foi, on ne peut admettre que cet accroissement subit de température dans les vaisseaux capillaires de la figure, des mains, des pieds, etc.,
qui se manifeste aussitôt qu'un liquide excitant est
en contact avec les parois de l'estomac, soit dû à une
intensité plus grande du mouvement nutritif; il est
impossible aussi de l'attribuer au calorique combiné
du liquide introduit dans les voies digestives ; car,
d'abord, il n'y a aucune proportion entre celui qui
se dégage du corps et la quantité qui peut s'en trouver dans un petit verre de liqueur. De plus, comme
le modificateur ne doit céder son calorique que
lorsqu'il est arrivé dans les capillaires sanguins où
s'accomplit l'acte complexe de la nutrition, il faut
donc auparavant qu'il s'écoule, entre son ingestion
et le développement du calorique, un laps de temps
assez long pour qu'il puisse éprouver les modifications qui précèdent son absorption ; ensuite, que
cette absorption s'opère, puis qu'il soit versé dans le
torrent de la circulation ; qu'enfin il soit parvenu
des gros troncs artériels dans les systèmes capillaires, et que les opérations chimiques, auxquelles on
rapporte le dégagement du calorique, s'effectuent.
Or, il est impossible qu'une seconde, qu'une minute soient suffisantes pour l'accomplissement de
tous ces actes, et jamais le développement de la chaleur animale ne reste plus longtemps pour prendre
un surcroît d'activité, après qu'un stimulant diffusible, pris en dose assez considérable, est arrivé
dans l'estomac.

Si le calorique qui se dégage du corps de l'animal provient du calorique latent qui se trouve dans les matériaux importés dans l'économie, ainsi que l'a pensé Bichat, l'activité de son développement doit se trouver aussi dans un rapport direct avec la somme de calorique latent que contiennent les principes absorbés ; en conséquence, l'intensité de ce phénomène doit être proportionnelle à leur capacité pour le calorique ; cependant on voit qu'il dépend plutôt des propriétés dites stimulantes des modificateurs, que de leur capacité pour le calorique. Par exemple, d'après le tableau des capacités déterminées par le calorimètre de glace de Lavoisier et Laplace, nous savons que celle de l'eau est de 1,0000, celle de l'acide sulfurique de 0,3346, celle de l'acide nitrique de 0,6614, celle de la chaux vive de 0,2169, celle de l'huile d'olive de 0,3096, etc.

L'observation des phénomènes physiologiques nous démontre cependant que l'eau, qui l'emporte sur tous les acides minéraux par sa capacité pour le calorique, est celui de ces liquides qui, introduit dans les voies digestives, est le moins propre à provoquer le développement de la chaleur animale ; il est même reconnu que loin d'activer ce développement, il le tempère. Je regrette que l'on n'ait pas apprécié le calorique spécifique de plusieurs substances alimentaires, et d'être moi-même dans l'impuissance de le faire ; on verrait évidemment qu'il n'y a aucun rapport entre leur capacité et leurs propriétés calorifères ou excitantes. Étant des caustiques très actifs, il est impossible de mettre en contact des acides minéraux purs, de la chaux avec une muqueuse, sans opérer une décomposition chimique, mais étendons-les d'eau dans une proportion assez grande pour qu'ils ne puissent plus produire ce changement. Personne n'ignore que de l'eau de chaux, qu'une limonade sulfurique ou hydro-chlorique qui contiendrait seulement deux ou trois fois plus d'acide minéral qu'on n'en met d'habitude, sont des irritants très énergiques, et que si l'on faisait boire de cette liqueur à un animal, elle déterminerait une irritation très vive des voies digestives, et, par conséquent, un développement considérable de calorique, d'abord dans ces parties, et ensuite dans tout l'organisme, en produisant la fièvre. Dans cette circonstance, l'excès de chaleur animale n'est évidemment point le résultat du calorique combiné des modificateurs introduits dans l'estomac, mais celui de leurs qualités stimulantes, puisque l'eau qui contient deux et trois fois plus de calorique latent que ces modificateurs, ralentit la calorification au lieu de l'activer.

Reconnaissons donc qu'il n'y a aucune relation entre la quantité du calorique combiné des modificateurs introduits dans l'économie, et celle du calorique animal qui se dégage du corps après leur absorption ; en second lieu, que la production de la chaleur vitale est toujours en proportion de la puissance stimulante des éléments de nutrition. Ensuite, pour admettre que le calorique extérieur, introduit dans le sang, circule à l'état latent jusqu'à ce qu'il soit arrivé dans les systèmes capillaires, et que ce n'est que lorsqu'il est arrivé dans ces parties qu'il se développe, il faudrait avoir prouvé (ce qui n'est pas probable), que le sang des gros vaisseaux est inférieur en température à celui de leurs ramifications : or, ce fait n'est ni démontré, ni vraisemblable.

L'observation attentive des faits organiques nous fait également reconnaître, mon cher A. B., que, sous l'influence d'un excitateur donné, l'activité de la calorification dépend du degré d'impressionnabilité des organes ; en second lieu, que cette activité ne correspond pas nécessairement avec la quantité des aliments que l'animal a pris ; ce qui néanmoins devrait être, si le calorique qui se dégage de son corps provenait du calorique combiné de ses éléments de nutrition. Quand nous sommes en bonne santé, notre alimentation est cinq, six, dix fois plus copieuse que lorsque nous avons la fièvre ; cependant, le développement du calorique est beaucoup plus actif pendant les accidents pyrétiques : or, on ne peut dire qu'un homme qui a la fièvre depuis quinze jours, un mois et plus, qui ne prend pour tout aliment que des boissons aqueuses, contenant très-peu de principes nourriciers, doit la grande quantité de calorique qui se dégage de son corps à un surcroît de molécules calorifères importées dans son économie, et que la nutrition est activée chez lui. Singulière nutrition que celle qui fait tomber le

corps dans le marasme ! Voyez ce malheureux sur
le bord de la tombe, que mine une fièvre lente, si
il prend un peu de vin pur, de café, un aliment
stimulant, l'agitation devient extrème chez lui ; tous
les phénomènes primitifs de la vie sont dans l'exaltation, et, par conséquent, la calorification ; cependant la nutrition n'est-elle pas moins ralentie, comme
le prouve le dépérissement de son organisme, qui
s'accroît de jour en jour. Dans la fièvre hectique,
le pouls est petit, peu développé, c'est-à-dire que
le vaisseau artériel contient peu de sang, et néanmoins la calorification est activée : ici, on ne peut
rapporter ce fait à la grande quantité de sang rouge
qui arrive dans l'organe, et, par conséquent, aux
nombreux changements chimiques qui peuvent s'o-
pérer entre ses éléments. Un organe enflammé développe un calorique super-normal ; y a-t-il aussi
surcroît de nutrition dans cette partie ? Il faut avouer
que cette nutrition qui amène la suppuration, la
gangrène ou l'induration de la partie, est d'un genre
tout particulier, et ne ressemble en rien à celle qui
préside au développement et au maintient de l'organisme vivant.

Comment enfin, avec cette théorie, concevoir
les nombreuses variations que présente le développement de la chaleur animale à la suite des impressions de l'ordre moral ? Le sentiment de la peur et
tous les modes de sentir désagreables, ralentissent
la calorification, tandis que ceux qui sont agréables,
qui provoquent les passions violentes, lui impriment

un surcroît spontané d'activité. La vue d'un objet, son contact, un son, en un mot toutes les impressions externes, importent-elles aussi du calorique dans l'économie? peuvent-elles aussi lui en enlever?

En résumé, nous venons de voir, mon cher A. B., 1° que le calorique animal n'est pas plus importé dans l'économie par l'absorption des voies digestives que par celle de la muqueuse pulmonaire, puisque, dans un grand nombre de circonstances, la chaleur se développe subitement après l'ingestion des aliments, et que, dans aucun cas, elle n'attend 'pour se manifester que ces aliments aient été élaborés et versés dans le torrent de la circulation pour arriver aux capillaires ; en conséquence, ce développement subit de calorique vital ne provient donc pas du calorique latent des éléments de nutrition. 2° Que si on rapporte alors la calorification à ces éléments, comment se fait-il que le phénomène qui était ralenti prenne tout à coup un surcroît d'activité aussitôt que des agents excitatifs sont en contact avec la muqueuse gastro-intestinale, ou que des impressions de la vie de rapports stimulent le cerveau? alors il est difficile de concevoir ce surcroît d'activité dans le développement du calorique animal, après une abstinence prolongée, lorsque la plus grande partie des aliments du sang ont été rejetés de l'économie par les exonérations, et ont, par conséquent, cédé tout le calorique latent qu'ils peuvent contenir. On ne peut se refuser à croire que l'excitation physiologique, nerveuse de l'esto-

(385)

mac ou de l'encéphale, est ici la cause immédiate du
phénomène. 3° Que dans un grand nombre de circonstances, comme dans la fièvre prolongée pendant plusieurs jours, on observe qu'il n'y a plus aucune proportion entre le calorique émané de l'économie et les principes étrangers qui y sont importés.
Dans cette condition, l'animal faisant usage d'une
nourriture sept, huit et dix fois moins copieuse que
dans l'état naturel, présente néanmoins un dégagement de calorique plus considérable ; donc on ne
peut admettre que cet excès de calorique vital pro-
vienne alors des matériaux de la nutrition. 4° Que
la calorification n'est point un effet de la nutrition.
S'il en était ainsi, ce phénomène devrait présenter
tous les changements qui surviennent dans cette
fonction complexe, c'est-à-dire s'activer et se ralentir avec elle. Cependant dans l'hectisie la chaleur
animale se maintient constamment à un haut degré,
et alors tous les actes de la nutrition sont évidemment ralentis , comme le prouve le marasme du
malade. 5° Que la théorie de Bichat est inapte à
expliquer beaucoup de faits organiques qui nous
prouvent que le développement de la chaleur animale a sa cause dans l'excitation de la fibre nerveuse, et qu'il constitue , ainsi que l'impressionnabilité et le mouvement contractif des solides, un
des faits élémentaires de la vie ; 6° enfin que la calorification n'étant point une fonction subalterne,
nous sommes autorisés à la ranger parmi les phénomènes primordiaux, et à la rapporter aussi à une

cause abstraite, à laquelle on peut conserver la dénomination de *caloricité*, qui lui a été donnée par Chaussier.

Il est donc aussi impossible d'assigner la source du calorique animal que celle de l'impressionnabilité et de la contractilité ; leur origine est commune et également insaisissable par nos moyens ordinaires d'investigation. Toutes les théories physico-chimiques par lesquelles on a tenté d'expliquer la calorification, ne peuvent soutenir l'application des faits qui se présentent à l'observation. Ce phénomène est un des trois de ceux qui composent le phénomène complexe de l'excitation ; il a lieu partout où il y a vie ; la cause de son développement est la même que celle qui met en jeu l'élément vital, c'est-à-dire qu'elle consiste dans l'action d'un stimulus sur les parties vivantes, et qui y appelle les liquides en circulation ; en sorte que l'aphorisme « *ubi stimulus,* « *ibi fluxus,* » peut être traduit en celui-ci « *ubi* « *stimulus, ibi excitabilitas, ibi calor, ibi con-* « *tractio,* » parce que là où un stimulant exerce son action, il y a nécessairement tous ces phénomènes ; on ne peut pas les supposer existant isolément, ainsi que nous l'avons déjà dit. On peut également poser en principe invariable l'aphorisme suivant : « Là où agit le plus fort stimulus, là « s'opère la contraction la plus énergique, là se dé- « veloppe le plus de chaleur, là l'impressionnabilité « a le plus haut degré de susceptibilité relative, là, « enfin, se fait la fluxion la plus abondante. » Comme

tous les phénomènes primitifs de la vie , la calorification suit toutes les vicissitudes que présente l'intensité de l'excitation dans les parties qui en sont
le siége.

La physiologie expérimentale a prouvé qu'il n'y a
point de vie possible dans un organe sans nerfs ;
que les phénomènes primordiaux ont nécessairement leur cause dans le système nerveux : or, si le
développement de la chaleur animale est un fait de
même nature , inséparable de ses congénères, il doit
également dépendre de la même action physiologique. Depuis longtemps on avait remarqué qu'un
membre paralysé est inférieur en température au
reste du corps , et que cette différence est d'autant
plus frappante, que l'insensibilité est plus prononcée. La section des nerfs principaux qui vont se distribuer dans une partie vivante , est pareillement
suivie de la perte plus ou moins complette de la
chaleur animale. Dans certaines affections nerveuses,
les malades se plaignent d'un froid excessif dans des
parties évidemment chaudes ; d'autres fois , au contraire , ils accusent une grande chaleur dans des organes qui n'ont qu'une température ordinaire. Cette
coïncidence de rapports qui existent entre les différents états de la chaleur animale et de l'impressionnabilité , ont fait supposer à plusieurs physiologistes
que la calorification n'est qu'une fonction du système nerveux, et, par une série d'expériences, ils ont
cherché à donner à cette opinion tous les caractères
d'une rigoureuse démonstration. En résumé , ces

expériences consistent dans une décapitation incomplette, faite de manière à laisser tous les nerfs respiratoires dans leur intégrité. En conservant ainsi aux poumons leurs fonctions, les chimistes ne peuvent objecter que si la calorification cesse lors de la décapitation, ce résultat est une conséquence inévitable de la paralysie des nerfs qui tiennent l'hématose sous leur dépendance. On fait donc une section verticale du cerveau, au-devant du mésocéphale, et on tente ensuite d'anéantir la vitalité de l'organe au moyen d'une commotion violente ou d'une forte dose d'opium ; alors on voit la chaleur animale diminuer progressivement, à mesure que cessent les fonctions de l'organe. M. Chossat a encore reconnu que les sections de la moëlle épinière déterminent la paralysie des nerfs qui naissent au-dessous de la partie coupée ; c'est ainsi qu'il a anéanti la vie de la cavité abdominale par la section du grand sympathique au lieu où il se joint au plexus semi-lunaire. Pendant toutes ces expériences, ce physiologiste assure que la respiration et la circulation ont toujours été parfaitement libres ; que même, pendant les premiers temps de l'opération, cette dernière fonction était plus accélérée que d'habitude, et que cependant c'était alors que l'abaissement de la température était le plus rapide ; d'où la conséquence que la production du calorique animal est sous l'influence directe du grand système nerveux cérébro-spinal. M. Chossat penseque dans ce phénomène le cerveau n'opère que par l'influence

qu'il exerce sur la moëlle épinière, et celle-ci sur
les nerfs qui en émanent, tandis que d'autres physiologistes concluent à l'action unique et immédiate
de l'encéphale.

Si, malgré l'intégrité de la circulation et de la
respiration, on voit alors les sécrétions se ralentir,
ce fait tend à prouver que la chaleur animale, loin
d'être une conséquence des phénomènes subalternes
de la nutrition, est, au contraire, une de leurs causes
efficientes. Outre les expériences qui ont été faites
pour démontrer que le calorique vital a sa source
dans le système nerveux, disons que cette opinion
a encore en sa faveur d'offrir une explication plus
facile des divers états que présente la calorification,
laquelle est évidemment subordonnée à toutes les
lois qui régissent le phénomène complexe de l'excitation organique.

La température voulue, pour que l'exercice normal de la vie ait lieu, est renfermée dans certaines
bornes ; sitôt qu'elle s'élève ou s'abaisse au-delà de
ces limites, l'animal a conscience de cet état particulier de la calorification, et le sentiment qu'il
éprouve alors constitue un des besoins de la nutrition. Il est essentiel que l'animal connaisse les conditions actuelles de la chaleur de son corps, afin
qu'il évite les influences qui impriment à son développement un surcroît trop considérable d'activité, ou, au contraire, produisent une trop grande
refrigération ; car, nous devons croire que la cause
première de la plùpart des maladies aiguës consiste

dans une addition ou une soustraction anormale de calorique vital. De là, les sentiments de froid et de chaud qui portent l'animal à rétablir la température de son économie dans son degré naturel, en sollicitant chez lui les actes capables de produire ce résultat; mais le besoin cesse de se faire éprouver lorsque la température du corps est ramenée à ses conditions naturelles, de même qu'une alimentation suffisante calme le sentiment de la faim.

D'après ce que nous venons de dire de la calorification, concluons, en général, mon ami, que les théories chimiques de Lavoisier et de Crawford, ainsi que celle chimico-vitale de Bichat sur la source du calorique animal, doivent être rejetées 1° parce qu'elles laissent, sans solution possible, un grand nombre de manières d'être de la calorification; 2° parce qu'elles sont en opposition avec beaucoup de faits qui s'offrent journellement à l'observation; 3° parce que, loin d'offrir les caractères des phénomènes secondaires de la vie, la calorification ne présente que ceux qui distinguent les phénomènes élémentaires; qu'en conséquence, on ne peut la considérer comme un résultat de la nutrition. Concluons, d'une autre part, que des expériences, dont on ne peut contester les résultats jusqu'à preuve contraire, ainsi qu'une foule de faits de simple observation, doivent nous porter à croire que le calorique animal a sa source dans une fonction spéciale du système nerveux, et surtout de l'encéphale; que c'est probablement ce calorique qui

constitue ce fluide dit *nerveux*, auquel les physiologistes de toutes les époques ont rapporté tous les
faits de la vie organique.

C'est ce moteur de nature ignée, que Démocrite,
Epicure, Hippocrate, St. Augustin, etc., considéraient comme le principe de la vie.

CHAPITRE NEUVIÈME.

Des rapports qu'ont entre eux les phénomènes primitifs de la vie.

§ I.

Rapports de l'impressionnabilité et de la chaleur animale.

Un fait facile à observer pour quiconque se donne la peine d'analyser ses manières d'être, c'est que l'impressionnabilité des organes est d'autant plus susceptible à l'action des modificateurs, que leur chaleur naturelle est plus considérable. Vous avez déjà sans doute reconnu, par votre propre expérience, mon cher A. B., que le froid, en enlevant le calorique des organes, y émousse en même temps l'excitabilité ; qu'il détermine l'hébétude de tous les sens ; que les sensations que nous rapportons au toucher, à l'odorat, au goût, sont beaucoup plus obscures lorsqu'un air glacial exerce son influence sur ces sens que par les temps chauds. Pendant l'hiver, on est obligé de se soumettre à l'action d'aliments beaucoup plus stimulants que pendant les chaleurs de l'été, pour produire des excitations organiques qui aient la même intensité ; alors les aliments les plus indigestes, les liqueurs fortes les plus échauf-

fantes, peuvent être pris par beaucoup d'individus
sans inconvénient, c'est-à-dire sans produire d'irritations, d'inflammations, qui surviendraient nécessairement si ces personnes suivaient le même
régime dans un climat brûlant. Au printemps et
en été, comme la déperdition du calorique animal
est moindre, parce que la température de l'atmosphère est plus élevée, l'impressionnabilité vitale
devient plus susceptible à l'action des modificateurs ; aussi, à cette époque de l'année, sommes-
nous obligés d'être plus sobres qu'en hiver, de faire
usage d'aliments moins stimulants et de les prendre
en moindre quantité ; alors nous sentons le besoin
d'éviter toutes les influences qui provoquent le développement du calorique vital et favorisent son accumulation dans l'organisme. L'animal qui a la fièvre, chez qui la calorification est activée, est bien
plus excitable que lorsque la fièvre est tombée et que
la production du calorique est ramenée à son état
naturel. Chez le vieillard, la calorification a beaucoup perdu de son intensité primitive, l'impressionnabilité a suivi la même progression descendante.
Plusieurs animaux, tels que les reptiles, les insectes
et quelques espèces de rats, n'ont qu'une sensibilité
extrêmement obscure sitôt que le thermomètre
descend à o degré ; cette aptitude vitale se réveille
en eux à mesure que s'élève la température du milieu où ils respirent. Comparez, sous ce rapport, le
Boa vivant sur la plage Africaine, avec celui que l'on
importe en Europe.

Un organe irrité ou frappé d'inflammation active est extrêmement impressionnable, mais le surcroît d'activité de la calorification correspond aussi avec sa grande excitabilité. Aussitôt que l'inflammation passe à l'état d'asthénie, la chaleur baisse en même temps que s'émousse l'impressionnabilité. Je crois inutile de multiplier davantage les faits qui démontrent incontestablement que les divers états de la modifiabilité vitale ont des rapports étroits avec ceux de la chaleur animale, en sorte que l'on doit reconnaître comme principe général, invariable, « *que l'impressionnabilité vitale est en raison du développement actuel du calorique animal, c'est-à-dire, en d'autres termes, que les organes sont d'autant plus facilement influencés par l'action des modificateurs, qu'ils sont plus saturés de calorique.* »

On doit, par conséquent, admettre la proposition réciproque, savoir : « *que l'organisme animal est d'autant moins impressionnable qu'il développe moins de chaleur.* »

D'après cette loi physiologique, on pourrait dire que l'action stimulante des modificateurs consiste dans la propriété qu'ils ont de provoquer le développement du calorique vital, et qu'au contraire les influences narcotiques ont pour effet de paralyser ce développement.

§ II.

Rapports de l'impressionnabilité et du ton ou contraction insensible.

Plus une personne est impressionnable, sensible, moins elle est capable de résister aux impressions violentes. C'est ainsi que chez les enfants, les femmes, en général, chez les hommes délicats, les excitations sont déterminées par des influences dont l'action est bien moins énergique que chez les hommes vigoureux ; on voit également ces derniers devenir eux-mêmes plus facilement excitables lorsqu'ils tombent malades, lorsqu'ils sont convalescents, et la faculté de supporter l'action de modificateurs plus actifs ne s'accroît qu'à mesure qu'ils deviennent plus forts, c'est-à-dire que chez eux les contractions acquièrent de l'intensité. Une nouvelle fâcheuse ou agréable produit une émotion plus violente chez une personne affaiblie par la maladie, que lorsqu'elle jouit d'une bonne santé. Toutes les impressions, de quelque genre qu'elles soient, déterminent donc des mouvements organiques d'autant plus facilement que la tonicité a moins d'énergie ; c'est pour ce motif encore que chez l'enfant toutes les sensations sont vives : aussi presque toutes provoquent chez lui le rire ou les pleurs. Après l'enfant, viennent la femme et le vieillard, en qui les mouvements, qui sont une conséquence des différentes espèces d'affection, sont produits bien plus facilement que chez l'homme robuste et fort; l'impression qui fera rire ou pleurer les premiers, ne donnera lieu, chez ce dernier, qu'à une émotion ordinaire. Ce qui est vrai pour les impressions de la vie de rapports l'est également pour les impressions physiologiques. Un homme robuste boit, lorsqu'il est en bonne santé, une dose assez considérable de vin généreux, d'eau-de-vie, prend des aliments très stimulants sans en être incommodé. Vient-il à s'affaiblir, à perdre de sa vigueur, soit par maladie, soit par épuisement à la suite d'un travail excessif, ou de l'usage longtemps continué d'une alimentation non suffisamment nourrissante, ou enfin de l'énervation causée par des excès quelconques, vénériens ou autres? les mêmes modificateurs pris en même quantité détermineront chez lui tous les accidents de la sur-excitation, c'est-à-dire que l'action de ces agents sera devenue trop énergique.

Les différences que l'on observe, sous ce rapport, dans le même individu, suivant son état physiologique actuel, se rencontrent encore si l'on compare plusieurs personnes entre elles. De tout temps on a observé que les enfants, les femmes, les vieillards, en général, sont incapables de supporter l'action des boissons fortes et d'une alimentation échauffante, comme les hommes adultes jouissant d'une bonne santé.

Il résulte de ces faits que l'animal supporte d'autant mieux l'action des modificateurs, qu'il est plus vigoureux; il est donc d'autant plus impressionnable, ou les phénomènes organiques sont modifiés chez lui d'autant plus facilement, que le ton de ces solides est moins prononcé. Reconnaissons donc, en principe général, mon cher A. B., que « *l'impression-* « *nabilité des organes est en raison inverse de leur* « *contraction latente;* » mais le fait exprimé par cet aphorisme suppose que le relâchement des solides s'est opéré subitement dans un court laps de temps, qu'il n'est point le résultat d'un épuisement lent et progressif, tel qu'il survient chez des personnes avancées en âge, chez celles qui s'énervent insensiblement par des excès journaliers, ou tel qu'on l'observe encore dans les inflammations asthéniques ; car alors la faiblesse de la contraction organique est accompagnée d'une impressionnabilité peu susceptible. C'est pour ce motif que les hommes usés par le grand âge ou par les excès, exigent, pour vivre, un régime plutôt excitant que débilitant, c'est-à-dire atténuant l'énergie des phénomènes vitaux ; c'est pour le même motif encore que les inflammations asthéniques réclament une médication stimulante. Ainsi les solides des vieillards sont dans un laxum relatif, si on compare leur contractilité actuelle à ce qu'elle était lors de l'âge adulte ; cependant ils ne sont pas impressionnables comme ceux de l'enfant ; il faut aux premiers une action stimulante plus énergique pour produire l'excitation organique qu'à la fibre molle, délicate de l'animal qui vient de naître.

Cette différence entre l'impressionnabilité de l'enfant et celle du vieillard est une conséquence de l'aphorisme par lequel nous avons établi que cette faculté est d'autant plus développée, que la calorification est plus active. Les contractions du vieillard n'ont ni fréquence, ni énergie ; la circulation des liquides y est par cela même lente et faible, le développement de la chaleur animale et toutes les fonctions subalternes offrent un état semblable. Les mouvements de toute espèce du jeune animal n'ont pas beaucoup d'énergie, mais ils sont très précipités, et la calorification, ainsi que tous les actes secondaires de la vie, correspondent à cette activité de la contractilité ; leur impressionnabilité est aussi très susceptible.

Mais, dans tous les cas, la faiblesse de la tonicité, quelle que soit la fréquence des mouvements organiques, est toujours l'indice que la contraction n'est pas susceptible d'être portée à un haut degré d'intensité sans sortir de ses limites naturelles.

L'impressionnabilité émoussée, peu susceptible, jointe à la faiblesse de la tonicité, est propre aux personnes épuisées par l'âge et aux vieux ivrognes ; aussi faut-il aux uns et aux autres, pour produire l'excitation normale, des modificateurs plus énergiques qu'aux enfants ; mais pour peu que ces stimulants aient trop d'activité, ils ne peuvent supporter leur action, parce que leur contractilité (ou l'élément vital, considéré autant qu'il produit la contraction), étant faible, elle ne résiste pas longtemps à une commotion énergique ; la fibre nerveuse éprouve bientôt la contraction spasmodique, irritative, qui porte la perturbation dans les phénomènes de la vie de rapports ou de l'ordre moral. Voilà comment il arrive que les individus adonnés à l'usage des boissons fortes, finissent par ne plus pouvoir être excités que par elles, et que généralement ils supportent moins bien leur action que les hommes robustes qui en boivent rarement et modérément ; cependant si on interdisait entièrement aux vieux ivrognes la stimulation qu'ils produisent en eux au moyen des liqueurs alcooliques, on hâterait leur mort, parce que chez eux l'excitation suffisante pour l'entretien de la vie ne peut être produite que par ces violents modificateurs.

Les centres nerveux qui tiennent sous leur empire les autres organes, sont modifiés eux-mêmes plus ou moins facilement dans leurs fonctions par les différentes espèces d'impressions, selon leur état physiologique actuel. Lorsque leur ton est très prononcé, ils s'ébranlent plus difficilement ; l'impulsion qni leur est communiquée par une impression doit être beaucoup plus forte pour produire leur réaction, mais aussi l'intensité de cette réaction correspond-elle à celle de l'action excitative. De même, si l'influence est narcotique, elle opère un effet moins prononcé sur l'organe, que lorsque sa contractilité est moins puissante. Un individu dont le ton a le plus haut degré d'intensité normale, dont par conséquent les centres nerveux se laissent difficilement pénétrer, ébranler par les impressions, supportera longtemps leur action, lors même qu'elle est vio-

lente , sans en être incommodé ; mais si la contraction organique vient à s'affaiblir , les impressions
devront être bien moins fortes pour produire le même
mouvement physiologique ; si ces impressions con-
servaient la même puissance , la réaction vitale serait excessive : de là les contractions anarchiques
de la sur-excitation ; de là l'impuissance où sont
les vieillards , les femmes et les enfants, en un mot,
toutes les personnes chez lesquelles la tonicité a
peu d'énergie , de supporter les impressions morales et physiques un peu intenses. La chose est
bien évidente pour les centres nerveux où conver-
gent les impressions de la vie externe. Une personne à jeun depuis longtemps, a bien moins de
force morale qu'après avoir mangé des aliments
succulents et bu une certaine quantité d'un vin généreux , c'est-à-dire que les passions , les désirs qui
constituent la volonté actuelle , perdent de leur
intensité à mesure que s'opère le relâchement organique , et qu'une nouvelle activité leur est communiquée par les modificateurs qui augmentent le ton
des solides. C'est un fait bien reconnu que quelques
verrées de vin ou de liqueur forte rendent plus
courageux l'homme pusillanime , et que l'homme
qui se livre à l'étude est capable d'une attention
bien plus puissante lorsque la stimulation de la fibre cérébrale , par une cause quelconque , a porté
son ton à son *summum* d'intensité normale. Alors
l'impression morale qui produisait naguère dans
les centres de perception un ébranlement convulsif,

une commotion à laquelle la force contractive de leurs fibres n'opposait qu'une résistance insuffisante, ne détermine plus alors qu'une excitation ordinaire lorsque le ton organique est plus prononcé.

C'est pour le même motif, qu'après un repas où l'on a fait un peu largement usage de vins généreux, quand la fibre des solides a acquis son plus haut degré de contraction latente, toutes les idées qui nous affectaient trop violemment auparavant '(produisaient des passions, des sentiments précordiaux trop forts), n'ont plus alors le même empire sur nous. Le proverbe, « *noyer son chagrin dans le vin,* » n'exprime que ce fait physiologique. Dans cette condition vitale, nous pouvons nous soumettre sans inconvénient à l'action des liqueurs fortes qui nous rendraient malades si nous les prenions à jeun, avant d'avoir fait monter graduellement le ton à son plus haut degré d'intensité par une action stimulante de plus en plus énergique.

Je dois rappeler ici, mon cher ami, ce que j'ai dit en parlant de la manière dont se comporte la tonicité sous l'influence des causes excitatives ; alors je vous ai fait voir que cette faculté descend à des degrés plus bas d'énergie, à mesure que s'affaiblit la force des stimulus, et que, pour la faire remonter à son plus haut point d'intensité naturelle, il faut employer des excitants dont la puissance s'accroîsse graduellement ; que si, au contraire, on soumet tout-à-coup la contractilité, ainsi descendue à ses plus bas degrés d'énergie, à l'influence des modificateurs qui déterminent son exercice normal pendant la période où elle fonctionne avec le plus d'intensité, alors le ton étant trop faible pour résister à la violence du stimulus, les accidents de l'irritation surviennent facilement. Ce fait nous explique ces malaises, les crampes d'estomac, cet engourdissement des fonctions du cerveau qu'éprouvent certaines personnes lorsquelles prennent à jeun une très-faible quantité d'eau-de-vie ou même de vin ; alors l'estomac étant vide depuis un temps plus ou moins prolongé, n'a éprouvé pendant tout ce temps qu'une faible excitation, en sorte que le ton de ses fibres est descendu à ses plus bas degrés d'énergie. Si, dans cette condition, on soumet le ventricule digestif à l'action violente des vins généreux, des alcools, l'impressionnabilité de cet organe s'étant accrue en proportion de l'affaiblissement du ton, elle est trop susceptible pour la force stimulante de ces modificateurs ; aussi les accidents de la sur-excitation sont-ils promptement déterminés ; au contraire, l'effet des boissons fortes est beaucoup moins prononcé, si, avant de les prendre, on a mangé quelques aliments dont la puissance stimulante a augmenté insensiblement le ton des solides.

Mais quel que soit le degré d'énergie que présente la contraction latente des organes, si les centres nerveux reçoivent des impulsions trop violentes, leur ébranlement devenant excessif, il y a chez eux spasme par défaut de résistance suffisante à la commotion. C'est ainsi qu'une impulsion trop forte fait

exécuter à une tige élastique des vibrations plus intenses et plus précipitées que celles qui résulteraient
d'une impulsion moins puissante. Telle est la seule
manière de concevoir comment les violents stimulus,
qui portent leur action sur les centres nerveux tenant sous leur dépendance les organes locomoteurs
et les voies digestives, provoquent ces crampes, ces
convulsions de toutes les fibres musculaires de ces
parties. Voilà comment il arrive encore qu'après
avoir acquis d'abord un surcroît de ton par la stimulation de l'estomac au moyen des boissons spiritueuses, les portions de l'encéphale, qui tiennent
sous leur empire les mouvements volontaires, finissent par ne plus leur imprimer qu'une impulsion
languissante, lorsque l'impression excitative passe
certains degrés d'intensité : de là la titubation des
ivrognes, ces contractions musculaires faibles, sans
but certain, qui sont un résultat de cet état particulier.

Le tremblement des membres chez les vieillards
et les personnes qui ont fait abus de liqueurs fortes,
n'est produit que par l'affaiblissement de la contractilité des centres nerveux dont ils reçoivent le mouvement. Par suite des impressions violentes et souvent répétées qui les ont affectés autrefois, ces centres sont dans un ébranlement continuel, en sorte
que leur réaction sur les muscles où ils distribuent
leurs ramifications est permanente et s'effectue indépendamment de la volonté, quoique dans l'état normal ils sont soumis à son empire. Dans cette affec-

tion , les centres nerveux qui font mouvoir les muscles du bras , de la jambe , etc. , agissent d'après
des impressions précédemment éprouvées , phénomène analogue à celui de la mémoire , de la réminiscence , qui consiste dans la reproduction de
l'ébranlement du sensorium , c'est-à-dire de son
excitation formant un mode de sentir. En effet ,
c'est par un semblable mécanisme que les foyers de
perceptions éprouvent des mouvements spontanés ,
identiques à ceux qui ont été déterminés précédemment par les impressions matérielles du monde extérieur , donnant lieu aux sensations tactiles et figuratives. Ces ébranlements des sensorium qui se
renouvellent en dehors de l'impression physique qui
en a été l'occasion , sont rapportés à la *mémoire;*
faculté que nous considérons comme la cause de la
reproduction de l'idée , de l'image des objets du
monde extérieur , qui nous ont impressionnés dans
le temps. Dans la monomanie , les centres de perceptions sont fortement ébranlés par quelques idées
capitales qui ont produit dans le temps des passions
tellement fortes , qu'elles ont effacé tous les sentiments rationnels , seuls capables de contrebalancer
leur influence exclusive sur le cerveau. Pendant la
veille , cette vibration des centres de perceptions
est continuelle et si énergique , que tous les autres
objets du dehors sont incapables de produire sur eux
une impression qui efface cette idée ; toutes les sensations mnémoniques ont également cessé de se reproduire : aussi peut-on dire que pour le malheureux

affecté de cette maladie, toute la vie de rapports consiste dans deux ou trois idées, qui deviennent le mobile de toutes ses passions, et consécutivement de ses actes.

Lorsque le ton des foyers de perceptions est bien prononcé, leur excitation qui constitue la sensation est moins facile, c'est-à-dire qu'elle exige, pour avoir le même degré d'intensité, l'action d'un stimulus plus fort. En effet, par cela même que la contraction latente de ces organes est plus considérable, leur impressionnabilité est moins susceptible; mais, d'une autre part, leur contractilité étant énergique, elle résiste plus longtemps à l'action des stimulus : de là vient que si, dans cette condition, la perception est moins facile, moins prompte que lorsque la fibre cérébrale est dans le *laxum*, elle peut durer plus longtemps sans fatiguer l'organe. Ce fait nous explique les différences que l'on observe dans la puissance de l'attention (1) chez le même individu à des époques très-rapprochées, selon qu'il est bien portant ou affaibli par la maladie, selon qu'il est à jeun ou qu'il a mangé, selon qu'il a pris des aliments de telle nature plutôt que de telle autre. Quant le laxum cérébral est porté trop loin, les centres de perceptions ne peuvent supporter longtemps l'action des impressions excitantes qui don-

___

(1) Nous verrons plus loin, en parlant des facultés dites intellectuelles, que l'attention n'est qu'une sensation prolongée, en vertu des impulsions sympathiques ou antipathiques que provoquent en nous les objets qui nous impressionnent.

nent lieu aux différentes espèces de sensations, aux sensations-idées, tactiles, etc. ; car si ces modes de sentir, surtout si ils sont intenses, ont une durée un peu trop longue, la fibre nerveuse éprouve bientôt une contraction spasmodique qui détruit l'harmonie de tous les phénomènes intellectuels chez les personnes énervées, lorsqu'elles veulent s'appliquer pendant quelque temps à une étude sérieuse ; le mouvement super-normal qu'éprouvent alors leurs sensorium, rend la perception confuse et inexacte.

Nous voyons par là pourquoi l'homme en bonne santé est capable d'une attention puissante ; pourquoi ensuite, lorsqu'il est affaibli par l'âge ou la maladie, il ne peut plus s'appliquer ni réfléchir ; pourquoi il est facile de l'affliger, de l'intimider par des idées, qui, dans le temps, n'auraient produit qu'une faible impression sur lui. La faiblesse des réactions de l'encéphale, par suite de l'impuissance relative de sa contractilité, nous explique celle de tous les phénomènes de la vie de rapports qui dépendent de cet organe ; une plus grande impressionnabilité cérébrale, jointe à un ton moins prononcé chez les enfants et les femmes que chez l'homme adulte, nous donnent le motif pour lequel la perception est plus prompte et plus facile chez les premiers, et celui pour lequel ils ne sont pas capables d'une attention aussi soutenue que le second. La forte commotion que les impressions de tous les genres produisent dans les foyers de perceptions,

chez le jeune enfant, paraît être la cause de sa mémoire plus heureuse.

Les contractions dites spasmodiques des solides,
qui résultent de leur défaut de ton, se calment par
l'action des excitants diffusibles, désignés sous le
nom d'anti-spasmodiques; de même, le tremblement musculaire des membres devient moins prononcé lorsque les individus qui en sont affectés ont
mangé quelques aliments et bu un peu de vin ou
de liqueur, en un mot, lorsqu'ils ont stimulé modérément l'estomac. La raison de ce fait est que,
quand ces personnes sont à jeun, l'excitation la plus
importante de l'organisme est ralentie, le ton de
tous les solides est donc descendu à un degré moindre d'intensité; et comme il est déjà naturellement
très-faible, les centres nerveux qui tiennent sous
leur empire les organes locomoteurs, sont dans cette
vibration morbide résultant de l'action des impressions fréquemment répétées et violentes qu'ils ont
éprouvées antérieurement, en sorte qu'ils réagissent
continuellement sur les muscles de la vie de rapports, et produisent en eux cette contraction spasmodique permanente, que l'on observe chez les
individus affaiblis par l'âge ou par l'usage immodéré
des liqueurs alcooliques. Mais si, par une stimulation modérée des organes digestifs, on vient à ac-
croître le ton des solides en général, alors le spasme,
qui a pour cause directe l'affaiblissement de la contractilité latente du système nerveux, cesse d'être
aussi prononcé pour reprendre bientôt sa première

intensité , lorsque le ton organique aura diminué à mesure que s'affaiblira l'action des modificateurs introduits dans les voies digestives.

§ III.

Des rapports qu'ont entre eux la chaleur animale et le ton des solides.

Vous pouvez facilement reconnaître , mon cher A. B., par l'observation des phénomènes organiques, que l'activité de la calorification correspond toujours à celle des autres actes primitifs de la vie. Si nous cherchons à déterminer les rapports particuliers de la chaleur animale avec les diverses manières d'être de la contraction latente , nous devons ériger en principe que « *le développement de la chaleur ani-* « *male est en raison directe de l'énergie avec la-* « *quelle fonctionne la tonicité.* » Ici nous n'entendons parler que de la contraction contenue dans ses limites naturelles. Ce sont , en effet, les individus chez qui tous les mouvements organiques s'effectuent avec le plus de précipitation et de force, que l'on rencontre la calorification la plus active. Pour ne parler, d'abord, que des animaux en bonne santé, on voit que ce sont les enfants et les adultes qui développent le plus de calorique vital ; les enfants , en conséquence de la fréquence des mouvements, et les adultes , parce que ces mouvements ont plus d'énergie. Chez le vieillard , dont la contractilité fonctionne lentement et faiblement, la calorification est languissante.

Nous pouvons juger généralement des diverses modifications de la contraction organique par celles qu'offre le pouls, puisque l'énergie ou la faiblesse, la précipitation ou la langueur des contractions du cœur et des artères, dépendent nécessairement de l'état relatif de leur ton et de leur impressionnabilité. Ainsi, dans la fièvre concommittante des affections aiguës, dans les exercices musculaires violents, après l'ingestion d'aliments dans l'estomac, après les impressions morales qui excitent les contractions du cœur et du système artériel, la chaleur animale s'accroît d'une manière plus ou moins sensible. Nous ferons observer, d'une autre part, que toutes les fois que le pouls se ralentit dans les divers organes, la calorification y est sensiblement moins active.

Comme ce phénomène est déterminé par l'action stimulante des modificateurs sur les parties vivantes, et que son activité est en raison directe du développement de l'impressionnabilité (1); comme, d'une autre part, l'impressionnabilité est d'autant moins susceptible que le ton organique est plus prononcé (2), il résulte de ces faits que, sous l'influence d'un excitant donné, le développement du calorique animal s'opère d'autant plus facilement, que le relâchement ou défaut du ton des tissus est plus considérable, c'est-à-dire, en d'autres termes, que le calorique se développe d'autant plus

(1) Voyez, *page* 392, des rapports des différents états de l'impressionnabilité avec ceux de la calorification.

(2) *Idem*, page 395.

abondamment dans une partie vivante, sous l'influence d'un stimulant dont la force est fixée, que l'excitation de cette partie est plus facile. La contraction puissante de la fibre étant un obstacle à son ébranlement, à sa trop facile excitation, est donc aussi une cause qui s'oppose à une calorification trop active, et, par conséquent, empêche sa déperdition anormale. Mais aussi comme les phénomènes organiques ont d'autant plus d'intensité que le ton est plus prononcé, il résulte de ce fait, que si, dans cette dernière hypothèse, l'excitation physiologique est produite, le développement du calorique animal sera plus abondant que si la fibre est relâchée. Ce fait est une conséquence de l'aphorisme par lequel nous avons vu *que la calorification est en raison directe de la fréquence et de l'intensité des mouvements organiques.*

C'est un fait bien reconnu que les individus délicats, les enfants, les vieillards, les convalescents, perdent leur calorique plus promptement et le réparent avec plus de lenteur et de difficulté que les personnes robustes. Déähen a obtenu des résultats positifs à cet égard dans les expériences qu'il a tentées sur plusieurs animaux.

Un grand développement de calorique est toujours concommittant de la fréquence des mouvements organiques, en sorte que plus ce développement est considérable, plus la contractilité fonctionne activement, et, par conséquent, s'épuise avec rapidité ; aussi observe-t-on que la faiblesse des mouve-

(409)

ments organiques ne tarde pas à survenir toutes les fois que le dégagement du calorique animal ne correspond plus à sa production, c'est-à-dire que la refrigération n'est pas assez considérable. Pour que les phénomènes de l'organisation animale s'opèrent régulièrement, il doit y avoir proportion entre la production du calorique animal et sa déperdition ; son accumulation dans l'organisme, ou, au contraire, sa soustraction portée au-delà de certaines bornes, sont la cause directe de la majeure partie des maladies aiguës.

L'énervation qui a sa cause dans l'usage habituel d'une alimentation trop succulente, trop excitante, qui, comme on le dit vulgairement, *échauffe*, *brûle*, *calcine* le sang, est déterminée par une calorification continuellement trop active, et qui, jointe à l'habitation d'un milieu chaud, fait que la refrigération ne peut être portée assez loin. De même, si, pendant les chaleurs de l'été, on imprime un surcroît d'activité au développement de la chaleur animale par des excitations quelconques, par la marche, par les exercices musculaires, par les vêtements trop chauds, par un repas copieux, etc., on ne tarde pas à reconnaître la congestion des capillaires résultant de la faiblesse de leurs systoles, et nous sentons également l'impuissance où nous sommes d'imprimer aux contractions volontaires une énergie un peu intense. Dans cette condition, toutes les influences qui produisent la déperdition du calorique animal, soit en ralentissant directement l'activité des mou-

vements organiques ou celle des liquides en circulation, soit en favorisant le dégagement d'une plus
grande quantité de calorique, et ce résultat est obtenu par les boissons tempérantes, acidulées, par la
diète et le repos, par le contact des corps frais, de
l'air, de l'eau, à une temperature inférieure; toutes
ces influences, dis-je, augmentent le ton des organes. C'est ce fait qui en a imposé aux physiologistes sur l'action du froid, et leur a fait considérer
cette action comme tonique, excitante. Je vous ai
déjà fait voir, mon ami, que le froid n'a aucun des
caractères propres aux modificateurs stimulants,
qu'il en a, au contraire, de tout opposés (1). Si,
lorsque le développement du calorique animal est
excessif, nous observons que le froid augmente l'intensité du ton, il faut remarquer que ce n'est point
en agissant activement sur la contractilité, ainsi que
le font les stimulants, mais en diminuant la trop
grande activité des excitations organiques, c'est-à-
dire en produisant la *narcotisation vitale*. Nous ne
devons point perdre de vue que l'exaltation des
phénomènes primitifs de la vie a pour effet 1° d'appeler les fluides de l'économie dans les organes, et
que l'énergie avec laquelle ils s'y précipitent est en
raison de l'activité de la stimulation ; 2° que le développement du calorique vital, ainsi que la température élevée du milieu où vit l'animal, a pour effet
d'augmenter la force expansive des liquides : or,

(1) Voyez, *pages* 235 et 236.

l'effet direct de la précipitation des fluides, et, en particulier, du sang dans les capillaires artériels et veineux, est de les dilater et de rendre plus difficile la contraction en vertu de laquelle leurs parois tendent à se rapprocher. Diminuer l'activité de la stimulation vitale, c'est donc ralentir la précipitation des fluides dans les organes, et conséquemment favoriser la contraction des capillaires entrant dans leur composition.

On voit, d'après cette manière d'envisager l'action du froid, que cet agent n'augmente l'intensité de la contraction organique que parce qu'il ralentit insensiblement l'excitation ; c'est donc en débilitant, en paralysant le mouvement vital, qu'il parvient, dans certaines circonstances, à favoriser la contraction fibrillaire; mais si son influence narcotique agit trop longtemps sur les organes, elle finit par y détruire entièrement tous les phénomènes caractéristiques de la vie. Quand nous respirons dans une atmosphère dont la température est très-basse, la chaleur de notre corps, surtout des parties qui sont nues, s'abaisse plus ou moins rapidement; et à mesure que ce changement s'opère, les tissus se resserent, reviennent sur eux-mêmes, et les parties les plus éloignées du centre de la circulation ont sensiblement diminué de volume : on y observe, en même temps, une pâleur, une anémie bien caractérisée. Mais si l'action du froid continue encore pendant quelque temps, ces parties reprennent leur volume primitif, il augmente même, et alors on voit s'opérer en elles une

stase sanguine que l'on reconnaît à l'état de rougeur,
de cyanose, que présentent ces parties.

Or, comment ont eu lieu ces changements physiologiques ? En ralentissant la calorification, en
émoussant l'impressionnabilité vitale, le froid a, par
conséquent, ralenti l'activité de l'excitation qui appelait les fluides dans les organes ; en sorte que leurs
vaisseaux recevant une quantité de liquide de moins
en moins considérable, éprouvent une moindre résistance pour se contracter et chasser tout le sang
qui arrive dans leur intérieur. Telle est la cause
directe de la pâleur, de l'anémie, et encore de la diminution de volume, produites évidemment par la
moindre quantité de fluides qui aborde dans les organes. Cet état persistera si le froid est modéré et ne
ralentit pas l'excitation vitale, au point d'empêcher
la contractilité des systèmes capillaires de fonctionner assez énergiquement pour chasser les liquides
à mesure qu'ils arrivent dans leur intérieur ; mais,
lorsque l'influence narcotique du froid est portée au
point de détruire entièrement l'excitation vitale,
alors toute contraction devenant impossible, les réseaux capillaires ne peuvent plus opérer de systoles
assez puissantes pour chasser le sang qui les conges-
tionne. En effet, ce liquide arrive dans ces vaisseaux
délicats, non qu'il y soit appelé par l'action d'un
stimulus, mais mécaniquement projeté par la seule
force d'impulsion qu'il reçoit du cœur ; et comme
les systoles, qui précédemment chassaient le sang
n'ont plus lieu, ou sont beaucoup trop faibles pour

produire cet effet, l'engorgement des fluides devient inévitable ; alors les vaisseaux n'ont plus à opposer à l'action expansive des liquides que leur élasticité physique, et cette force est insuffisante pour opérer la circulation.

C'est ainsi qu'ont lieu les congestions sanguines passives, atoniques, produites par le froid, et qui se dissipent aussitôt que les organes éprouvent l'influence d'une température plus élevée. Le calorique extérieur stimule alors la périphérie du corps où le froid a exercé lui-même son influence ; et comme il agit sur des organes dont la contractilité est descendue à ses plus bas degrés de force, puisque l'excitation a beaucoup perdu de son intensité, ce modificateur produit facilement tous les phénomènes primitifs. Ce fait est une conséquence du principe par lequel nous avons établi que les stimulants ont une action d'autant plus marquée sur les organes vivants, que leur ton est moins prononcé, parce qu'alors leur impressionnabilité est plus susceptible. On observe aussi que lorsqu'une partie du corps a été exposée à l'action du froid, et qu'ensuite elle éprouve celle d'une atmosphère chaude, elle est bientôt sur-excitée, et l'on voit survenir un fluxus très-actif de sang qui la rougit ; alors on dit qu'il se fait une *réaction* vitale. Ce phénomène a quelquefois une telle intensité lorsqu'on a éprouvé un froid très-vif, qu'il peut se développer une inflammation subite et même la gangrène ; aussi l'expérience a-t-elle appris que, pour prévenir ces accidents, il faut élever graduellement la température des membres gelés, car l'excitation étant très facile dans ces parties, il faut employer d'abord des stimulus dont l'action soit faible, afin que leur énergie soit en rapport avec celle de la contractilité des tissus ; et à mesure que le ton s'accroît, on peut augmenter insensiblement la force des influences excitatives.

Les congestions sanguines atoniques ayant leur cause dans une trop grande refrigération, se manifestent facilement chez les individus faibles, dont la fibre est naturellement molle, relâchée, chez les enfants, les femmes et les vieillards, surtout ceux d'un tempérament lymphatique. C'est principalement aussi chez ces personnes que ces engorgements prennent un caractère chronique dans les parties les plus éloignées du centre de la circulation; dans les mains et les pieds, on les désigne sous le nom d'*engelures;* ils durent aussi longtemps que l'hiver chez les individus obligés d'exposer constamment leurs membres à l'action du froid. Les moyens curatifs employés contre cette affection consistent dans l'application de topiques toniques, résolutifs et de vêtements chauds, c'est-à-dire, en un mot, qu'alors on a recours aux modificateurs stimulants dont l'action astringente a pour effet principal d'augmenter la contraction des systèmes capillaires, afin qu'ils opèrent le dégorgement des liquides qui les obstruent.

En résumé, nous voyons que le froid, par son

action narcotique, détruit le mouvement vital, et, qu'en conséquence, on ne peut le considérer que comme un *débilitant*, un *narcotique;* que si, par fois, le ton des organes semble augmenter sous son influence, ce n'est que parce qu'il y ralentit l'impétuosité du fluxus, qui, par sa force expansive, empêche les contractions ayant pour but de faire progresser les liquides ; en sorte que la contractilité s'épuise d'autant plus rapidement qu'elle est obligée d'agir plus énergiquement pour opérer sa fonction. Ce n'est donc qu'indirectement, qu'en atténuant le mouvement vital porté au-delà des bornes convenables, que le froid détermine, dans cette seule condition, un effet fortifiant.

La chaleur du dehors exerce une influence opposée à celle du froid, c'est-à-dire qu'elle est stimulante, qu'elle produit directement le phénomène complexe de l'excitation.

Comme la refrigération est moins prompte dans un air chaud que lorsque sa température est basse ; comme, d'une autre part, la chaleur extérieure, en qualité de modificateur stimulant, active le développement du calorique animal, ce fluide s'accumule en excès dans l'économie ; enfin l'air étant plus raréfié en raison de son élévation de température, il résulte de ces circonstances réunies, 1° que l'excitation générale de l'organisme étant accrue, la contractilité fonctionne plus activement que par les temps froids, qu'en conséquence elle s'épuise davantage dans un temps donné ; 2° que la raréfaction de l'air diminue sa pression par laquelle il fait équilibre à la force expansive des liquides de l'économie, en sorte qu'ils acquièrent une plus grande puisance pour opérer l'extension de la fibre : de là ce relâchement général des solides et la faiblesse relative de leurs mouvements, qui est la cause de la langueur que l'on remarque dans toutes les fonctions pendant les chaleurs de l'été. Cette condition physiologique des organes détermine leur engorgement par les liquides, et prédispose aux inflammations, aux congestions actives.

Comme tous les modificateurs stimulants, le calorique extérieur ne fortifie ou n'est tonique qu'autant qu'il porte son influence sur des parties dont la vitalité n'est pas suffisamment exaltée ; mais lorsque son action est trop forte et trop longtemps prolongée, elle devient débilitante, pour les motifs que je viens d'indiquer.

La chaleur et le froid sont donc tout à la fois *toniques*, *fortifiants* et *débilitants*, *relâchants*, mais par une action entièrement opposée. Le premier de ces agents augmente le ton en faisant fonctionner plus activement la contractilité lorsque les mouvements organiques n'ont pas une intensité suffisante ; le second, au contraire, ne donne un surcroît d'énergie à la contraction latente, qu'autant que l'excitation vitale étant trop forte, il ralentit son activité et parvient à produire un rapport convenable entre l'énergie des stimulus et celle de la contractilité. La chaleur ambiante relâche, en s'opposant

à la refrigération, en ajoutant à l'action des stimulants ordinaires, en favorisant l'expansion des fluides
de l'économie ; le froid, au contraire, produit le
même effet, en détruisant la vitalité lorsqu'elle n'a
déjà que l'intensité suffisante pour la production des
phénomènes organiques, et principalement la contraction organique.

CHAPITRE DIXIÈME.

Déterminer quels sont les instruments de la vie de rapports et ceux de la vie organique.

Les différents organes chargés d'effectuer les phénomènes par lesquels l'animal établit ses rapports avec le monde extérieur, ne sont que des annexes du système nerveux cérébro-spinal, et, conséquemment, les instruments de ses fonctions particulières. L'anatomie et la physiologie expérimentale nous démontrent, en effet, qu'il émane de l'encéphale et de la moëlle épinière des filets nerveux, qui, se distribuant dans les instruments de la vie de relations, transmettent à leurs foyers d'origine les impressions extérieures, et ensuite rapportent sur les organes qui ont transmis l'impression le mouvement réactif des centres nerveux.

Ainsi, en commençant par l'œil, nous voyons qu'il se compose d'abord de son globe exclusivement destiné à concentrer les rayons lumineux, à régler l'activité de leur impression au moyen des contractions de l'iris, et à les faire parvenir avec une force convenable sur la rétine, siége de leur action spéciale. Une membrane séreuse, extrêmement sensible aux contacts des corps étrangers, tapisse la partie antérieure du globe, puis se replie sur la face postérieure des paupières, et, par sa sécrétion, favorise le frottement de ces parties les unes contre les autres ; cette membrane est la conjonctive. L'œil est pourvu de muscles, dont les uns le font mouvoir en différents sens ; les autres, par leur contraction ou leur relâchement, ouvrent ou ferment son entrée à la lumière et à tous les autres corps étrangers. La rétine, expansion du nerf optique, est la seule partie de l'organisme vivant qui soit impressionnée par la lumière. Le nerf optique a son origine dans la base du cerveau. La conjonctive doit son impressionnabilité tactile à une ramille externe du rameau nasal de la branche opthalmique du trifacial ; la paupière supérieure doit au même rameau nerveux d'être sensible aux contacts, et la paupière inférieure au filet sous-orbitaire de la branche dentaire postérieure du rameau maxillaire supérieur provenant encore du trifacial. Ce nerf prend également naissance dans le cerveau.

Les muscles qui font mouvoir l'œil sont 1° l'élévateur ou droit supérieur, l'abaisseur, l'élévateur de la paupière supérieure, le petit oblique ; tous ces muscles ont leur cause de mouvements dans le nerf moteur oculaire commun ; 2° l'abducteur, dans lequel se distribue exclusivement le nerf moteur oculaire externe ; 3° l'oblique supérieur ou grand oblique, recevant seul le nerf pathétique : or, tous ces nerfs émanent du cerveau, et si on les coupe, le mou-

vement et l'impressionnabilité cessent d'être possibles dans les parties où ils se distribuent.

On voit que l'appareil de la vision reçoit de l'encéphale plusieurs nerfs : l'un présidant à sa fonction
spéciale, qui est de percevoir l'action de la lumière,
c'est le *nerf optique ;* un second , le *nerf trifacial*,
qui, se distribuant dans les parties les plus externes
du globe de l'œil par ses branches opthalmique et
maxillaire supérieure, tient sous son empire la sensibilité tactile de ces parties (c'est-à-dire conduit aux
centres de perceptions les contacts). Trois autres
nerfs enfin impriment le mouvement aux muscles
de ce sens : ce sont le *moteur oculaire commun*, le
moteur oculaire externe et le *pathétique ;* nous
ajouterons encore les deux ramuscules du trifacial,
qui vont se distribuer dans le muscle palpébral.

Le sens de l'ouïe se compose de l'oreille interne
et de l'oreille externe. La première de ces parties
est formée 1° par le *nerf acoustique*, qui transmet
seul à l'encéphale les impressions sonores ; 2° par
les muscles, qui, par les mouvements qu'ils font
éprouver aux osselets, modifient l'action des sons
sur le nerf acoutisque : ce sont les muscles interne,
externe et antérieur du marteau , ainsi que le muscle de l'étrier ; tous reçoivent des rameaux du nerf
facial, qui seul préside à leurs contractions et à la
sensibilité tactile de ces parties.

L'oreille externe se compose du pavillon , partie
susceptible d'éprouver l'attouchement des corps
extérieurs , et exécutant, au moyen des muscles qui

concourent à sa formation , des mouvements ayant
pour objet de modifier la force des vibrations qui
vont impressionner le nerf acoustique en fixant la
quantité de rayons sonores qui doivent arriver dans
l'oreille interne. C'est ainsi que l'iris se contracte
ou se dilate plus ou moins, selon l'activité de la lumière comparée au degré d'excitabilité de la rétine;
ce sont les rameaux auriculaires postérieurs du nerf
facial et temporal superficiel, provenant de la branche maxillaire intérieure du trifacial, qui conduisent
au cerveau les contacts qu'éprouve cette partie. Le
mouvement de ces muscles, de l'auriculaire antérieur
et de l'auriculaire supérieur, est sous la dépendance
du rameau temporal superficiel , et les contractions
du muscle auriculaire postérieur ont leur cause dans
l'action du nerf auriculaire postérieur provenant du
trifacial.

L'appareil auditif reçoit donc aussi des nerfs différents : l'un , qui préside à sa fonction spécial , c'est
le nerf *acoustique;* deux autres d'où dépendent ses
mouvements et son impressionnabilité tactile , ce
sont les nerfs *facial* et *trifacial.*

Le sens de l'odorat peut également être divisé en
partie interne et en partie externe. La membrane
pituitaire tapisse entièrement les fosses nasales ; elle
est susceptible d'éprouver deux sortes d'impressions,
d'abord , de la part des odeurs , c'est au moyen des
nerfs olfactifs ; ensuite, de la part des contacts, par
des filets nerveux de la branche opthalmique et par
le rameau dentaire antérieur de la branche maxil-

laire supérieure. Outre ces nerfs qui émanent directement du cerveau et dont le rôle est de lui transmettre les impressions produites par les choses du dehors, on trouve encore dans la pituitaire des filets provenant du système nerveux ganglionnaire: ce sont 1° les rameaux du grand palatin qui dérive lui-même des branches inférieures du ganglion de Mékel ; 2° les rameaux internes du même ganglion; 3° quelques filets du nerf vidien , qui est encore la continuation du rameau postérieur du ganglion sphéno-palatin. On doit probablement attribuer la présence des nerfs de la vie organique, dans les fosses nasales , à ce que la sensibilité olfactive a des rapports étroits avec le viscère qui effectue la fonction la plus importante de la nutrition, c'est-à-dire l'estomac. En effet, on connaît les sympathies qui existent entre l'odorat et l'appareil digestif; l'odeur d'un mets stimule l'estomac et y développe cet état physiologique particulier qui , réagissant sur l'encéphale , donne lieu au sentiment de la faim. Réciproquement le besoin de manger rend l'impressionnabilité olfactive beaucoup plus susceptible à l'action des odeurs. Ce consensus , cette sympathie est nécessaire , parce que ces organes concourent à une fonction commune de la nutrition ; en effet, le sens de l'odorat a pour attribution de reconnaître avec le goût la nature des substances alimentaires, et l'estomac est chargé de les élaborer pour les rendre propres à l'absorption : or , comme les qualités physiologiques des aliments doivent avoir un rapport déterminé avec l'impressionnabilité du ventricule digestif; comme, d'une autre part, ces qualités ont une étroite liaison avec les odeurs et les saveurs qui déterminent les sensations par lesquelles nous reconnaissons la nature des substances que nous mangeons, il est indispensable qu'il existe une correspondance intime entre les conditions physiologiques de l'appareil olfactif et ceux de l'estomac.

La partie externe du sens de l'odorat se compose des ailes du nez, dont les mouvements ont pour effet de dilater ou de restreindre l'ouverture par laquelle pénètrent les agents volatils qui impressionnent les nerfs olfactifs. Les divers mouvements de cette partie, déterminés par les muscles abaisseurs de l'aile du nez, triangulaire, élévateur commun de l'aile du nez et de la lèvre supérieur, sont soumis aux ramilles nerveuses fournies par le rameau dentaire postérieur de la branche maxillaire supérieure provenant du trifacial. L'impressionnabilité tactile de la même partie est sous la dépendance des ramuscules qui s'échappent de la branche opthalmique et du rameau dentaire antérieur de la branche maxillaire supérieure.

L'appareil olfactif reçoit donc de l'encéphale deux espèces de nerfs : les uns, c'est-à-dire les *olfactifs*, conducteurs des impressions spéciales ; les autres, conducteurs des contacts, et tenant sous leur dépendance la contraction des muscles qui entrent dans la composition de cet organe ; ce sont les ramifications fournies par le trifacial.

Le goût réside dans le palais, et principalement dans la langue. Cet organe, comme tous les autres sens, est doué de deux espèces de modifiabilité : l'une, qui lui est exclusivement propre, celle par laquelle l'animal perçoit les saveurs ; la seconde, par laquelle il éprouve le contact des corps introduits dans la bouche. L'appareil du goût exécute aussi certains mouvements nécessaires à la double fonction qu'il remplit, c'est-à-dire 1° celle de la mastication et de la déglutition ; 2° celle de la parole, du chant, etc. Contrairement aux résultats obtenus par M. Magendie, il paraîtrait, d'après des essais plus récemment tentés par M. Panizza, que c'est le nerf glosso-pharyngien qui transmet l'impression des saveurs à l'encéphale. Ce nerf distribue ses ramifications 1° dans la partie supérieure du pharynx, dans la portion formée par les muscles constricteurs moyen et supérieur ; 2° dans les amygdales ; 3° dans la partie postérieure et superficielle de la langue, par sa branche linguale. D'après le même physiologiste, c'est le rameau lingual de la branche maxillaire inférieure du trifacial qui est destinée à transmettre l'impression des contacts ; ce rameau étend ses subdivisions dans le constricteur supérieur du pharynx et sa muqueuse, dans les amygdales et les parties postérieure et antérieure des gencives, dans les glandes sous-maxillaire et sub-linguale, dans les papilles de la langue et toute la partie superficielle de cet organe, enfin dans presque toute la muqueuse buccale.

(425)

Le mouvement des muscles qui servent à la déglutition paraît être sous la dépendance du nerf hypo-
glosse, qui étend ses ramifications dans une partie du
pharynx, 1° dans les muscles constricteur supérieur
et stylo-pharyngien ; 2° dans la région hyoïdienne
supérieure, formée par les muscles hyo-glosse, génio-glosse et mylo-glosse ; 3° dans la région hyoïdienne inférieure, composée par les muscles thyro-
hyoïdien, omoplat-hyoïdien, sterno-hyoïdien et
sterno-thyroïdien ; 4° dans les muscles qui font
mouvoir la langue, dans le génio-glosse, l'hyo-
glosse, etc.

L'impressionnabilité tactile est propre à toutes les
surfaces externes en rapport avec les modificateurs
du dehors : telles sont la peau et la portion des muqueuses qui tapissent l'entrée des ouvertures naturelles. Cette aptitude passive dépend des nerfs qui
président à la contraction volontaire, et qui tous ont
leur origine dans le système nerveux cérébro-spinal.
Ainsi, en commençant par la face et la tête, on voit
que les nerfs facial et trifacial président à la sensibilité et à la contraction des muscles de cette partie
du corps ; aussi ces nerfs seuls distribuent-ils leurs
ramifications dans le derme de toute la peau qui
couvre la tête, et dans les muscles occipitaux, fron-
taux, crotaphites, masséters, pyramidaux, sourci-
liers, palpébraux, labial, canins, buccinateurs,
grands et petits zygomatiques, etc.

La peau du cou ne reçoit de filets nerveux que
des nerfs cervicaux ; les impressions qui arrivent de

cette surface à l'encéphale , ne lui sont donc transmises que par ces filets nerveux qui tiennent également sous leur empire les mouvements de cette
région. Les huit paires cervicales naissant de la
moëlle épinière sont donc destinées à se distribuer
dans les muscles sterno-mastoïdiens , les pauciers ,
les grands et petits droits antérieurs de la tête et long
du cou , dans les scalènes antérieurs et postérieurs,
droits et latéraux de la tête, inter-transversaires cervicaux, trapèze, splénius, grand et petit complexus,
enfin dans les muscles grand et petit droit postérieurs, grand et petit obliques de la tête. Remarquons, en passant, qu'aucun des muscles de la région
antérieure du cou , qui sont en rapport immédiat
avec les muscles nombreux des régions hyoïdiennes
inférieure et supérieure et pharyngienne, ne reçoit
des filets des nerfs glosso-pharyngien ni du pneumo-gastrique, ni de l'hypo-glosse, qui distribuent
leurs nombreuses ramifications dans les autres organes de cette partie du corps. La raison de cette
exception nous paraît résulter de ce que les muscles
du cou exécutent des mouvements qui appartiennent
exclusivement à la vie de rapports , et ne doivent,
en conséquence, être animés que par des nerfs appartenant à cette vie, tandis que les muscles qui
opèrent la déglutition et les mouvements de l'estomac
et des poumons, exécutent une fonction de la vie de
nutrition. Si de la région du cou nous passons à
celle de la poitrine, de l'abdomen, du dos, des
membres supérieurs et inférieurs, nous voyons que

chez elles le toucher et la contraction des muscles sont soumis aux nerfs dorsaux, lombaires et sacrés correspondants, qui émanent tous de la moëlle épinière. Il serait trop long et superflu d'énumérer ici tous ces nerfs avec leurs ramifications, et ensuite les muscles dans lesquels elles se distribuent, ainsi que je l'ai fait pour les sens. Comme ces faits ne sont à la portée que des personnes qui connaissent l'anatomie, je crois pouvoir me dispenser d'entrer dans un plus long détail à cet égard.

Après les cinq sens, les parties qui se trouvent directement en rapport avec les modificateurs externes, sont 1° les bronches qui reçoivent l'action de l'air atmosphérique; 2° l'œsophage et l'estomac impressionnés par le contact des aliments. Ces organes sont animés par le pneumo-gastrique, qui prend son origine dans l'encéphale. Plusieurs réservoirs qui contiennent des produits excrémentitiels, et qui, pour opérer leurs mouvements expulsifs, attendent ordinairement le concours des centres de perceptions, sont aussi sous l'empire de la moëlle épinière: tels sont la vessie, le rectum et l'appareil de la génération.

Les organes que l'on doit considérer comme appartenant le plus spécialement à la vie organique, sont ceux qui élaborent les éléments de nutrition introduits dans l'économie, ceux qui les absorbent et les portent dans le torrent de la circulation, ceux qui les font progresser dans les diverses parties du corps, ceux ensuite qui les décomposent et donnent lieu aux produits excrémenteux destinés à être rejetés de l'économie par les différentes voies d'exonération : tels sont l'estomac et les intestins, les systèmes artériel, veineux et lymphatique, le cœur, le foie, la rate, les glandes, en un mot tous les viscères thoraciques et abdominaux. C'est dans le tissu de ces organes que le système nerveux ganglionnaire étend ses nombreuses et inextricables ramifications; nous devons le considérer comme présidant spécialement aux phénomènes nutritifs, de même que nous avons vu l'appareil cérébro-spinal tenir sous son empire les actes de la vie de rapports. Mais la plûpart des organes de la vie externe et ceux de la vie organique réagissent les uns sur les autres; c'est ainsi que les impressions qui portent leur influence sur les sens, modifient les fonctions des poumons, du cœur, de l'estomac, et réciproquement on remarque que les phénomènes cérébraux ou intellectuels sont influencés par la digestion, par les impressions agissant sur la muqueuse bronchique, par la circulation du sang, etc. C'est ce que je vais essayer de vous démontrer, mon cher A. B.

CHAPITRE ONZIÈME.

Des réactions que les viscères de la vie de relations et ceux de la vie organique exercent les uns sur les autres.

ARTICLE PREMIER.

Déterminer que l'encéphale a une action directe sur le cœur, l'estomac, les poumons et les organes de la génération.

Si nous consultons les diverses expériences tentées par nos plus habiles physiologistes, nous voyons qu'ils sont fort éloignés de s'accorder sur l'influence qu'exerce la section des nerfs qui établissent la communication de l'encéphale avec les principaux viscères. Ainsi, d'abord, relativement au cœur, il résulte des expériences de Bichat que la section du nerf vague et de ses différentes branches, de même que celle des filets cardiaques du grand sympathique, n'apportent aucun trouble dans les mouvements de cet organe ; d'une autre part, le beau travail de Legallois sur les contractions du cœur, tend à prouver que ces contractions sont subordonnées à la moëlle épinière, et que la destruction de cette partie amène la paralysie de l'organe central de la circulation.

Que conclure de ces résultats contradictoires obtenus par deux hommes également habiles dans les expériments de ce genre, si ce n'est que le trouble consécutif qui arrive nécessairement dans toutes les fonctions, quand on porte atteinte à un des instruments essentiels de la vie, est souvent rapporté à une cause directe qui n'est pas la véritable, ou bien encore qu'une opinion chérie nous fait voir les mêmes phénomènes autrement que les autres? Ainsi, par exemple, quels efforts ne fait pas Bichat pour établir que le cerveau n'a aucune influence directe sur les mouvements du cœur? Cependant, un grand nombre de faits, qui s'offrent journellement à l'observation, prouvent évidemment le contraire. Je ne prétends pas que les contractions ventriculaires sont sous la dépendance exclusive du système nerveux cérébro-spinal ; on doit admettre, avec l'auteur des recherches sur la vie et la mort, que la vie du cœur reçoit une impulsion essentielle, de la part du plexus nerveux ganglionnaire, qui est affecté à cet organe ; mais il faudrait avoir renoncé entièrement à toute observation, pour affirmer que la fonction de l'organe central de la circulation n'est point modifié par l'action du cerveau. Pour établir cette proposition, voyons les faits et objections que notre illustre physiologiste avance pour étayer son opinion.

A. « Toute irritation du cerveau produite par
« une action mécanique, par des esquilles, du
« sang, ou par toute autre cause, détermine pres-
« que toujours des mouvements convulsifs, partiels
« ou généraux dans les muscles de la vie animale.
« Or, examinez alors ceux de la vie organique, le
« cœur en particulier, rien n'est troublé dans leur
« action. »

Remarquons, d'abord, que dans ce fait cité par
Bichat, il a oublié de dire si, chez l'animal qui
éprouve cette irritation du cerveau, la fonction des
centres de perceptions continue d'avoir lieu ou si
elle est suspendue; condition essentielle à noter,
car l'organisme sera modifié différemment dans
l'une ou l'autre de ces circonstances. En effet, si
cette action mécanique est perçue et détermine un
sentiment douloureux, il est contraire à l'observation d'avancer que les mouvements des principaux
viscères, des poumons, de l'estomac, du cœur en
particulier, ne sont point modifiés dans l'angoisse
des convulsions causées par une lésion locale des hémisphères cérébraux; il est évident, au contraire;
qu'ici le pouls offre un rhytme anormal, c'est-à-
dire qu'il est dur, serré, concentré; modification
organique annonçant la contraction spasmodique des
parois du cœur et du système artériel. Alors on observe également que le mouvement respiratoire est
moins vaste, plus accéléré, ou qu'il est momentanément suspendu; l'estomac participe souvent aussi à
ce trouble des contractions, convulsives et des vo-

missements ont fréquemment lieu. Il n'y a pas de commotion violente des centres de perceptions qui ne donne des signes non équivoques de sa réaction sur ces trois principaux instruments de la vie organique ; au contraire, lorsqu'une lésion du cerveau ou de toute autre partie du corps ne donne pas conscience de son existence, lors même qu'elle produit le mouvement convulsif des muscles de la vie de rapports, elle n'occasionne jamais de mouvements désordonnés dans les viscères des régions thoracique et abdominale.

Ensuite, lors même que les muscles de la vie de relations éprouveraient certains changements dans leur fonction, à la suite de quelques altérations du cerveau, sans que des modifications analogues surviennent dans les mouvements du cœur, ce fait ne prouverait pas que les contractions ventriculaires sont absolument indépendantes de l'encéphale. Ainsi, par exemple, quoique la cessation des mouvements volontaires soit complette toutes les fois que les centres de perceptions ne fonctionnent plus, comme cela arrive dans le sommeil, dans l'apoplexie, et à la suite de la compression du cerveau par une des causes énumérées par Bichat; malgré cette cessation, dis-je, le mouvement respiratoire et l'hématose continuent néanmoins d'avoir lieu : or, il est reconnu aujourd'hui que les fonctions de l'appareil respiratoire sont sous la dépendance de l'encéphale. De même, les contractions du cœur peuvent donc être sous l'empire de l'encéphale, sans que pour cela elles

doivent nécessairement participer aux anomalies imprimées aux contractions du système locomoteur.
S'il en était ainsi, les fonctions de l'organe central
de la circulation devraient cesser également pendant
le sommeil, lorsque les phénomènes de la vie de
relations sont entièrement suspendus.

B. « L'opium, le vin, pris à certaines doses, di-
« minuent momentanément l'énergie cérébrale,
« rendent le cerveau impropre aux fonctions qui ont
« rapport à la vie animale : or, dans cet affaisse-
« ment instantané, le cœur continue à agir, comme
« à l'ordinaire, quelquefois même son action est
« accrue. »

Ce fait prouve seulement que le cœur peut opérer
ses mouvements indépendamment de l'action que
les centres de perceptions peuvent exercer accidentellement sur lui, ainsi qu'on l'observe pendant le
sommeil ; mais il ne démontre nullement que les
sensations ne modifient pas les contractions de l'organe central de la circulation, toutes les fois qu'elles
doivent provoquer des passions violentes. En second
lieu, de ce repos momentané de la fonction des centres de perceptions, on ne peut conclure à la suspension de toutes les fonctions de l'encéphale. Tel
est, par exemple, le mouvement respiratoire, qui,
quoique sous l'entière dépendance du cerveau, s'accroît ordinairement pendant l'intermittence des fonctions de la vie de rapports, bien loin de s'affaiblir.

C. « Dans les palpitations, dans les divers mou-
« vements irréguliers du cœur, on n'observe point

« que le principe de ces dérangements existe au
« cerveau, qui est alors parfaitement intact et qui
« continue son action comme à l'ordinaire. »

Les palpitations ou mouvements précipités, tu-
multueux du cœur, ont leur cause dans un affaiblissement du ton de cet organe, en sorte que sa contractilité n'étant plus en rapport avec l'énergie des
impressions qui la mettent en jeu, ses mouvements
deviennent plus fréquents et offrent tous les caractères du spasme (1). Les causes stimulantes ou narcotiques qui modifient l'action du cœur sont de deux
espèces : les unes tiennent à l'état du sang versé dans
les ventricules ; c'est ainsi que les changements qui
surviennent dans la constitution, dans la quantité
relative de ce liquide, dans la rapidité du mouvement que lui impriment les capillaires, ont une influence marquée sur le rhythme des contractions ventriculaires. Lorsqu'une de ces causes existe, il est
évident que les palpitations sont indépendantes de
l'influence directe du cerveau sur le cœur. Les impressions de la seconde espèce qui modifient les mouvements de l'organe central de la circulation, sont
celles de la vie de rapports ; or, en cette circonstance, on ne peut nier l'empire direct de l'encéphale
sur cet organe. Personne n'ignore que les dérangements dans les fonctions du cœur ont le plus communément leur cause dans les sensations déterminées par

(1) Voyez ce que nous avons dit en parlant des modifications qu'é-
prouve la contraction organique sous l'influence des modificateurs,
page 278 et suivantes.

le monde extérieur, et réagissant ensuite sur les viscères des régions précordiale et épigastrique, pour
donner lieu aux affections dites morales. Qui n'a
éprouvé maintes fois qu'une sensation agréable ou
douloureuse change subitement le rhythme des mouvements du cœur ? Que ces mouvements sont tout-
à-coup activés ou ralentis suivant la nature de l'impression ? Comme cette impression a porté son action
sur les centres de perceptions avant de changer les
mouvements du cœur, ce n'est donc que par l'action consécutive de ces parties du cerveau que sont
déterminées les modifications survenues dans les
systoles du système circulatoire.

D. « Les phénomènes nombreux de l'apoplexie,
« de l'épilepsie, de la catalepsie, du narcotisme,
« de la commotion, etc., phénomènes qui ont leur
« source principale dans le cerveau, me paraissent
« jeter un grand jour sur l'indépendance actuelle
« où le cœur est de cet organe. »   .

L'apoplexie, qui a sa cause dans un épanchement
de sang ou de sérosité qui comprime le cerveau,
fait partie des désordres cérébraux occasionnés par
les épanchements de diverse nature, dont nous avons
déjà parlé : Bichat aurait du ranger cet accident
dans la même catégorie. Quant à la catalepsie, il
est contraire à la plus simple observation d'avancer
que les mouvements du cœur ne sont point modifiés dans cette affection ; il est facile de reconnaître
que, pendant toute sa durée, le pouls est beaucoup
plus faible que dans l'état ordinaire, il est quelque-

fois à peine sensible, la respiration offre aussi ce ralentissement imprimé à toutes les fonctions, la chaleur animale est également moins élevée. Dans l'épilepsie, quoique offrant des modifications moins tranchées, on remarque néanmoins que le cœur participe à cet état de crispation convulsive que l'on observe dans tous les solides, c'est-à-dire qu'il est plus dur, plus concentré, plus nerveux; mais lors même que le rhythme des contractions ventriculaires n'éprouverait pas de changements pendant la période de ces affections nerveuses, ce fait ne prouverait point encore que les impressions perçues n'agissent pas consécutivement sur elles; car les couches optiques, les corps striés, le cervelet, etc., qui paraissent tenir principalement sous leur dépendance les contractions de la vie de rapports, peuvent se trouver dans un état physiologique anormal, sans que les autres parties du cerveau participent nécessairement à cet état. Ne voyons-nous pas aussi que les impressions externes qui modifient subitement l'action du cœur ne produisent pas nécessairement un effet semblable dans les instruments de la vie extérieure? De ce que la présence d'un objet qui vous cause de la joie accélère considérablement les systoles du cœur, en résulte-t-il pour cela que les muscles de vos membres se contractent d'une manière spasmodique? Reconnaissons donc que ces faits pathologiques par lesquels Bichat prétend prouver l'indépendance du cœur de l'influence du cerveau, ne sont nullement concluants.

E. « Tout organe soumis à l'influence du cerveau
« est par cela même volontaire : or, je crois
« que malgré l'observation de Sthal, personne ne
« range plus le cœur parmi ces sortes d'organes.
« Que serait la vie si nous pouvions, à notre gré,
« suspendre le mouvement du viscère qui l'anime?
« La *mort* viendrait donc par une simple volition
« en arrêter le cours. »

Cette proposition de Bichat, par laquelle il af-
firme que *tout organe soumis à l'influence du cerveau est par cela même volontaire*, est évidemment erronnée, puisque les expériments de Dupuytren, de Wilson-Philipp, de M. Magendie, etc.,
ont prouvé que le mouvement respiratoire et l'hématose sont sous l'influence directe de l'encéphale,
et cependant ces phénomènes s'opèrent indépendamment de la volonté, ainsi que le fait a lieu pendant le sommeil. Il est également reconnu que
l'érection des corps caverneux a lieu pendant la
suspension des phénomènes de l'ordre moral, qu'elle
se fait même, dans beaucoup de circonstances, contrairement à la volition actuelle.

En lisant ce que Bichat a dit du phénomène du
vouloir, on voit qu'il n'en avait pas une idée exacte;
que le terme *volonté* ne désigne encore pour lui qu'un
être abstrait, qu'il loge, comme les philosophes,
dans le cerveau. Dominé par cette idée capitale
pour lui, que les viscères des régions thoracique et
abdominale sont entièrement indépendants de l'encéphale, il n'a pu être amené à reconnaître que la vo-

lonté n'est autre chose que le désir, l'affection, la passion actuelle, c'est-à-dire une réaction des viscères de la vie organique sur l'organe central de la vie de rapports, réaction qui a sa cause, soit dans les sensations externes, physiques ou mnémoniques, soit dans certaines conditions physiologiques de ces organes : ce sont ces réactions réciproques du cerveau sur les instruments principaux de la vie de nutrition et de ces instruments sur le cerveau qui constituent ce lien, cette dépendance essentielle qui existent entre les phénomènes de la vie de relations et ceux qui forment la vie organique. La volonté n'étant qu'une impulsion, qu'un mouvement communiqué au cerveau par les viscères, on ne conçoit pas que ce phénomène puisse modifier l'état actuel de ces organes; donc la volonté ne peut agir sur le cœur, ni sur l'estomac, le foie, etc., mais seulement sur le cerveau, dont elle provoque l'action sur les organes de la vie externe, sur les muscles des membres, du tronc, de la voix, de la face, etc., d'où naît l'action morale. Ce sont les excitations des centres de perceptions qui modifient l'état physiologique des viscères thoraciques et abdominaux, et non par les affections qui sont une conséquence des changements que les perceptions impriment à ces viscères (1).

Il résulte de ces faits que le cœur n'éprouve de changements qu'en vertu des modifications céré-

(1) Voyez ce que nous avons dit des caractères propres aux sensations directes et figuratives, *page* 106 et suivantes.

brales, déterminées soit par le monde extérieur,
soit dans certaines conditions physiologiques qui
peuvent survenir en d'autres organes, et donnant
conscience de leur existence. Toutes les impressions
transmises au cerveau par les sens sont excitatives
ou narcotiques, en sorte que celles qui ralentissent
l'action cérébrale, produisent un changement semblable dans la fonction des organes soumis à l'influence du cerveau. Comme les qualités tactiles du
monde extérieur donnent lieu à des sensations qui
varient selon les conditions actuelles de la vie organique des sens et du cerveau, il en résulte que les
affections ou volontés ayant leur cause dans ces sensations, varient également. Si le cerveau est sans
action sur le cœur, dites d'où viennent ces palpitations que vous éprouvez subitement à la vue de telle
ou telle personne, tel ou tel objet? Pourquoi le cri,
la présence d'un monstre, l'arme d'un assassin, ra-
lentissent-ils, au contraire, votre circulation? Pourquoi, comme disent les poëtes, la terreur vous
glace-t-elle le sang dans les veines (1)? D'où vient
qu'une odeur désagréable, que le simple contact
d'un objet pour lequel on éprouve de la répugnance,
sont capables de déterminer la syncope, c'est-à-dire
d'affaiblir les contractions du cœur chez certaines
personnes? Pourriez-vous affirmer que les contractions du cœur ne sont point modifiées dans les passions de la haine, de la colère, de la tristesse, de la

—————

(1) .... Coït gelidus formidine sanguis.

(Virgile).

(440)

joie, etc.? Or, ces affections ont leur cause déterminante dans les perceptions produites par les objets
auxquels se rapportent ces affections.

Cet ensemble de faits prouve évidemment que les
excitations des centres de perceptions ont une influence soit directe, soit médiate sur le cœur.

La promptitude avec laquelle les impressions extérieures modifient, par fois, le mouvement circulatoire, ne permet pas d'admettre l'action intermédiaire des poumons dans ce phénomène, action
par laquelle seule le cerveau peut, selon Bichat,
influencer la grande circulation. En effet, la production des changements imprimés au cœur étant
aussi rapide que celle des sensations qui les déterminent, on ne saurait admettre qu'elle est le résultat
des diverses conditions mécaniques par lesquelles
l'appareil respiratoire peut agir sur ces changements,
c'est-à-dire 1° modification quelconque dans le jeu
des muscles intercostaux et du diaphragmme ; 2° de
là changement correspondant, d'abord dans les
phénomènes mécaniques de la respiration, en second lieu, dans les actes chimiques de l'hématose ;
3° de cette sanguinification plus ou moins parfaite
ou imparfaite, affaiblissement ou surcroît d'activité
dans le mouvement des fibres du cœur pénétrées
par un sang plus ou moins vital (1).

Ces circonstances peuvent, sans doute, produire
à la longue un résultat physiologique semblable à

(1) Voyez, du reste, ce que dit Bichat à cet égard dans ses recherches sur la vie et la mort.

celui signalé par l'auteur des recherches sur la vie
et la mort ; mais, quand un danger imminent me
frappe tout-à-coup de frayeur, et que les contractions
de mon cœur se ralentissent avec une rapidité égale
à celle avec laquelle l'impression de l'objet qui m'ef-
fraie produit la sensation, je ne puis admettre que
ce phénomène soit le résultat du ralentissement de la
respiration pendant moins d'une seconde, ralentissement qui a empêché l'oxigénation du sang au
point de rendre ce liquide impropre à provoquer
les contractions ventriculaires. Vous pouvez observer
sur vous-même, mon cher A. B., que l'on peut in-
terrompre le mouvement respiratoire pendant plusieurs minutes sans que le nombre des contractions
du cœur diminue sensiblement, et sans que leur intensité s'affaiblisse. J'ai reconnu sur moi-même
1º qu'en suspendant ma respiration pendant une
minute, je ne compte guère que deux ou trois pulsations de moins que dans la respiration ordinaire ;
2º qu'en précipitant rapidement les inspirations et
les expirations, cinq ou six pulsations de plus sont
le résultat de ce surcroît d'activité imprimé aux
fonctions des poumons. Ainsi donc, cette action
intermédiaire de l'appareil respiratoire dans l'influence que l'encéphale exerce sur les mouvements
du cœur, pendant l'instant si rapide qu'exige la
sensation pour être produite, ne saurait être admise.

De même que le cœur, l'estomac est influencé
par les sensations ayant leur cause dans l'impression
des objets du monde extérieur. Comme je vous l'ai

déjà dit , une odeur , une saveur , un contact désagréable , l'aspect d'un objet dégoûtant , produisent
aussitôt le vomissement chez certaines personnes :
voilà une preuve évidente que les modifications imprimées au cerveau réagissent sur l'estomac. La compression du cerveau par une cause mécanique quelconque, par un épanchement sanguin ou purulent,
par une esquille du crâne, à la suite d'une chûte,
provoque également la contraction vomitive du ventricule digestif. Personne n'ignore que les préoccu-
pations, que les idées qui donnent lieu à des affections tristes, qu'une application profonde, empêchent la digestion (1).

Ce petit nombre de faits prouve mieux que toutes
les expériences tentées sur les animaux que la vie
de l'estomac reçoit d'importantes modifications de
la part du cerveau en général , et en particulier
des centres de perceptions ; que cette influence
s'exerce directement ou médiatement, peu importe :
un fait constant pour nous, c'est qu'elle existe et
qu'elle est capable d'imprimer des changements considérables à la digestion. Ainsi, quoique d'après les
expériences de M. Magendie, la section des nerfs
de la huitième paire ne paraît pas jouer un rôle essentiel dans la formation du chyle , lorsqu'on la
coupe non pas au col mais dans le thorax, immédiatement au-dessus du diaphragme, il n'en est pas

______

(1) Je crois inutile de parler de l'action de l'estomac dans le phénomène de l'attention ; il en sera question en traitant de ce fait intellectuel.

moins démontré pour nous que toute sensation douloureuse un peu violente suspend la digestion, détermine même quelquefois le vomissement et les contractions spasmodiques de l'estomac ; qu'au contraire, les fonctions de cet organe sont favorisées par les sentiments d'existence agréable.

Or, cette action du cerveau sur l'estomac ne peut évidemment s'exercer que par l'intermédiaire du nerf pneumo-gastrique. Considérons d'ailleurs que la formation du chyle est une fonction appartenant entièrement à la vie organique, en sorte qu'il est possible qu'elle soit plus spécialement sous la dépendance de la portion du système nerveux ganglionnaire qui se distribue dans l'estomac, c'est-à-dire du plexus coronaire stomachique; mais l'influence immédiate de l'encéphale sur le ventricule digestif n'en est pas moins établie sur l'autorité de faits incontestables.

Une série d'expériments qui offrent tous les caractères d'une rigoureuse démonstration, ont fait reconnaître que l'appareil respiratoire est entièrement sous la dépendance du cerveau. En effet, les résultats obtenus par Dupuytren et Legallois, par MM. Breschet, Magendie, Wilson-Philipp, paraissent concluantes à cet égard (1). A l'appui de ces expériences viennent se joindre les faits de simple observation : telles sont les suffocations, les constrictions convulsives de la trachée-artère

(1) Voyez ce qui a été dit sur cette question, *page* 63.

et du diaphragme dans les passions violentes.

Les fonctions du foie appartenant essentiellement à la vie de nutrition, sont plus occultes pour nous que celles du cœur, de l'estomac et des organes respiratoires ; elles ne paraissent pas être modifiées aussi sensiblement par les impressions perçues. Cependant une foule de faits particuliers, consignés dans les observations de médecine, nous apprennent que des ictères se développent subitement, sans lésions organiques, dans certaines passions violentes. Le foie, le pancréas, le duodénum, la vésicule du fiel, ne peuvent être modifiés par le cerveau que par l'intermédiaire des dernières ramifications du nerf vague, qui, après avoir fourni les filets stomachiques, va se terminer dans les plexus hépatique, splénique, cœliaque, gastro-épiploïques. Cette communication des nerfs émanant du cerveau avec les plexus du grand sympathique, nous explique ces actions et ces réactions réciproques qui s'exercent constamment entre les organes de la vie de rapports et ceux de la vie de nutrition ; nous voyons par là comment il arrive que l'état physiologique du cerveau modifie les fonctions des viscères thoraciques et abdominaux, et réciproquement pourquoi les phénomènes intellectuels sont eux-mêmes subordonnés aux conditions organiques de ces viscères.

Je crois inutile de parler de l'influence du cerveau sur les organes de la génération, car le fait est si évident qu'il suffit de le signaler. Qui ignore, en effet, qu'il ne faut que le simple aspect, que le contact de personnes de sexe différent pour produire l'érection, l'orgasme de l'appareil générateur? La mémoire, la réminiscence de ces sensations produit le même effet. Réciproquement, l'excitation des instruments de la génération par des modificateurs spécifiques introduits dans l'économie par l'accumulation de la liqueur spermatique dans les vésicules séminales, par le frottement, la titillation, réveillent les sensations représentatives déterminées par les personnes qui nous ont fait éprouver des désirs vénériens. Le cerveau agit sur l'appareil générateur, et celui-ci sur le cerveau, par l'intermédiaire du nerf honteux, qui tire son origine des troisième et quatrième paires sacrées.

Nous croyons donc pouvoir conclure d'une manière générale, mon cher A. B., que le cerveau exerce un empire plus ou moins direct sur tous les organes splanchniques, tant par les nerfs qui prennent leur origine dans sa substance, que par ceux qui émanent de la moëlle épinière.

ARTICLE II.

Action des viscères thoraciques et abdominaux sur le cerveau.

Après avoir établi qu'à la suite des impressions qui lui sont transmises par les sens, l'encéphale modifie les fonctions des principaux viscères, nous allons voir que ces organes exercent à leur tour une influence spéciale sur lui. Parmi les viscères qui ont une action directe sur l'encéphale, nous placerons d'abord le cœur, ensuite les poumons et le système digestif; en troisième lieu, les différents réservoirs destinés à contenir, jusqu'à leur expulsion, les produits excrémenteux, comme la vessie, le rectum, les vésicules séminales, qui donnent conscience des changements que leur font éprouver les modificateurs qu'ils renferment.

L'encéphale et la moëlle épinière ont une vie organique semblable à celle de toutes les autres parties du corps, et c'est de l'état de leur nutrition que résulte l'activité ou le ralentissement relatifs des phénomènes qu'on leur attribue. Les fonctions de la vie de relations étant subordonnées aux phénomènes organiques des centres de perceptions et des autres portions du cerveau qui tiennent les mouvements volontaires sous leur dépendance, toutes les conditions qui peuvent avoir une influence sur la vie latente du cerveau modifient donc, par cela même, les fonctions propres à ce viscère. Ainsi, il est évident que la nature et le degré d'intensité de toute sensation (l'énergie du stimulus étant la même), résulte de l'état actuel de l'impressionnabilité des centres de perceptions, et cette aptitude ayant des rapports étroits avec la contractilité de ces organes, il est constant, dis-je, que les objets du dehors ont sur eux une influence dont la puissance dépend des diverses conditions organiques dans lesquelles ils se trouvent; en second lieu, que leurs fonctions s'exé-

cutent avec une activité également subordonnée à
l'énergie du mouvement vital qui a lieu dans leurs
fibres constitutives. C'est ainsi que l'on observe que
les phénomènes de l'attention, de la mémoire, de
la comparaison, de la contraction des muscles volontaires, etc., s'opèrent toujours proportionnelle-
ment à l'activité de la vie organique du cerveau.

Or, parmi les conditions qui modifient essentiellement la vie latente des tissus, on peut mettre en
première ligne la composition du sang artériel et le
rhythme de sa circulation. Les expériences de Bichat
ont démontré que tout ce qui modifie le mouvement
du sang artériel dans l'encéphale, apporte aussitôt
des changements dans les fonctions qui lui sont
propres. D'après les faits qu'il signale et qu'il puise
dans l'observation des phénomènes naturels et pathologiques, d'après les résultats obtenus dans ses
expériments sur des animaux vivants, il reste démontré « que l'intégrité des fonctions du cerveau
« est non-seulement liée au mouvement que lui
« communique le sang, mais encore à la somme
« de ce mouvement qui doit toujours être dans un
« juste milieu; trop faible et trop impétueux, il est
« également nuisible. » D'une autre part, ce même
physiologiste assigne, comme cause essentielle de la
vie du cerveau, une composition déterminée du
sang rouge qui y aborde, et, selon lui, la cessation
des fonctions de cet organe a toujours lieu, soit
parce que le ventricule gauche ne lui imprime pas
une secousse suffisante en projetant le sang artériel

dans son intérieur, soit parce que ce liquide n'a pas sa composition naturelle.

Mais ces deux causes signalées comme déterminant seules la mort du cerveau, n'agissent que consécutivement ; on a oublié de parler de celles qui modifient d'abord les phénomènes cérébraux dont l'hématose n'est qu'un des résultats, je veux dire les différents stimulus externes qui déterminent en partie l'impétuosité du fluxus sanguin dans les organes. Ainsi, les mouvements du cœur ne seraient pas possibles sans les diverses impressions que déterminent sur l'animal les choses du monde extérieur, tels que l'air sur les bronches, les aliments sur les voies digestives et les diverses qualités des corps donnant lieu aux sensations qui modifient le rhythme des contractions de cet organe. En démontrant que l'hématose est sous la dépendance de l'encéphale, on a prouvé par là que les changements qui surviennent dans les qualités du sang artériel ne sont dus qu'aux modifications anormales imprimées à la vie du cerveau par l'impression de l'air sur les bronches ; qu'ainsi dans l'asphyxie, la mort du cerveau n'est pas déterminée, *à priori*, par le contact d'un sang non oxigéné, d'abord, sur les fibres du cœur gauche, ensuite sur la substance du cerveau, mais bien par la narcotisation des mouvements de ce viscère produite par l'action d'un air délétère sur les poumons (1).

(1) Voyez ce que nous avons dit à cet égard, *page 272* et suivantes.

L'état de la circulation du sang rouge et de sa
composition fixe celui de l'impressionnabilité du
cerveau, et cela en vertu des changements mécaniques et physiologiques que ce liquide opère dans
le tissu de cet organe, telles que son extension, sa
compression, son excitation interne; mais ce n'est
pas ce liquide qui cause, par son propre mouvement
et par les qualités inhérentes à sa composition, les
fonctions sensibles de l'appareil cérébro-spinal, c'est-
à-dire tous les phénomènes de l'ordre moral. Comme
la sève dans les végétaux, le sang artériel n'excite
dans les tissus vivants que les mouvements latents de
la nutrition, en même temps qu'il leur apporte les
matériaux destinés à l'assimilation. Dire que ce liquide concourt à organiser les principes importés
dans l'économie par l'absorption et à leur imprimer
les propriétés de la matière vivante, c'est énoncer
par là qu'il développe dans les tissus l'élément actif
de la vie. Le sang rouge influence donc directement
le développement du calorique animal, la contraction latente et l'impressionnabilité du cerveau; mais
ce n'est pas lui qui provoque la contraction dite volontaire, qui est déterminée par certaines parties du
cerveau ; ce n'est pas lui qui donne lieu au phénomène de la sensation, ni à tous les autres faits de la
vie de rapports qui en dérivent ; ce rôle est réservé
aux modificateurs qui agissent sur la surface externe
de certains organes. On n'attribuera pas, par exemple, le mouvement respiratoire du cerveau qui correspond à celui des poumons, ni celui du dia-

phragme et des parois thoraciques à l'action du sang artériel sur le parenchyme pulmonaire et sur la pulpe cérébrale, mais à l'action de l'air vital sur les bronches. Les contractions de la vessie ne sont pas sollicitées par la présence du sang qui circule dans ses parois, mais bien par l'excitation que l'urine qu'elles renferment détermine sur leur muqueuse. L'érection n'a pas sa cause première dans le contact du sang artériel sur l'encéphale et les corps caverneux, mais dans la titillation que produit la liqueur spermatique sur les vésicules séminales, ou dans la sensation que produit l'aspect ou le contact d'une personne du sexe, ou enfin dans un frottement exercé sur les organes génitaux. Pour le répéter encore une fois, ce n'est pas le sang rouge qui constitue le stimulus, qui détermine sa fluxion dans les organes, mais bien les excitants agissant sur leurs surfaces externes. Nous avons déjà fait ressortir la vérité de ce fait, lorsque nous avons démontré que l'aphorisme « *ubi fluxus, ibi stimulus,* » ne pouvant rendre compte d'aucun phénomène de la vie, ne saurait être admis comme loi physiologique et être subtitué à l'axiome « *ubi stimulus, ibi fluxus* » (1).

Concluons donc de ce que nous venons de dire de l'action du cœur sur le cerveau et de la moëlle épinière, 1° que le degré d'impressionnabilité de ces centres nerveux est subordonné aux diverses conditions dans lesquelles s'opère la circulation des fluides

(1) Voyez la note de la page 234.

dans son tissu, mais que ses excitations perçues ou latentes, mais que l'action par laquelle il imprime le mouvement à l'appareil locomoteur, mais que sa contraction et sa dilatation respiratoires ont leur cause directe dans les impressions qui lui arrivent par les organes chargés de les lui transmettre, c'est-à-dire par les sens, par les poumons, l'estomac, la vessie, le rectum, etc. ; 2° que sans ces impressions, en supposant même que les contractions du cœur s'effectuent, l'encéphale n'aurait qu'une vie organique, mais n'exécuterait pas l'ordre de fonctions caractéristiques de l'animalité ; 3° que les changements anormaux qui surviennent dans la circulation et la composition du sang artériel, et auxquels Bichat rattache uniquement la mort et les désordres du cerveau, ne sont pas la seule cause des modifications vitales éprouvées par ce viscère, et que lorsqu'ils agissent sur lui, on ne doit les considérer que comme un résultat de l'inertie dont cet organe a été frappé, parce qu'il n'éprouve plus ses excitations essentielles; 4° que puisque la somme du mouvement communiqué au cerveau par le sang artériel, ainsi que sa composition, fixe le degré d'énergie avec laquelle fonctionne ce centre nerveux lorsqu'il reçoit l'action excitative des influences extérieures, nous devons donc considérer les mouvements du cœur comme développant dans le cerveau, ainsi que dans tous les autres organes, au moyen du sang qu'ils y chassent, l'élément vital, qui, une fois produit dans son tissu, n'attend plus, pour donner lieu aux fonctions sensibles de ce viscère, que l'impression des modificateurs externes capables de le mettre en jeu.

En parlant du mouvement respiratoire du cerveau et de l'asphyxie causée par un air non vital, nous avons suffisamment établi la puissante et directe influence des poumons sur l'encéphale; aussi je vous renvoie à ces articles (1).

Après la circulation du sang et la stimulation des bronches par l'air vital, l'excitation de l'estomac et des intestins par les aliments paraît spécialement nécessaire aux fonctions de l'encéphale; cependant cette dernière stimulation n'est pas aussi immédiatement indispensable que celle des poumons. Qui ne sait que l'homme et beaucoup d'animaux peuvent vivre plusieurs jours, et même plusieurs mois, sans prendre de nourriture? Au contraire, l'interruption, pendant quelques instants seulement, de la circulation du sang et de la respiration est suivie de la mort.

Mais quoique étant d'une nécessité moins directe, l'influence que le strictum ou le laxum relatif des parois de l'estomac exerce sur le cerveau n'en est pas moins évidente. Dans l'état naturel, le ventricule digestif ne donne pas conscience des excitations qu'il éprouve, c'est-à-dire que lorsque ces changements physiologiques ne sont pas portés au-delà des bornes ordinaires, ils n'ébranlent point les centres de perceptions; au contraire, l'excitation a-t-elle

____

(1) Voyez, *page* 259 et suivantes.

une intensité super-normale? dans ce cas, la modification organique imprimée à l'estomac réagit assez
fortement sur les foyers de perceptions pour qu'elle
soit rapportée à l'organe qui en est le siége. Ainsi,
par exemple, si vous prenez un vin généreux ou
une liqueur forte étendus d'une quantité déterminée
d'eau, lorsque ce liquide est arrivé dans l'estomac
il ne produit aucun mouvement organique qui vous
donne conscience de sa présence dans vos organes
digestifs; buvez-vous, au contraire, ce vin, cette
liqueur tout purs? vous éprouvez aussitôt un sentiment de chaleur, et même, si vous êtes très-excita-
ble, des tiraillements qui vous annoncent que le
contact de ces liquides sur les parois de l'estomac y
a déterminé une trop violente excitation. De plus,
si la contraction convulsive de l'estomac et des intestins acquiert son plus haut degré d'intensité, la
réaction sur le cerveau est si énergique, qu'elle
porte la perturbation dans toutes les fonctions de
ce viscère: de là les accidents morbides que l'on observe dans tous les organes et les phénomènes de la
vie de rapports à la suite de l'empoisonnement par
les substances âcres, corrosives.

Il est reconnu, d'autre part, que le relâchement
de l'estomac, que l'affaiblissement de sa contraction
latente ralentit toutes les fonctions soumises à l'encéphale. En effet, si la vitalité de l'estomac est affaiblie, on conçoit que ses réactions perdent de leur
intensité en raison de cet affaiblissement : de là vient
que de tout temps on a remarqué que les jeûnes

habituels et longtemps prolongés, ou une alimentation non suffisamment stimulante, ou encore les excès qui énervent l'estomac, diminuent la puissance des volontés, des passions, qui constitue la *force morale*, la *force de caractère*. En attaquant la puissance de l'estomac, on attaque donc celle du cerveau. Doit-on chercher autre part cette faiblesse des passions, des sympathies pour toute espèce d'objets, cette indifférence pour toute chose qui constitue le spléen ? La stupidité dans laquelle finissent par tomber les personnes qui s'adonnent à l'usage immodéré des liqueurs fortes, a-t-elle aussi une autre cause ? En ménageant la vitalité de ses organes digestifs par une alimentation convenable, l'homme sobre conserve par là l'intégrité de ses fonctions intellectuelles.

Cette influence des voies digestives sur les fonctions du cerveau n'avait point échappé aux législateurs des différents peuples. Pour avoir plus d'empire sur les hommes qu'ils voulaient gouverner, ne les voyons-nous pas appeler partout la religion au secours de la politique, et prescrire, au nom de la volonté des Dieux, des jeûnes rigoureux et prolongés, des privations, des fatigues de toute espèce, en même temps qu'ils ordonnent une nourriture puisée exclusivement dans le règne végétal? Ils défendent surtout les boissons fermentées, les liqueurs alcooliques, qui, lorsqu'elles sont prises avec modération, augmentent l'énergie de toutes les fonctions de l'ordre moral. La timidité naturelle aux peuples de l'Inde n'a-t-elle été, de tout temps, rapportée en grande partie au régime entièrement végétal auquel les assujettissent leurs croyances religieuses ? Tous les animaux qu'ils rencontrent ne sont-ils pas pour eux des Dieux ou quelques-uns de leurs ancêtres ? Comment voulez-vous que ces pauvres gens se décident à devenir patricides ou théophages ? N'y a-t-il pas jusqu'à certains végétaux qu'ils doivent respecter (1) ? Le respect des Égyptiens pour les chats, ne les empêcha-t-il pas dans le temps, du moins l'histoire nous l'apprend, de combattre l'armée de Cambyse, lorsqu'il fit la conquête de leur pays ? On sait que dans beaucoup d'ordres religieux on ne mange point de viande d'aucune espèce, et que tous les moines sont soumis à des jeûnes fréquents et rigoureux. Ce régime a paru absolument nécessaire aux fondateurs de couvents pour calmer les passions ardentes d'hommes forts et robustes , et maintenir la discipline parmi eux en affaiblissant leurs volontés.

La fibre cérébrale participe donc à tous les changements physiologiques qui surviennent dans celle de l'estomac. Ainsi, selon qu'un aliment aura déterminé un ton plus prononcé, ou, au contraire, le relâchement des organes digestifs, la substance du cerveau offrira également l'une ou l'autre de ces modifications. Cette coïncidence d'état s'explique suffisamment par la communication de ces viscères

______

(1) Voici comment Juvénal se moque des peuples qui croyent à la métempsycose :

    « O sanctas gentes ! quibus nascuntur in hortis
    « Numina, quæisque nefas porrùm violare ac frangere morsu. »

(456.)

au moyen du nerf pneumo-gastrique. Si il ne faut
que citer des faits particuliers pour prouver notre
proposition, la simple observation nous en fournit
suffisamment.

L'estomac et les intestins sont impressionnés non-
seulement par les qualités physiologiques des aliments, mais encore par la distension que ces aliments
font subir à leurs parois : les gaz portent souvent
cette distension au point de réagir violemment sur
les centres de perceptions et de donner lieu aux
sentiments douloureux appelés *coliques venteuses*.
Dans l'état de santé, l'énergie de la vitalité, de l'é-
conomie, et consécutivement celle des fonctions, diminue graduellement à mesure que s'affaiblit l'action
des aliments introduits dans les voies digestives. Si,
après une diète un peu prolongée, on prend de
la nourriture, on voit se ranimer insensiblement
toutes les fonctions, tant celles de la vie organique
que celles de la vie de rapports. L'action laxative
exercée sur les intestins par les purgatifs émollients,
tels que le tamarin, la manne, les huiles de ricin,
d'amandes douces, etc., ne se borne pas à modifier
l'état de la fibre de ces organes, cette action s'étend
sur toutes les autres parties du corps : de là une
moindre énergie dans la contraction volontaire, une
excrétion plus facile par la peau, par les muqueuses
intestinales ; de là une impressionnabilité plus susceptible à l'action des agents extérieurs, du froid,
du chaud, des aliments stimulants, des influences
morbifiques, des impressions qui excitent nos sens.

On observe la même chose lorsque l'alimentation habituelle n'est pas assez nourrissante ; elle ne tarde pas à produire l'atonie, le relâchement de tous les solides, aussi bien que les purgatifs, et une notable diminution d'intensité dans toutes les fonctions en est la conséquence.

Le contact des modificateurs dits toniques sur la muqueuse gastro-intestinale produit un effet opposé ; l'érétisme de tous les tissus de l'organisme en est le résultat : de là une intensité plus prononcée dans tous les phénomènes vitaux, et une impressionnabilité moins susceptible coïncidant toujours à l'augmentation du ton organique ; chaque organe est capable alors de supporter l'action d'influences plus puissantes qu'auparavant et d'une manière plus continue. Aussi voyons-nous tous les phénomènes de l'ordre intellectuel, qui dépendent de l'état vital de la fibre cérébrale, s'exécuter avec plus de puissance et de continuité. Un corps très irritant qui corrode les tissus, tel que l'arsenic, un acide minéral, etc., appliqué sur la muqueuse gastrique, produit dans ce viscère une contraction convulsive, et alors l'encéphale, et consécutivement tous les organes qu'il tient sous sa dépendance, offrent le même phénomène. L'irritation du cerveau par un corps dur, par un fer embrâsé, par les alcalis, par les acides concentrés, produisent des effets identiques, ainsi que l'a expérimenté Baglivi et ensuite Bichat. L'anéantissement des fonctions du cerveau qui accompagne constamment les fortes indigestions, la suspension momentanée des phénomènes intellectuels , que les personnes dont l'estomac est délicat éprouvent après le repas lorsqu'elles sentent le besoin de dormir , ne laissent aucun doute sur l'influence directe des diverses conditions physiologiques de l'estomac sur l'encéphale. Nous savons que les excès de table , que le libertinage , qu'une application trop profonde et trop assidue à l'étude , en épuisant la vitalité des intestins et de l'estomac, affaiblissent leurs réactions sur le cerveau et changent la nature des goûts, des affections. La médecine clinique appuyée sur les faits fournis par l'anatomie pathologique, tend à prouver que beaucoup de manies, de démences , de névroses de l'encéphale , telles que l'épilepsie, la catalepsie, ont leur origine dans les anomalies vitales du ventricule digestif.

Après l'excitation des poumons par l'air , nous devons considérer celle de l'estomac par les aliments comme la principale de l'économie ; c'est elle, en effet, qui donne une impulsion essentielle au cœur, au cerveau et aux poumons, en agissant directement ou médiatement sur eux ; l'activité des fonctions de ces organes se trouve toujours dans un rapport donné avec l'intensité de cette stimulation.

Les autres impressions excitantes du monde extérieur qui portent leur action sur les diverses surfaces du corps, peuvent, jusqu'à un certain point, remplacer celle de l'estomac et des intestins pendant un certain temps. Ainsi, par exemple, toute inflammation un peu importante, quel que soit son siége, active la circulation, augmente l'érétisme de tous les solides, et empêche le sentiment qui constitue le besoin de manger de se faire éprouver. Telle est encore, en général, l'influence de toutes les passions violentes sur l'organisme. Mais le surcroît d'énergie imprimé momentanément aux fonctions par les excitations de ce genre ne peut être que de courte durée, car il épuise l'élément vital sans le réparer, et les tissus ne tardent pas à tomber dans l'atonie ; au contraire, les stimulations de l'estomac et des intestins par les aliments ont pour premier effet d'élaborer ces aliments, de les absorber, et une fois importés dans le torrent de la circulation, ces principes de l'assimilation, renfermant en eux ce qui doit produire l'élément vital, ils le développent dans les tissus à mesure qu'ils en font partie intégrante. Voilà pourquoi les excitations du ventricule digestif par les aliments naturels concourent, par l'action même qu'elles impriment à l'organisme, à réparer l'épuisement que produit nécessairement toute excitation. Les fonctions de chaque organe étant subordonnées à l'état de leur nutrition, et ce dernier phénomène étant nécessairement influencé par la digestion qui fournit les principes assimilables, on voit que l'estomac et les intestins peuvent modifier l'état physiologique du cerveau, non-seulement par l'action sympathique qu'il exerce sur ce viscère, mais encore par les changements qu'il apporte dans la quantité et la composition du sang au moyen des modifications qu'il imprime aux fluides versés dans le torrent de la circulation par les absorptions veineuse et chylifère.

D'après ce que nous venons de dire de l'influence des principaux viscères sur le cerveau, on doit être convaincu qu'il reçoit d'eux une double action : l'une exercée par les impressions qu'ils lui transmettent toutes les fois qu'ils sont modifiés par un agent ; l'autre est déterminée par le sang artériel projeté dans la pulpe cérébrale par le cœur gauche : or, tout organe dont les excitations sont capables d'influencer les contractions ventriculaires, agit par cela même sur le cerveau.

Dans aucun temps, cette influence des viscères thoraciques et abdominaux sur les fonctions intellectuelles, n'a échappé aux médecins observateurs ; c'est pour cela que plusieurs avaient désigné la région précordiale et l'épigastrique comme le foyer de la vie ; aussi les voyons-nous loger successivement dans le cœur, l'estomac et le diaphragme, dans le *centre phrénique*, ces êtres de raison auxquels ils ont rapporté le fait général de la vie.

Remarquons, en finissant cet article, que les physiologistes de toutes les époques ont trop peu accordé à l'influence des poumons sur la vie générale, et spécialement sur les phénomènes du cerveau ; ce que je vous en ai dit, mon cher A. B., me semble démontrer qu'elle est plus importante qu'on ne l'a cru jusqu'à ce jour.

CHAPITRE DOUZIÈME.

Déterminer que la passion n'est qu'une sensation rapportée
aux viscères.

Il résulte de ce que nous venons de dire, 1º que
les modes de sentir du cerveau et son action sont
subordonnés à l'état vital des viscères de la vie organique ; 2º que les excitations perçues, déterminées
par le monde extérieur, réagissent sur le cœur,
l'appareil respiratoire, l'estomac, le foie, les organes
génitaux, etc. ; 3º que de cette influence du cerveau sur les instruments principaux de la vie de
nutrition, résulte en eux des changements physiologiques évidents qui modifient leurs fonctions
respectives.

Lorsque les modifications déterminées dans les
viscères abdominaux et thoraciques, par les perceptions tactiles et figuratives, provoquent de leur part
une réaction qui étend son effet jusque sur un foyer
de perceptions, alors elles donnent lieu à une nouvelle sensation que nous rapportons aux organes
d'où part cette réaction. Ainsi, lorsque vous aper-
cevez une personne que vous aimez beaucoup, ou
pour laquelle, au contraire, vous éprouvez une haine

violente, vous sentez aussitôt que les mouvements de votre cœur sont modifiés : dans la première circonstance, vous éprouvez une précipitation inaccoutumée dans ses contractions ; dans l'autre condition, vous avez conscience d'un resserrement, d'une contraction convulsive de cet organe : or, vous percevez alors les changements imprimés à ces viscères absolument comme ceux des sens, des organes externes, et qui ont leur cause dans l'action des objets du dehors. Mais quel est le mécanisme selon lequel ont lieu les sentiments de cette espèce ?

On ne peut se refuser à reconnaître, d'abord, que sans les sensations représentatives déterminées par les modes figuratifs de la personne qui s'offre à nos regards (sensations qui constituent la connaissance que nous en avons), les viscères n'éprouveraient aucun changement : donc, en premier lieu, ces perceptions sont la cause déterminante des modifications produites dans ces organes ; ensuite, on ne peut nier 1° que nous avons conscience de ces modifications, que nous les rapportons bien exactement aux parties qui les éprouvent ; 2° que le phénomène du sentir ne peut avoir lieu que dans les portions du cerveau appelés, pour ce motif, centres, foyers de perceptions. Or, pour que les viscères thoraciques et abdominaux donnent conscience des modifications qui leur sont imprimées par les sensations figuratives, il est donc indispensable qu'ils réagissent eux-mêmes sur un sensorium et qu'ils l'ébranlent assez puissamment pour produire son excitation qui constitue le fait du sentir : donc la passion n'est qu'une espèce de sensation.

Toutes les fois qu'il n'y a pas rapport d'une modification organique à un des viscères de la vie de nutrition, il n'y a réellement pas de passion, d'affection ; car c'est dans la perception de ce changement imprimé au cœur, à l'estomac, au diaphragme, etc., que consiste uniquement le phénomène appelé passion. Dans la plûpart des circonstances, l'impression des objets extérieurs n'agit pas assez énergiquement sur les viscères pour que la réaction de ces organes sur le cerveau donne conscience de son existence ; d'autres fois, au contraire, cette réaction est si violente, que l'animal ne perçoit plus l'impression des objets extérieurs qui agissent sur ses sens : alors nous disons que la *passion aveugle*, c'est-à-dire qu'elle empêche de voir les objets tels qu'ils sont, qu'elle empêche toute autre espèce de perception. Tel est, en effet, le résultat de toutes les passions violentes en général, de la fureur, de l'amour, de la peur, etc. L'animal effrayé ne distingue plus rien autour de lui, il fuit à toutes jambes sans voir où il met le pied, et se jette dans un précipice qu'il eût évité dans les conditions ordinaires. L'homme emporté par la colère se précipite sur l'arme de son adversaire, sans voir qu'il va être infailliblement victime de son action. Ces faits nous expliquent l'influence des passions sur les phénomènes intellectuels ; nous voyons aussi pourquoi les réactions viscérales, portées à certain degré d'intensité, empêchent le jugement, et nous rendent injustes, cruels envers les autres, et souvent dupes de nous-mêmes.

Nous devons nous rappeler que nous avons établi comme lois fondamentales de la sensation, 1° qu'elle est unique dans l'instant actuel ; 2° que lorsque plusieurs impressions agissent sur les centres de perceptions, c'est celle qui a le plus d'intensité qui seule produit la sensation. Si dans les circonstances ordinaires nous n'avons point conscience des réactions viscérales, c'est qu'elles sont moins fortes que les sensations directes et figuratives qui les déterminent; si, au contraire, la passion est très énergique, elle efface le sentiment figuratif ou direct. Les conditions dans les objets qui font que leur impression produit des passions plus ou moins fortes, consistent dans celles qui constituent en eux le *bon* et le *mauvais*, le *beau* et le *laid*, et dont nous parlerons ultérieurement.

Les passions dont la cause première est nécessairement dans les impressions perçues du monde extérieur, ont pour objet de fixer les relations de l'animal avec eux, relations qui sont basées sur une loi fixe, par laquelle l'être vivant est constamment guidé. Cette loi consiste dans les deux sentiments types que déterminent en lui les choses du dehors, c'est-à-dire le *sentiment agréable* et le *sentiment douloureux*. Parmi les différents corps qui constituent le monde extérieur, la plûpart produisent en nous ces deux modes de sentir qui deviennent la cause directe des deux affections générales désignées sous les noms d'*attrait*, d'*amour*, de *sympathie* et d'*aversion*, de *haine*, d'*antipathie*, impulsions attractives et répulsives qui nous entraînent vers les êtres producteurs de la sensation agréable, et nous éloignent, au contraire, de ceux qui sont pour nous une cause de sensation pénible. Les objets incapables de nous influencer d'une manière quelconque ne donnent lieu à aucune passion ; les sensations qu'ils déterminent en nous, par l'ensemble de leurs attributs figuratifs, semblent borner leur action aux foyers de perceptions, ou du moins la modification qu'ils impriment aux viscères est si peu prononcée, qu'elle ne provoque qu'une réaction insensible de leur part, en sorte qu'il n'y a réellement pas d'impulsion attractive ou répulsive constituant la volonté du moment. Ce sont ces affections négatives qu'on désigne sous la dénomination générique d'*indifférence*. En effet, tout objet dont nous n'avons aucun intérêt à éviter, à détruire l'action ou à la rechercher, puisqu'elle est incapable de nous faire éprouver un mode d'être avantageux ou nuisible, ne doit, par cela même, provoquer aucune impulsion sympathique ou antipathique. La conservation et le bien-être de l'animal sont donc étroitement liés aux affections, aux passions ; car remarquons, en passant, que l'influence de l'objet donnant lieu à un sentiment agréable est généralement avantageuse à la vie organique, tandis qu'au contraire, celle déterminant des sentiments douloureux, pénibles, est ordinairement nuisible.

Il y a cependant quelques exceptions à cette loi générale.

J'établis donc, contrairement à l'opinion de Bichat, que la passion, l'affection est une sensation. « Les sensations, dit ce physiologiste, sont l'occa-« sion des passions, mais elles en diffèrent essen-« tiellement........ Ce sont les sens qui reçoivent « l'impression et le cerveau qui la perçoit, en sorte « que là où l'action de cet organe est suspendue, « toute sensation cesse ; au contraire, *il n'est ja-« mais affecté dans les passions*, les organes de la « vie interne en sont le siége unique. »

Il n'y a point de perception possible, et Bichat le reconnaît lui-même, que dans le cerveau : or, si la passion n'a aucun rapport avec le cerveau, il en résulte qu'il ne doit jamais y avoir perception des conditions viscérales qui la constituent. Cependant des faits nombreux nous démontrent évidemment que, dans la répugnance, le dégoût causé par l'aspect, par le contact, par l'odeur, la saveur de certains objets, il y a conscience de la contraction vomitive de l'estomac, dans laquelle consiste l'affection déterminée par les sensations tactiles et figuratives rapportées à ces objets. Les palpitations du cœur, produites par les émotions violentes, sont également perçues et rapportées bien exactement à l'organe qui en est le siége. Dans les affections tristes, on ne peut nier que l'on éprouve dans l'épigastre un sentiment pénible, etc. ; donc, dans beaucoup de circonstances, les modifications imprimées aux instruments de la vie interne, à l'occasion des sensations directes et figuratives, donnent lieu au fait du sentir; donc, si ce phénomène ne peut avoir lieu que dans le cerveau, *cet organe est affecté dans les passions*. Dans le sommeil profond, dans l'apoplexie, en un mot, dans toutes les circonstances où la perception ne peut avoir lieu, les passions sont impossibles. Quelles sont donc ces différences essentielles dont parle notre illustre physiologiste? Il aurait dû nous dire comment il se fait que les affections, qui, selon lui, n'ont aucun rapport avec le cerveau, ne peuvent néanmoins avoir lieu sans son concours.

Tous les modes de sentir ont leur cause dans des modifications vitales imprimées aux organes, modifications qui réagissent sur un centre de perceptions, quel que soit d'ailleurs cet organe. Que la modification vitale, source de la sensation, existe dans les sens, dans la vessie, les organes génitaux ou les viscères de la région précordiale, peu importe ; on doit accorder la dénomination générique de sensation à toute excitation d'un centre de perceptions, quel qu'en soit la cause directe et médiate, qu'elle soit déterminée par les impressions du monde extérieur sur les sens, ou par les changements organiques imprimés aux viscères. Ainsi, quoique nous rapportions aux régions précordiale et épipastrique certains changements organiques perçus, au lieu de les rapporter aux différents sens, à l'œil, à l'ouïe, au palais, etc., ces consciences particulières d'existence n'en constituent pas moins des sensations ;

donc, toute modification éprouvée dans les organes de la vie interne, et qui réagit sur un centre de perceptions, phénomène en quoi consiste la passion, l'affection, n'est qu'un mode de sentir. Bichat avance donc l'erreur la plus complette, lorsqu'il dit que le cerveau n'est point affecté dans les passions, puisqu'au contraire il l'est doublement, d'abord par les impressions du dehors donnant lieu aux sensations externes, lesquelles vont modifier l'état des viscères thoraciques et abdominaux; en second lieu, par la réaction que ces viscères opèrent sur lui, à la suite de la commotion qui leur a été imprimée par les sensations directes et reproductibles.

Les sentiments précordiaux et épigastriques étant déterminés par l'action que les viscères exercent, dans certaines conditions, sur les centres de perceptions, on conçoit, comme je l'ai déjà dit, quelle doit être l'influence de cette action sur les phénomènes particuliers de l'encéphale. C'est elle qui amène ces variations continuelles que l'on observe dans les faits intellectuels, et consécutivement dans les actes de la vie de rapports; c'est elle qui fixe la puissance comparative de l'attention à des époques très-rapprochées, l'exactitude de la perception, de la comparaison et du jugement qui résulte de la comparaison, ainsi que l'énergie de la contraction musculaire appelée *volontaire*. Il est facile de constater les différences qu'offrent les phénomènes intellectuels à la suite des impressions extérieures un peu violentes sur les sens, l'estomac, les poumons.

(469)

Faisons ici une petite halte, mon petit philosophe. N'en étant guère qu'à la moitié de la tâche
que vous m'avez imposée, je me vois dans la nécessité d'achever ma réponse dans un second in-8°, où
je vous parlerai 1° des facultés intellectuelles; je vous
démontrerai qu'elles ne sont toutes que le fait de la
sensation, de la mémoire et de la passion; 2° du bon
et du mauvais, du beau et du laid, considérés comme
causes directes de nos affections; 3° des différents
genres et espèces de passions ; 4° des besoins de la
vie intellectuelle constituant les penchans des phrénologistes.

FIN DU TOME PREMIER.

TABLE ANALYTIQUE.

SECTION PREMIÈRE.

DU PHÉNOMÈNE DU MOI.

CHAPITRE PREMIER.

Les psycologistes expliquent les phénomènes intellectuels au moyen d'une force spéciale. — En cela ils procèdent comme les physiciens. — Doit-on admettre que leur force diffère des autres dynamies ? — Que doit-on entendre par les termes *force, puissance, faculté ?* — Connaissons-nous des forces indépendantes de la constitution moléculaire des corps auxquels on les rapporte?

§ I.

Les forces ne sont que des modes d'être, des éléments occultes, que nous supposons exister dans les corps qui produisent des phénomènes. — L'élément producteur s'appelle *cause*, et le phénomène auquel il donne lieu constitue l'effet. — Pourquoi rapportons-nous les phénomènes sensibles à des inconnus? — Les forces physiques, organiques et celle des psycologistes, ne sont que des formules abstraites. — Il est ridicule de vouloir déterminer, comme font les psycologistes, l'origine, la nature et la destinée d'un être abstrait. — Plusieurs physiologistes ont eu le même tort.

§ II.

De tout temps les forces physiques, et celles qui président à l'état organique, ont été considérées comme étant essentiellement dépendantes de la constitution moléculaire des corps. — Les psycologistes reconnaissent eux-mêmes que, dans le cerveau, la force vitale dirige les mouvements de la nutrition. — L'admission d'une force indépendante de la constitution du corps où elle fonctionne, est une exception unique qui ne doit être admise qu'autant qu'on peut fournir une rigoureuse démonstration. — L'analyse des faits de la vie organique et intellectuelle prouve contre cette hypothèse. — Opinions extravagantes de quelques philosophes sur l'époque où l'ame vient occuper le corps de l'homme. — Incertitude des spiritualistes sur le siége où réside leur être abstrait. — Signification du mot *immatériel* dont se servent les psycologistes pour désigner la nature de leur force, de leur principe. — Ce terme n'exprimant qu'une absence de qualités, n'est propre qu'à définir un néant et non point une nature qui se compose nécessairement de qualités réelles. — Plusieurs éléments considérés par nous comme des corps, ont tous les caractères de l'immatérialité. — Pour admettre une exception non démontrée, il faut au moins en faire ressortir la nécessité. — Cette nécessité n'est pas même invoquée par les psycologistes. — Ils reconnaissent eux-mêmes

(473)

que les caractères essentiels de leur force sont communs
a beaucoup de dynamies physiques. — La force vitale
offre tous ces caractères au plus haut degré. — L'admission de l'entité psycologiste est donc superflue, puisqu'on
peut rapporter au principe vital tout ce qu'on accorde
à cette entité.

§ III.

Principes fondamentaux du psycologisme. — Il résulte
de cet énoncé que les psycologistes n'étudient leur principe que par un élément qui lui est étranger, c'est-à-
dire le Moi. — Cette manière de juger un objet par un
autre objet ne peut être admise. — Mais en la reconnaissant même comme bonne, la définition que Reid et
Jouffroy, son traducteur, nous donnent du phénomène
du Moi, est inintelligible. — Ces philosophes construisent de vains raisonnements avec les mots *notion, connaissance, observation, conscience, sensation.* — Diverses contradictions qui se trouvent dans leur théorie.
— Ridicule locution qui résulte de l'emploi qu'ils font
de plusieurs mots synonymes. — Conclusion générale
sur la doctrine du psycologisme relativement à leur
force et à leur manière de concevoir le Moi.

CHAPITRE DEUXIÈME.

§ I.

L'objet des mots sensibilité et sensation n'est point encore suffisamment déterminé. — La sensation est un phénomène organique, c'est-à-dire une excitation des parties du cerveau appelées centres de perceptions. — La science des phénomènes moraux n'est qu'une branche de la physiologie. — Parmi les phénomènes organiques il en est plusieurs qui sont considérés comme primitifs. — Ces phénomènes sont rapportés à une cause universelle, appelée force vitale. — Opinion des philosophes et des médecins de l'antiquité sur la nature de l'élément vital. — Que devons-nous entendre par principe vital ? — Avant la fécondation les œufs des animaux et des végétaux n'ont qu'une vie semblable à celle des tissus qui les renferment. — Influence du sperme et du pollen sur ces œufs. — Les modifications anormales imprimées à la composition des germes fécondés y détruisent l'élément vital. — Rapports de la vitalité avec la nature de la composition des germes.

§ II.

La force vitale ne fonctionne dans les organes qu'autant qu'elle reçoit une impulsion de la part de certains modificateurs. — Influence des liquides de l'économie, et surtout du sang artériel sur l'élément vital. — Le fluxus des liquides est subordonné à la stimulation organique. — Autres modificateurs de la force vitale. — Ces modificateurs peuvent être distingués en *internes* et en *externes.*

§ III.

Toutes les propriétés ou aptitudes des corps sont *actives* ou *passives.* — Les êtres vivants n'en ont pas d'autres. — Les physiologistes semblent avoir réduit toutes les modifications imprimées au principe vital à sa seule excitation portée à différents degrés d'intensité. — L'élément vital est susceptible aussi d'éprouver un ralen-

tissement dans son action de la part de certains agents.
— Les termes *incitabilité* et *excitabilité*, employés par
les solidistes , n'exprimant que l'aptitude à recevoir
l'action , doivent être remplacés par une expression
plus générique , désignant l'universalité des modifications imprimées au principe vital. — Les expressions d'*impressionnabilité* et de *modifiabilité vitale* ,
nous paraissent propres à atteindre ce but. — Le mot
narcoticité proposé pour désigner l'aptitude passive de
la force vitale à être ralentie dans son action. — Influence de la force vitale sur les modificateurs qui l'ont
impressionnée. — Que doit-on entendre par les termes
de *réaction organique?* — Phénomènes par lesquels se
manifeste cette réaction.

§ IV.

Impressionnabilité *interne* et *externe*. — La modifiabilité interne varie dans tous les organes. — Influence de
la vitalité des organes sur les liquides. — Influence des
aliments sur la composition des liquides de l'économie.
— Influence de la nature des fluides en circulation sur
les phénomènes organiques.

§ V.

Modifiabilité externe. — Elle est différente dans chaque partie vivante. — Les différents modes d'impressionnabilité propres aux sens , ont un rapport étroit
avec les attributs sensibles de la matière. — Le système
nerveux cérébro-spinal tient sous son empire les instruments de la vie de relations. — Chaque nerf de la
vie extérieure a des fibres conduisant les impressions
du dehors à l'encéphale , et d'autres fibres reportant le

mouvement communiqué à ce viscère par les influences excitatives aux muscles pour déterminer leur contraction.

§ VI.

Pour que la vie de relations puisse s'accomplir, la première condition est la connaissance de la nature des objets ambiants. — Comme toute connaissance consiste dans une sensation, l'encéphale est doué d'autant de modes d'impressionnabilité qu'il y a de manières d'être perceptibles dans le monde extérieur. — Pour pouvoir différencier ces manières d'être l'une de l'autre, il est nécessaire qu'elles nous impressionnent diversement. — Expériences physiologiques et opinions d'hommes célèbres, tendant à prouver qu'il y a autant de foyers de perceptions que de genres distincts d'impressions. — L'ensemble des différents modes d'impressionnabilité externe propres aux centres de perceptions, constitue la *sensibilité*.

§ VII.

Idée fausse que les physiologistes se sont formés de la sensibilité. — Cette aptitude n'étant qu'une passibilité, c'est-à-dire une absence de qualité active capable d'empêcher une modification dans les corps vivants, on ne peut la considérer comme une réalité. — Elle n'est donc point un élément que l'on peut évaluer en dose, en quantité. — La répartition inégale de la sensibilité dans les différents organes est inhabile à nous expliquer leur excitabilité spéciale. — L'application que Bichat fait de cette théorie pour rendre compte de la congestion des vaisseaux blancs par le sang dans l'inflammation, est inadmissible. — Le mode d'impression-

nabilité, propre à chaque tissu, tient à son organisation
et au but de la fonction qu'il est appelé à remplir.
— Pourquoi certaines stimulations organiques, qui
sont latentes dans l'état naturel, donnent-elles conscience de leur existence dans certaines conditions morbides? — Les phénomènes de la nutrition seront toujours
ignorés, parce qu'ils ne peuvent être perçus.

§ VIII.

De même qu'un corps sollicité par plusieurs impulsions n'obéit toujours qu'à la plus puissante, ainsi,
lorsque plusieurs impressions agissent sur les sens, c'est
la plus forte qui produit la sensation. — faits confirmant
cette loi fondamentale de l'excitation des centres de
perceptions. — Comme tous les autres viscères, le cerveau éprouve le besoin d'être stimulé par ses modificateurs naturels. — Ce défaut d'excitation donne lieu au
sentiment de l'ennui. — Les perceptions trop fréquemment éprouvées finissent par ne plus produire la passion au même degré, souvent même elles en produisent
d'une nature opposée. — Les perceptions se succèdent
plus ou moins rapidement, selon les individus et les
conditions organiques dans lesquelles ils se trouvent accidentellement. — C'est par le fait du sentir que les animaux connaissent leur individualité. — Le Moi est
soumis aux mêmes conditions que la sensation, il ne
constitue donc que le même phénomène. — La fonction
des foyers de perceptions dépend de l'état actuel de
leur vie organique. — Les psycologistes ont évité de
préciser les *circonstances, qui,* selon eux, *dominent
l'activité du* Moi. — Ces circonstances ne sont autre
chose que les conditions organiques du cerveau. — Il y

a autant d'espèces de Moi que d'espèces d'impressions perçues. — Tous les animaux doués d'un cerveau éprouvent des sensations. — Du nombre des sensations éprouvées par chacun d'eux résulte, l'étendue de ses connaissances et celle de ses rapports avec le monde extérieur. — En quoi consiste l'individualité de l'animal ? — Le mot Moi n'est qu'un terme générique désignant indistinctement tous nos modes de sentir. — En reconnaissant, que dans le fait de la perception, *l'ame* et la *conscience leur échappent* et ne peuvent être *étudiées* que par le Moi, les psycologistes avouent par là que le phénomène de la perception ne consiste en réalité pour eux, comme pour le physiologiste, que dans le Moi, c'est-à-dire dans la sensation. — Les termes *je* et *moi* ne désignent qu'un seul et même être. — L'axiôme « *je sens que je sens,* » est faux et inintelligible. — On doit lui en substituer un autre qui n'exprime qu'il n'y a qu'une personne en nous. — Le Moi n'est pas toujours identique comme l'affirment les psycologistes. — Dans quelles circonstances il y a identité du Moi. — Comme il est impossible d'établir que tous nos modes de sentir sont semblables, ainsi on ne peut prouver que le Moi est toujours identique. — Que doit-on entendre par *unité* du Moi? Le Moi n'étant qu'un phénomène organique, on ne peut lui attribuer l'activité qu'on accorde aux forces, aux principes.

SECTION DEUXIÈME.

CHAPITRE PREMIER.

Les sentiments qui révèlent à l'animal ses besoins
organiques, sont les premiers et les derniers qu'il éprouve.
— Ces besoins se rapportent aux *ingesta* et aux *excreta*.
— Les sentiments qui sont une manifestation des besoins d'absorption, sont produits par une condition
organique opposée à celle qui donne lieu aux sensations
qui constituent les besoins d'exonération. — Les mouvements qui sont une conséquence de ces perceptions,
s'exécutent avec autant de précision chez le jeune enfant que chez l'adulte. — Il n'en est pas de même des
mouvements de la vie de relations. — D'où viennent
les différences que l'on observe dans les contractions
volontaires du jeune animal et celles de l'adulte. — Les
sensations qui annoncent les besoins de la vie organique
sont les plus immédiatement nécessaires à la vie générale. — Ce sont elles qui survivent à l'extinction de
toutes les autres, et elles appartiennent à tous les êtres
qui éprouvent des sensations.

CHAPITRE DEUXIÈME.

Que doit-on entendre par sensations externes ? — Divers modes d'action des attributs de la matière sur l'être sentant. — Coexistence de certaines qualités essentielles et accidentelles des corps, appréciées par la vue et le toucher. — Caractères distinctifs des accidents des corps qui nous impressionnent par le contact direct, et ceux qui agissent à distance. — Les premiers modifient nécessairement la vitalité des organes sur lesquels ils agissent, et presque toujours d'une manière identique. — Les qualités de la matière qui nous impressionnent à distance n'ont pas d'influence par elles-mêmes sur les mouvements organiques. — Dans quelle condition modifient-elles ces mouvements ? — Les sensations déterminées par les qualités figuratives et sonores des corps sont toujours identiques. — Celles, au contraire, produites par les qualités tactiles, varient suivant la vitalité actuelle de l'organisme. — Les sensations qui ont été déterminées par les qualités agissant à distance, se reproduisent, sans que l'impression matérielle qui lui a donné lieu réitère son action. — Au contraire, les sentiments produits par les qualités tactiles ne peuvent être reproduits qu'autant que leur cause matérielle nous impressionne de nouveau. — C'est faute d'avoir établi cette dernière distinction, que les philosophes n'ont pu s'entendre sur la nature de la mémoire.

CHAPITRE TROISIÈME.

Par les sensations tactiles, l'animal parvient à connaître les influences avantageuses et nuisibles des êtres au milieu desquels il vit. — En quoi consiste l'action nuisible ou avantageuse? — Tous les animaux éprouvent la plûpart des sentiments directs. — Les sensations reproductibles sont d'autant plus nombreuses et plus exactes, que l'animal occupe un rang plus élevé dans l'échelle zoologique. — Dans le principe de leur existence, les animaux des hautes classes ont une vie de rapports aussi peu développée que celle des animaux inférieurs. — Besoins de l'enfant dans les premiers instants de la vie extra-utérine. — Quels moyens a-t-il alors pour les satisfaire? — Il ne différencie encore les modificateurs que par les sentiments directs. — Fonctions de la vie de rapports que les père et mère sont chargés d'exécuter pour leurs jeunes enfants. — Pourquoi les parents ne peuvent-ils connaître les besoins organiques de leurs enfants, et exécuter à leur place les mouvements qui en sont la conséquence? — D'où vient, au contraire, qu'ils connaissent les rapports qu'il convient ou qu'il est nuisible à leurs enfants d'établir avec les objets du monde extérieur, et qu'ils peuvent ainsi agir pour eux? — Coïncidence entre l'état physiologique des sens du goût, de l'odorat et celui de l'estomac. — Les sensations olfactives et gustatives changent de nature suivant les besoins actuels de la nutrition. — Ces modes de sentir sont le mobile des mouvements par lesquels l'animal opère l'introduction des aliments. — Rapports qui existent entre l'odeur, la saveur des corps et leur action sur l'économie animale. — Ces modes particuliers d'action des corps sont appréciés par les sentiments gustatifs et olfactifs. — C'est au moyen des sensations rapportées au toucher, que nous connaissons l'influence que les corps extérieurs exercent sur nous par leurs qualités physiques. — Que sont ces sensations pour le jeune enfant? elles servent à multiplier et à rectifier les sensations figuratives. — C'est par le toucher que nous distinguons ce qui fait partie de notre individualité, de ce qui lui est étranger. — Sans lui, nous ne percevrions point par la vue, comme impressions distinctes, l'étendue, la forme, la distance.

Nous ne voyons point les objets doubles, ainsi que Buffon l'a avancé. — Preuves basées sur des considérations physiologiques. — Autres preuves basées sur la simple physique. — Les sensations sonores doivent être assimilées sous un rapport aux sensations représentatives. — Cependant il y a une différence dans leur mode de reproduction. — Elles ne constituent pas des idées comme les sensations figuratives, elles les réveillent. — Elles concourent à la conservation de l'existence générale. — L'animal perçoit non-seulement l'action que les corps exercent sur lui, mais encore celle par laquelle ils se modifient mutuellement. — Conclusion.

CHAPITRE QUATRIÈME.

Importance de la distinction des sensations externes en *directes*, *tactiles*, et en *figuratives*, *représentatives*. — Quelles sont les sensations auxquelles on doit donner la dénomination d'*idées*? — Acception rigoureuse du mot *idée*. — En accordant ce nom à la généralité de nos modes de sentir, on y attache, dans la plûpart des circonstances, une signification métaphorique. — Il n'y a idée qu'autant qu'il y a perception de modes figuratifs, représentatifs. — Les sentiments tactiles et organiques ne sont donc point des idées. — Les attributs figuratifs ne produisent point d'idées chez le jeune enfant. — Pour quels motifs? — Que faut-il pour que les conditions représentatives des objets donnent lieu à des idées? — C'est par nos manifestations naturelles et artificielles que nous exprimons nos divers modes de sentir. — Les manifestations désignant les sensations reproductibles rappellent ces sensations comme si leur cause matérielle nous impressionnait. — Au contraire, les expressions désignant les sentiments directs, ne réveillent que le souvenir d'un mode d'action agréable ou douloureux, mais elles ne reproduisent point ces sentiments. — Les sensations directes réveillent les sensations-idées qu'ont déterminées autrefois en nous les qualités figuratives propres à l'objet qui nous impressionne actuellement par ses attributs tactiles. — Sans les sensations représentatives, nous n'aurions aucune idée des objets considérés comme êtres distincts. — Si on donnait le nom d'idées aux sensations directes, il faudrait aussi l'accorder aux sentiments de la nutrition. — Vaines objections des psycologistes pour prouver que l'idée n'est point une sensation. — Nous n'avons aucune idée des êtres fictifs, appelés abstraits et de raison. — Nous n'éprouvons que les sentiments déterminés par les phénomènes perceptibles que nous attribuons à ces êtres. — Lorsque nous voulons désigner les choses non sensibles, nous sommes obligés de leur prêter des qualités matérielles. — Origine de l'expression métaphorique et allégorique. — Nous n'avons aucune idée des principes, des forces. — Nous ne pouvons leur donner d'autres qualifications que celles désignant les phénomènes que nous leur rapportons. — Si on supprime les phénomènes, il n'y a plus de principe pour nous. — Pourquoi nous supposons aux choses cachées les mêmes rapports que ceux qui existent entre les objets physiques. — Après avoir donné l'immatérialité pour essence à leur principe intellectuel, les psycologistes sont obligés, pour le désigner, de lui prêter des qualités matérielles. — L'expression métaphorique n'a point l'origine que lui donnent les philosophes. — Les symboles ne sont que des métaphores exprimées au moyen d'attributs figuratifs empruntés à des êtres sensibles. — Ces sortes de manifestations sont employées pour personnifier des phénomènes moraux et physiques. — Mais les expressions allégoriques et emblématiques ne désignent que conventionnellement leurs objets. — D'où vient que la poésie et l'éloquence sont obligés de prêter aux choses non figurables des attributs représentatifs. — Conclusion générale.

CHAPITRE CINQUIÈME.

Les corps, les êtres sensibles, ne consistent pour nous que dans un assemblage de qualités, de manières d'être perceptibles. — Pourquoi la connaissance des qualités originales ou substantielles est-elle hors du domaine de notre investigation ? — Les groupes de qualités qui constituent les corps sont formés par des modes *essentiels* ou *généraux*, et par d'autres qui sont *accidentels*. — Caractères distinctifs de ces modes. — Lorsque nous parlons des manières d'être du monde extérieur, nous ne faisons, en réalité, qu'exprimer les

changements qu'ils impriment à nos centres de perceptions. — Quels sont les moyens que nous avons pour
exprimer nos sentiments? — Les manifestations artificielles n'ont qu'une valeur de convention. — Elles varient chez tous les peuples. — Au contraire, les manifestations naturelles sont immuables, et ont partout
la même signification. — Quelle est l'influence des expressions artificielles sur les sensations? — Les expressions devraient être aussi nombreuses que nos modes
de sentir. — Impossibilité d'avoir autant de manifestations que de modes particuliers de sentir. — D'ailleurs, cela n'est pas nécessaire. — Pourquoi? — Division
de nos sensations et des qualités qui les déterminent,
basée sur celle des sens. — Les sensations éprouvées
par le même sens forment plusieurs espèces. — Les sensations déterminées par les manières d'être exclusivement personnelles aux objets, n'ont pas d'expressions.
— Cela serait impossible; de plus, dans la plûpart des
circonstances, ces manifestations n'atteindraient pas
leur but. — Au contraire, les expressions génériques ont
une signification plus précise dans tous les cas, quoiqu'elles ne désignent point les modifications particulières de l'attribut. — Comme tous les attributs qui entrent dans la constitution d'un être donné coexistent,
les sensations qu'ils nous font éprouver sont produites
presque simultanément. Qu'est-ce qu'un sentiment
abstrait? — Idée *abstraite.* — Expressions *abstraites.* —
Êtres *concrets.* — Idées *concrètes* ou *totales*, *composées.*
Termes *concrets.* — L'idée totale ou concrète n'est point
un phénomène particulier. — Que doit-on entendre par
ces mots? — Fait mal choisi dont se servent les philosophes scolastiques pour nous faire comprendre ce qu'ils
entendent par idée totale ou composée. — Nous avons

des expressions concrètes , mais point d'idées concrètes. — Comment nous distinguons l'un de l'autre les modes et les objets semblables. — Nous n'éprouvons point de sentiments réellement identiques , quoique les manifestations génériques expriment cette identité. — Cette parfaite identité n'existe jamais non plus dans les êtres. — C'est pour simplifier le langage qu'on est convenu de considérer comme parfaitement semblables les modes *communs* et les sensations qu'ils déterminent. — De là, la personnification des modes, des attributs réduits à quelques types fictifs. — Ces types constituent les caractères génériques ou communs qui servent à classer, à diviser les êtres en *genres* et en *espèces*. — En réduisant toutes les manières d'être des corps à quelques types qui sont sensés renfermer les variétés innombrables qu'offre chaque attribut chez les différents individus, on est parvenu à restreindre considérablement le nombre des expressions. — On a procédé de la même manière pour désigner les causes occultes. — Le nombre des principes est subordonné à celui des genres et des espèces de phénomènes. — Pourquoi rattachons-nous toutes les forces, tous les principes, à une cause universelle d'action ? — *Abstraction métaphysique.* — Nous n'avons point d'idées métaphysiques. — Les abstractions métaphysiques ne sont que des manières abrégées de nous exprimer. — C'est au moyen des termes abstraits désignant les modes types constituant l'*ordre*, le *genre* et l'*espèce*, que nous parvenons à distinguer un être donné de tous ceux qui entrent dans la constitution de la nature. — Exemple. — Les expressions concrètes, outre les caractères exclusivement personnels, désignent encore ceux de l'ordre, du genre et de l'espèce. — Le plus grand nombre des objets manque de noms propres.

— Ils n'ont que les qualifications du genre et de l'espèce. — Le développement du langage a pour objet de créer des expressions de moins en moins génériques, qualifiant davantage les caractères personnels. — Les affections offrent entre elles les mêmes différences que les sensations qui les déterminent. — Ainsi que les sensations externes et de la nutrition, les passions ont été réduites à quelques types génériques. — Les passions sont exprimées non-seulement par des manifestations artificielles, mais encore par des manifestations naturelles. — Les expressions naturelles n'ont rien de conventionnel, parce qu'elles consistent dans des mouvements instinctifs. — Elles sont semblables chez tous les êtres qui éprouvent les mêmes affections. — Elles sont comprises par tous les animaux de la même espèce et encore d'espèces différentes. — Les manifestations naturelles excitent en nous les passions dont elles expriment l'existence chez les autres êtres. — Elles donnent l'animation aux expressions artificielles. — Le théâtre leur doit tous ses succès.

CHAPITRE SIXIÈME.

Des sensations mnémoniques ou rationnelles. *page* 192

C'est au moyen des sensations qu'ils nous font éprouver, que nous connaissons le mode d'action des corps ambiants, tant sur nous-mêmes que sur les autres êtres. — Nos sentiments sont associés comme les groupes de qualités, d'attributs, qui constituent les êtres du monde extérieur. — Un seul de ces sentiments suffit pour réveiller une série infinie d'autres modes de sentir. — La présence d'un objet rappelle aussitôt la mémoire de ses effets directs et consécutifs. — Nos sensations ont entre elles les mêmes rapports, la même liaison que les objets qui les déterminent. — C'est par cet enchaînement qui existe entre nos modes de sentir, que nous remontons de l'effet à son principe, ou, au contraire, que nous descendons de la cause à ses résultats. — Sensations *rationnelles* ou *mnémoniques*. — Elles constituent la connaissance des choses. — Sans elles, la vie de relations serait impossible. — Elles règlent nos rapports avec les objets du monde extérieur. — Dans quel but déterminent-elles les mouvements de l'animal? — Actions *raisonnables* et *déraisonnables*. — Ce n'est que par l'expérience des choses que nous éprouvons les sensations rationnelles, et que nous en conservons la mémoire. — La mémoire de ces sensations n'existe point chez le jeune enfant, parce qu'il n'a encore rien expérimenté. — Ce n'est qu'à mesure qu'il avance en âge qu'il acquiert de *la raison*, c'est-à-dire qu'il éprouve les sensations déterminées par les causes et les effets directs et indirects, par les rapports des choses, etc. — Le jeune enfant n'éprouve de sympathie que pour les objets qui flattent ses sens, et d'antipathies que pour ceux qui l'impressionnent désagréablement, quelles que soient leurs conséquences ultérieures. — Ces actions ne sont encore qualifiées ni de *bonnes*, ni de *mauvaises*. — Toutes nos connaissances consistent dans les *idées physiques* des philosophes, c'est-à-dire nos différents modes de sentir. — Connaissances des besoins de la nutrition. — Elles consistent dans les sentiments rapportés à certains viscères. — La réminiscence de ces sentiments est la *raison*, le mobile d'une série d'actions chez l'animal. — La connaissance des actions directes des modificateurs externes consiste également dans les sensations qu'elles font éprouver. — Ces sensations et leur mémoire sont le mobile de nos

rapports avec les objets du dehors. — Les sensations figuratives constituent aussi la notion que nous avons des
attributs représentatifs des corps. — Nos connaissances
en physique, en chimie, en médecine, en anatomie, en
architecture, en mécanique, en peinture, en géométrie,
etc., ne sont encore que les sensations que nous ont
fait éprouver les choses sensibles qui sont l'objet de ces
sciences. — L'expérience dans les sciences n'est qu'une
perception exacte et une mémoire fidèle des phénomènes
qu'on y étudie. — Nos connaissances métaphysiques ne
consistent que dans celles des mots qui expriment l'existence fictive des êtres abstraits. — Nous n'avons donc
aucune notion de ces êtres supposés. — Les sensations
mnémoniques donnent lieu aux mêmes passions que les
sensations physiques dont elles sont la reproduction.
— Les affections mnémoniques sont en lutte permanente
avec les affections *instinctives*. — Instinct. — Fausse idée
qu'en ont les philosophes, lorsqu'ils le considèrent
comme exclusivement propre aux animaux. — En lui accordant la mémoire, Aristote et les Péripatéticiens l'ont
confondu avec l'intelligence. — L'opinion de Descartes
sur l'instinct est en opposition avec les faits les plus
évidents. — Le mouvement organique a lieu par la contraction et l'extension. — Toute sensation tend à déterminer un mouvement dans quelques parties du corps.
— Contractions *nécessaires*. — Elles ont leur cause dans
toutes les sensations déterminées par des impressions
matérielles et dans celles rappelées par la mémoire. —
Ces contractions qui tendent à s'opérer lorsqu'elles sont
sollicitées par leur cause, sont empêchées dans plusieurs
circonstances. — Il y a donc deux causes qui agissent
sur les mouvements de l'animal. — La première constituant l'instinct, consiste dans l'ensemble des sentiments

(490)

qui sollicitent l'action chez l'animal, quelles que doivent être ses conséquences ultérieures. — L'instinct ne diffère point de la *contractilité animale* des physiologistes. — La seconde cause qui exerce son empire sur les mouvements de la vie de rapports, consiste dans l'ensemble des sensations rationnelles. — Elles rappellent les phénomènes consécutifs qui doivent résulter plus ou moins prochainement de ces mouvements ou actions. — Lutte continuelle entre les impulsions instinctives et celles qui ont leur cause dans les sensations rationnelles. — L'instinct a d'autant plus d'empire sur l'animal, 1° qu'il a moins d'expérience, qu'il a moins éprouvé de sentiments rationnels ; 2° que la vitalité de ses organes est plus développée. — Différences sous ce rapport dans les différents âges. — Intelligence. — Quels sont les objets de nos connaissances ? — Besoin de la nutrition. — Parties qui composent notre individualité. — Constitution des différents êtres inorganiques et vivants. — Organisation de la nature. — Phénomènes qui résultent de l'action réciproque que les êtres vivants et inanimés exercent les uns sur les autres. — Phénomènes physiques, chimiques, physiologiques. — Modifications que l'homme imprime aux autres corps dans le but de les rendre propres à satisfaire ses besoins. — Arts et métiers. — Origine de la connaissance des lois générales et particulières qui régissent le monde sensible. — En quoi consiste l'industrie de l'homme? — Pourquoi n'est-elle pas bornée comme celle des animaux ? — Phénomènes moraux. — Actions *bonnes* et *mauvaises*. — Vertus privées. — Vices. — Vertus sociales. — Crimes. — Philosophie. Êtres abstraits. — En quoi consiste le fait physiologique de la connaissance ? — Connaissance consistant dans les sentiments de la nutrition et dans les sentiments di-

rects. — Elles ne sont que la conscience d'une modification imprimée à notre organisme, mais elles ne consistent pas, comme les autres notions, dans le fait de
rapporter cette modification à l'objet qui la produit. —
Connaissances consistant dans les sensations reproductibles par lesquelles nous distinguons les objets du
monde extérieur. — C'est par ces connaissances que
nous pouvons rapporter à chaque être particulier tous
les phénomènes qu'il produit, tant en nous-mêmes que
sur les autres corps. — Nécessité de la mémoire dans le
fait de la connaissance des objets extérieurs. — Résumé
des caractères distinctifs de l'instinct et de l'intelligence.

CHAPITRE SEPTIÈME.

ARTICLE PREMIER.

L'extension organique a été rapportée par les physiologistes à une force active. — L'analyse des faits nous
démontre que ce phénomène est entièrement passif de
la part des tissus. — Érection des corps caverneux. —
L'aphorisme « *ubi fluxus, ibi stimulus,* » ne peut jamais être érigé en loi physiologique. — Tous les phénomènes de la fluxion des liquides trouvent leur explication dans l'aphorisme « *ubi stimulus, ibi fluxus.* »
— Faits prouvant que l'érection de la verge est déterminée entièrement par la congestion du sang dans son
tissu. — Il n'y a aucun rapport entre la force actuel de

l'homme et la grosseur du membre viril dans l'érection.
— C'est ce qui devrait avoir lieu si ce phénomène était
dù à une force agissante, semblable à la contractilité.
— L'érection du mamelon a lieu par un mécanisme
semblable à celui de la verge. — Elle n'a jamais lieu par
une simple action sympathique du cerveau. — Il faut,
pour la déterminer, une stimulation directe. — La dilatation de la pupile n'est due qu'à un défaut de la
contraction de l'iris. — Quelle que soit la constitution
anatomique de l'iris, on ne peut toujours expliquer la
dilatation de son sphincter que par un défaut de contraction. — État de la pupile dans l'obscurité et chez le
cadavre. — L'extension des tissus est toujours déterminée par une impulsion étrangère. — Causes de cette
extension. — Action du sang artériel dans ce phénomène. — Cette action n'a pu être calculée jusqu'à ce jour.
— Elle est supérieure à la pression de l'atmosphère. —
Pression incroyable que supportent certains poissons au
fond des mers. — Action du vide sur les organes. —
L'impulsion du cœur est supérieure à toutes les pressions que nos organes peuvent supporter. — Effets de
l'extension que les tissus éprouvent de la part des
fluides de l'économie. — Le degré d'extension normale
que peuvent supporter les organes, n'est pas le même à
toutes les époques de la vie. — Rapports qui doivent
exister entre la force expansive des fluides et la contraction des solides.

ARTICLE II.

Quelle est la condition voulue pour que la contraction
des organes s'opère ? — Tous les mouvements contrac-
tifs sont subordonnés à l'état physiologique des centres

ARTICLE III.

§ I.

§ II.

Dans l'asphyxie, par un air non vital, le désordre des fonctions du cerveau n'est pas déterminé uniquement par un vice de l'hématose. — L'oxigénation du sang est sous la dépendance du cerveau. — Ce viscère reçoit une excitation directe de la part des poumons par l'intermédiaire du nerf pneumo-gastrique, lorsque l'air agit sur la muqueuse. — C'est cette stimulation qui provoque la réaction de l'encéphale sur l'appareil respiratoire, réaction qui donne lieu au phénomène de l'hématose. — L'opinion de Bichat sur l'hématose, et celles de Réaumur et de Spallanzani sur les digestions artificielles, ont contre elles une série d'expériments faits par les physiologistes modernes. — Impuissance de la théorie de Bichat sur la mort du cerveau, occasionnée par le sang noir, à expliquer une foule de faits qui s'offrent journellement à l'observation. — Autre manière de concevoir l'asphyxie déterminée par une atmosphère impropre à la respiration. — Pourquoi ce phénomène morbide est-il plutôt produit chez certaines personnes que chez d'autres?

§ III.

Quelle est la condition essentielle pour obtenir la contraction d'un tissu? — Le stimulant étant le même, l'effet n'est pas toujours identique. — Pourquoi? — Doctrine de Thémison et des méthodistes. — Influence de la constitution des parents sur la contractilité latente des enfants. — Quels sont les circonstances qui augmentent ou diminuent l'aptitude contractive de la fibre. — Comparaison de la contractilité organique avec l'élasticité des corps inanimés. — Rapports des divers

§ IV.

bition physique, ce phénomène devrait avoir lieu de l'intérieur des vaisseaux à leur extérieur, aussi bien que de leur circonférence à leur centre. — Quelles seraient les conséquences de ce fait?

§ VI.

Il importe peu de connaître la constitution des exhalants pour juger le résultat de leur fonction. — Les physiologistes mécaniciens ont aussi essayé d'expliquer les exhalations par les lois de la physique. — Expériences faites dans le but de confirmer la vérité de cette théorie. — Il n'y a aucun rapprochement à faire entre la stillation physique et l'exhalation vitale. — Caractères distinctifs de ces deux phénomènes. — Les transudations qui s'opèrent dans un cadavre et tous les corps inorganiques, dépendent entièrement des conditions physiques de ces corps et de celles du liquide mis en rapport avec eux. — Les exhalations vitales n'ont, le plus souvent, aucun rapport avec ces conditions. — Elles dépendent entièrement de la vitalité actuelle des organes. — Le liquide qui filtre à travers un corps brut, présente constamment les mêmes conditions physiques. — Dans les corps vivants, les liquides des sécrétions varient à l'infini, et cela dans un très court laps de temps. — La pression exercée sur un liquide contenu dans un tube, ne peut avoir d'influence que sur les parois de ce tube. — Cette influence a pour effet de dilater les pores de ce tube lorsqu'il est fait avec une substance élastique. — L'expérience par laquelle M. Magendie démontre que la transudation d'un liquide à travers les parois d'une artère privée de vie est en raison de la pression exercée sur ce liquide, n'est qu'un fait physique ordinaire qui n'a aucune ressemblance avec l'exhalation vitale. — Le surcroît d'activité observé dans la sécrétion des séreuses, lorsqu'on a doublé ou triplé la quantité des liquides en circulation, n'est qu'une conséquence de la loi physiologique par laquelle on voit qu'il y a toujours un rapport exact entre les matières excrétées et celles importées dans l'économie par les différentes voies d'absorption. — Action mécanique exercée sur les exhalants par les fluides. — Dans toutes les expériences faites pour prouver que l'exhalation physiologique n'est qu'un phénomène purement physique, on ne tient aucun compte de la vitalité actuelle des organes. — Différences notables que présentent les exhalations dans l'irritation, puis dans l'inflammation aiguë et atonique des solides. — Conclusion générale.

ARTICLE IV.

Combien d'espèces de contractions sensibles? — Caractères distinctifs des mouvements organiques sensibles. — Organes auxquels ces contractions sont propres. — Diverses manières d'être qu'offrent les mouvements du système circulatoire. — Système de médecine basé sur le pouls. — Erreur de quelques physiologistes qui refusent l'irritabilité aux artères, parce qu'elles ne se contractent pas lorsqu'on leur fait éprouver l'action d'un instrument piquant ou d'un caustique. — Comme tous les autres organes, ces vaisseaux ont leur impressionnabilité spéciale. — Tous les modificateurs ne peuvent donc provoquer indistinctement leur contraction. — Quelles sont les impressions qui modifient le mouvement

opèrent leur fonction. — Les sentiments rationnels empêchent ou suspendent pour quelque temps cette fonction. — Pourquoi chez l'enfant et le vieillard ces sentiments ont moins d'empire sur les sphincters que chez
l'adulte. — La contraction est l'état ordinaire de ces
muscles. — On peut juger de l'énergie du ton organique
en général, par celle avec laquelle ces organes se contractent. — Influence des affections débilitantes sur les
sphincters de la vessie et du rectum. — Mouvement
composé de la toux et de l'expectoration. — Vomissement
déterminé par plusieurs causes.

ARTICLE VI.

Caractères particuliers aux mouvements dits *volontaires*. — Ces mouvements appartiennent à tous les organes qui exécutent une fonction de la vie de relations.
— Tous ces organes sont doubles et symétriques. — Les
sensations qui sont la cause première des mouvements
volontaires, peuvent n'être déterminées que par les impressions d'un seul sens. — De même, la contraction des
muscles doubles n'est pas toujours simultanée. — Des
muscles considérés dans les mouvements généraux qu'ils
exécutent. — La contraction de chaque muscle de la vie
de rapports est basée sur sa nécessité dans l'accomplissement de l'acte volontaire. — Consensus d'action entre
les instruments de la vie de relations. — Toutes les fonctions volontaires s'opèrent par deux mouvements antagonistes. — L'énergie de la contraction volontaire se
proportionne sur la résistance à vaincre. — Plus la contraction est violente dans les muscles qui exécutent un
mouvement, plus le relâchement est prononcé dans
leurs antagonistes. — De quoi dépend l'énergie des mou-

CHAPITRE HUITIÈME.

Caractères distinctifs des phénomènes primitifs et subalternes de la vie. — Le développement du calorique animal présente tous les caractères des faits primitifs de la vie, on ne peut donc le ranger parmi les actes secondaires. — Rapports de la théorie de Bichat avec celle de Crawford. — On ne peut admettre que le calorique pénètre dans l'économie, ainsi que les éléments de nutrition par les différentes voies d'absorption. — Le calorique extérieur, qui peut être importé dans l'organisme à l'état libre et combiné, est de beaucoup inférieur à celui qui se dégage du corps. — Le calorique libre de l'air et des aliments est évidemment insuffisant pour l'entretien de la chaleur animale. — Expériences démontrant la très faible quantité d'air absorbée par les poumons. — Quantité infiniment plus considérable de vapeur pulmonaire qui se dégage à chaque inspiration. — La vapeur pulmonaire contenant quarante-sept fois plus de calorique latent que l'air vital, on ne peut admettre que le corps doive sa chaleur à ce dernier fluide. — Les principes absorbés par les poumons ne sont donc point la source du calorique animal. — Faits de simple observation prouvant que le calorique animal n'est point importé non plus dans l'économie au moyen des aliments absorbés par, les voies digestives. — Le développement de ce fluide chez l'animal a un rapport direct avec l'excitation vitale, et aucun avec la capacité des corps pour le calorique. — L'activité que les modificateurs impriment à la calorification, n'est point en raison de la quantité de leur calorique combiné, mais de leurs qualités plus ou moins stimulantes. — La calorification est encore subordonnée à l'impressionnabilité relative des organes. — L'importation du calorique dans l'organisme par les éléments absorbés ne peut expliquer les variations subites que présente la chaleur animale dans les passions. — Résumé des motifs invalidant la théorie de Bichat. — On est autorisé à considérer le développement de la chaleur animale comme un phénomène primordial. — La source de ce phénomène est la même que celle de l'impressionnabilité et de la contractilité. — Les trois phénomènes primitifs forment les trois éléments du fait complexe appelé excitation vitale. — Extension donnée à l'aphorisme « *ubi stimulus.* » — Tous les faits élémentaires de la vie sont sous l'empire direct du système nerveux. — La calorification étant un de ces faits, on doit donc chercher son origine dans les fonctions de ce système. — Expériences de plusieurs physiologistes tendant à prouver que la chaleur animale a sa cause dans le cerveau et la moëlle épinière. — Explication plus facile des différents états de la chaleur animale au moyen de cette théorie. — il est essentiel que l'animal ait conscience de l'existence d'une calorification anormale. — Conclusions générales sur les diverses opinions émises sur la source du calorique animal. — C'est probablement ce calorique qui constitue le fluide *nerveux* des physiologistes, et ce moteur de nature ignée dont parlent les philosophes de l'antiquité.

CHAPITRE NEUVIÈME.

§ I.

(505)

Les organes sont d'autant plus impressionnables,
qu'ils développent plus de calorique. — En enlevant le
calorique animal, le froid détruit en même temps l'excitabilité des solides. — Alors pour produire la stimulation normale, il faut des modificateurs plus énergiques. — Faits confirmant cette assertion. — Aphorisme
exprimant les rapports généraux de l'impressionnabilité
et de la chaleur animale. — En quoi consiste l'action
stimulante et narcotique des modificateurs.

§ II.

L'animal est d'autant plus impressionnable, que le
ton des solides est moins prononcé. — Faits à l'appui de
cette proposition. — Aphorisme établissant que l'impressionnabilité des organes est en raison inverse de leur
contraction latente. — Exception à cette loi générale. —
D'où vient que chez le vieillard le laxum des solides
n'est pas accompagné, comme chez le jeune animal,
d'une excitabilité aussi susceptible. — Chez les individus affaiblis, épuisés, il faut, pour produire l'excitation,
des modificateurs plus énergiques que chez l'enfant;
mais pour peu que ces stimulants aient trop d'activité, ils
ne peuvent supporter leur action. — La stimulation au
moyen des liqueurs fortes devient une nécessité pour
les vieux ivrognes. — Pourquoi ? — Les phénomènes de
l'ordre moral sont subordonnés à l'état de la contraction
latente du cerveau. — Influence des aliments et de la
diète sur ces phénomènes, en tant qu'ils ont pour effet
d'augmenter ou de diminuer le ton des solides. — Le
proverbe « noyer son chagrin dans le vin, » n'exprime
que l'influence qu'a sur les affections le ton des organes

porté à un plus haut degré par l'action du vin sur l'estomac. — Les boissons fortes ont moins d'action sur
nous après avoir mangé qu'avant d'avoir pris des aliments. — Pourquoi? — Crampes, convulsions des muscles de la vie de rapports déterminées par les stimulations trop énergiques des voies digestives. — Titubation
des ivrognes. — Tremblement des membres chez les vieillards et les personnes qui ont fait abus des liqueurs fortes. — Monomanie. — Conséquences de l'énergie et de la
faiblesse du ton dans la fibre cérébrale par rapport à la
perception, à l'attention et à la mémoire. — D'où vient
que les stimulants appelés toniques et diffusibles, font
cesser les contractions spasmodiques des solides?

§ III.

L'activité de la calorification correspond toujours à
celle des autres phénomènes primitifs. — Le développement de la chaleur animale est toujours proportionnelle
à l'énergie du ton. — D'où viennent les différences que
l'on observe dans ce phénomène chez l'enfant, l'adulte
et le vieillard. — Par quel moyen sensible nous pouvons
apprécier l'état actuel des contractions organiques. — Un
modificateur stimulant détermine d'autant plus facilement le développement du calorique animal, que le ton
est moins prononcé, c'est-à-dire que l'excitation physiologique est plus facile. — Lorsque la stimulation d'un
organe est produite, le calorique animal est d'autant
plus abondant que la contraction latente de cet organe
est plus énergique. — La déperdition du calorique vital
est d'autant plus prompte et sa reproduction d'autant
plus lente, que le ton des solides est moins prononcé.

—Le développement du calorique animal, porté au-
delà de certaines bornes, affaiblit le ton organique lorsque son dégagement ne correspond plus à sa production.
—Énervation causée par l'usage habituel d'une alimentation trop excitante et l'habitation dans un milieu dont
la température est très élevée. —Action du froid sur le
vitalité des organes. — Par sa nature, il est débilitant,
relâchant. — Dans quelle condition physiologique aug-
mente-t-il le ton des organes? — Dans quelle circonstance, au contraire, paralyse-t-il les mouvements organiques ? — Congestions sanguines, atoniques, déterminées par l'action du froid. — Effet de la chaleur extérieure dans cette condition. — Chez quelles personnes
se manifestent spécialement les engorgements chroniques déterminés par le froid extérieur. — Quelle action
physiologique doit-on déterminer pour les dissiper ? —
Conclusions sur la manière d'agir du chaud et du froid
sur les organes.

CHAPITRE DIXIÈME.

Déterminer quels sont les instruments de la vie de
rapports et ceux de la vie organique. . . . . *page* 418

Tous les organes chargés d'effectuer les actes par lesquels l'animal établit ses rapports avec le monde extérieur, ne sont que des annexes du système nerveux
cérébro-spinal au moyen desquels il exécute ses fonctions particulières. — Chaque organe de la vie de relations reçoit du cerveau et de la moëlle épinière des filets
nerveux auxquels ils doivent son action. — Filets nerveux qui se distribuent dans l'œil, et auxquels cet organe doit son aptitude à conduire au cerveau les impressions qu'il reçoit du monde extérieur, ainsi que ses

mouvements. — Anatomie de l'ouïe, de l'odorat, du goût, du toucher, par laquelle nous voyons que toutes les fonctions de ces organes sont subordonnées aux filets nerveux qu'ils reçoivent du cerveau. — Les bronches, l'œsophage et l'estomac doivent leur vitalité au nerf pneumo-gastrique, qui prend son origine dans l'encéphale. — La vessie, le rectum et les organes de la génération, dont les fonctions sont modifiées par les perceptions, sont sous l'empire de la moëlle épinière. — Les instruments de la vie organique comprennent tous les viscères des cavités thoracique et abdominale. — Ils reçoivent l'action du système nerveux ganglionnaire.

CHAPITRE ONZIÈME.

ARTICLE PREMIER.

— Le phénomène de la volonté consistant dans une modification des viscères, cette modification ne peut réagir que sur le cerveau, et non pas sur ces viscères, siége de la modification. — C'est pour ce motif que la *volonté* n'exerce aucun empire sur le cœur, l'estomac, le foie, etc., mais seulement sur le cerveau, et consécutivement sur les muscles de la vie de rapports. — Les perceptions agissent sur le cœur par l'intermédiaire du nerf vague. — La formation du chyle est une fonction de la vie organique. — Elle paraît être spécialement sous la dépendance du plexus coronaire stomachique. — Expériences des physiologistes tendant à prouver que toutes les fonctions de l'appareil respiratoire sont sous la dépendance du cerveau. — Faits de simple observation confirmant cette vérité. — Les fonctions du foie sont troublées dans les passions violentes. — Communication des nerfs émanant du cerveau et de la moëlle épinière avec ceux du système ganglionnaire dans les cavités thoracique et abdominale. — Influence du cerveau sur les organes de la génération.

ARTICLE II.

Si le cerveau exerce une action évidente sur les instruments de la vie organique, ceux-ci ont aussi leur empire particulier sur l'organe central de la vie de rapports. — Les fonctions de l'encéphale et de la moëlle épinière dépendent de l'état actuel de leur vie organique. — Tout ce qui est capable de modifier la nutrition de ces parties a donc une influence sur eux. — Parmi ces conditions, on doit ranger la composition, la quantité et le rhythme de la circulation artérielle. — Expé-

(510)

riences de Bichat à cet égard. — Ce physiologiste réduit
toutes les causes des modifications imprimées au cerveau à la composition du sang rouge et à la somme
du mouvement communiqué par ce fluide. — Il en est
d'autres qui ont une action antérieure et dont l'action
du cœur n'est qu'une conséquence. — Influence du sang
artériel sur la vie organique du cerveau. — Il n'a aucune action dans la production des mouvements de la
vie de rapports et dans la contraction de tous les muscles en général. — Les mouvements de ces organes ont
leur cause déterminante dans les excitations externes. —
La fluxion des liquides dans les tissus est produite par
les modificateurs qui agissent ou ont agi sur la surface
des organes. — Conclusions générales sur ce qui a été dit
de l'action du cœur sur le cerveau. — Influence des poumons sur le cerveau. — Cette question a été traitée en
parlant de la contraction latente. — Les stimulations de
l'estomac sont nécessaires aux fonctions de l'encéphale.
— Elles ont une influence évidente sur le strictum et le
laxum de tout le système nerveux. — Ces stimulations
ne donnent pas conscience de leur existence quand elles
n'ont qu'une intensité normale. — Dans le cas contraire,
l'animal les perçoit. — Perturbation occasionnée dans
les fonctions du cerveau lorsque les voies digestives
éprouvent une irritation portée au plus haut degré d'intensité.—Effets du relâchement de l'estomac, de sa diminution de ton dans les phénomènes intellectuels et les actes
de la vie de relations. — Cette influence des voies digestives sur les fonctions du cerveau n'avait point échappé
à la plûpart des législateurs. — Timidité et faiblesse
naturelle aux hommes qui vivent exclusivement de
végétaux et qui ne peuvent augmenter le ton de leurs
organes par les boissons fermentées. — Respect de l'an-

cienne Egypte pour les chats et les poireaux. — Régime austère établi dans les couvents par leurs fondateurs pour calmer les passions. — La coïncidence d'état entre la vitalité de l'estomac et celle du cerveau s'explique par la communication de ces organes au moyen du nerf pneumo-gastrique. — Causes qui modifient la vitalité des voies digestives. — Effets consécutifs de ces modifications sur le reste de l'organisme. — L'irritation directe du cerveau par des corps durs et liquides produit un effet semblable à celle des voies digestives. — Toutes les causes qui énervent l'estomac, énervent aussi le cerveau et donnent lieu à plusieurs maladies de ce viscère. — Les excitations des autres parties du corps, par des moyens quelconques, peuvent, jusqu'à un certain point, remplacer celle de l'estomac pendant quelque temps. — Différences qu'il y a entre ces excitations et celles qui concourent à la nutrition. — Pourquoi beaucoup de médecins avaient placé le siége de la vie dans les instruments principaux de la vie organique. — L'action des poumons sur le cerveau a plus d'importance qu'on ne l'a cru jusqu'à ce jour.

CHAPITRE DOUZIÈME.

Les perceptions déterminées par le monde extérieur modifient l'état physiologique des viscères; et lorsque cette modification est un peu prononcée, elle réagit elle-même sur les foyers de perceptions et donne lieu à une nouvelle sensation. — Cette sensation consécutive constitue l'*affection*, la *passion*. — On ne peut se refuser à reconnaître que la passion n'est qu'une réaction perçue des viscères abdominaux et thoraciques. — Il n'y a passion qu'autant que la réaction viscérale donne conscience de son existence. — Dans la plûpart des circonstances, cette réaction n'est pas perçue. — Quand elle est trop violente, elle empêche la perception des objets extérieurs et l'empire de sensations rationnelles. — La loi fondamentale de la sensation nous explique ce fait. — Conditions dans les objets extérieurs qui déterminent l'intensité relative des passions. — But des passions dans la vie générale. — Sentiments types qui réglent les rapports de l'animal avec le monde extérieur. — *Sympathie.* — *Antipathie.* — *Indifférence.* — Bichat nie l'affection du cerveau dans la passion. — Cette assertion est contraire aux faits sensibles. — Le cerveau est affecté dans la passion, puisque le phénomène de la conscience d'existence n'est qu'une modification imprimée à notre organisme et qui se passe nécessairement dans ce viscère. — Il est facile de constater l'influence que les impressions extérieures un peu violentes, sur les sens, l'estomac, les poumons, exercent sur les phénomènes de l'ordre moral.

FIN DE LA TABLE ANALYTIQUE DU PREMIER VOLUME.

ERRATA.

Page 36, ligne 1re, *lisez* l'une et l'autre *pour* l'un et l'autre.
— 51, — 9, *lisez* Spallanzani *pour* Splanzani.
— 61, — 5, *lisez* elles cesseraient *pour* et cesseraient.
— 64, — 8, *lisez* de ce système *pour* du système.
— 69, — 25, *lisez* par lui *pour* par eux.
— 71, — 23, *après les mots* des rapports qui existent, *ajoutez* entre.
— 79, — 20, *lisez* application *pour* explication.
— 98, — 15, *lisez* stomachiques *pour* stomacals.
— 188, — 9, *lisez* qui en dispose *pour* les dispose.
— 197, — 7, *lisez* elle *pour* il.
— 212, — 29, *lisez* sensations que *pour* qui.
— 225, — 21, *lisez* satisfaire leurs *pour* ses.
— 239, — 11, *lisez* contractive *pour* contractile.
— 250, — 16, *lisez* la *pour* leur.
— 252, — 22, *lisez* un globule *pour* une.
— 265, — 1re et 6, *lisez* subitement *pour* spontanément.
— 268, — 5, *lisez* ses *pour* ces.
— 302, — 18, *lisez* ont cessé *pour* on cesse.
— 340, — 15, *lisez* au *pour* du.
— 355, — 15, *lisez* refrigératifs *pour* refrigérateurs.
— 438, — 24, *lisez* pas *pour* par.

L'Auteur a cru pouvoir supprimer l'*h* avec laquelle on a
écrit jusqu'à ce jour le mot psychologiste et psychologique.